滇池流域面源污染系统调查与综合解析

段昌群　潘　瑛　杨树华

刘嫦娥　支国强　和树庄　　　著

科学出版社

北　京

内 容 简 介

本书是水体污染控制与治理科技重大专项"滇池流域农田面源污染综合控制与水源涵养林保护关键技术及工程示范 (2012ZX07102-003)"课题组的研究成果——"高原山地生态与湖泊综合治理保护"丛书之一。本书总结了高原湖泊滇池流域大调查和综合研究成果,分析了面源污染的产生量、入湖量、污染负荷产生输移规律,分析了面源污染负荷与流域陆地生态系统及农村和农业生产生活的关系,揭示了流域面源污染产生的主要源头、重点区域和关键环节,为滇池流域污染防控提供了基础数据支持和理论指导。

本书适合从事湖泊及流域生态环境研究的有关人员阅读,也可供从事污染生态学、恢复生态学、环境保护研究的高校师生和政府机构工作人员参考。

图书在版编目(CIP)数据

滇池流域面源污染系统调查与综合解析 / 段昌群等著. — 北京:科学出版社, 2021.4

   ISBN 978-7-03-063748-2

Ⅰ. ①滇… Ⅱ. ①段… Ⅲ. ①滇池-流域-农业污染源-面源污染-污染调查-研究 Ⅳ. ①X508

中国版本图书馆 CIP 数据核字 (2019) 第 281165 号

责任编辑:张 展 孟 锐 / 责任校对:彭 映
责任印制:罗 科 / 封面设计:墨创文化

科 学 出 版 社 出版

北京东黄城根北街16号
邮政编码:100717
http://www.sciencep.com

成都锦瑞印刷有限责任公司 印刷

科学出版社发行 各地新华书店经销

*

2021 年 4 月第 一 版　　开本:787×1092 1/16
2021 年 4 月第一次印刷　　印张:15
字数:368 000
定价:124.00 元
(如有印装质量问题,我社负责调换)

《滇池流域面源污染系统调查与综合解析》编著人员

主　编：段昌群　潘　瑛

副主编：杨树华　刘嫦娥　支国强　和树庄

编　委：彭明春　张国盛　洪丽芳　支国强　李宗逊
　　　　赵永贵　苏文华　胡正义　胡　斌　钱　玲
　　　　戴　丽　付立波　崔晓龙

总　序

滇池作为昆明人的母亲湖，曾是滇中红土高原上的一颗明珠。但自 20 世纪 90 年代以来，伴随着滇池流域社会经济的快速发展，滇池水体污染日趋严重，如何治理已成为我国三大湖泊污染治理的重点之一。作为我国严重富营养化高原湖泊的代表，滇池水体污染的原因很多，最根本的原因在于大量外源污染物源源不断地输入。进入滇池的外源污染源主要有三类，即生活源污染、工业源污染、面源污染。对前两者的污染治理主要在城市和工业区域，污染物便于收集和处理，且国内外的研究多，技术进步突出，目前整体治理成效十分显著。相形之下，面源污染来源分散，形成多样，输送过程复杂，往往成因复杂、随机性强、潜伏周期长，识别和防治十分困难。在滇池外源污染中，面源污染占比达 30%以上，成为滇池治理的难点和重点。事实上，在世界范围内，农业面源污染具有污染物输出时空高度随机、发生地域高度离散、防控涉及千家万户等特点，如何治理是全球性的环境难题。因此，如何对污染贡献高达三分之一的面源污染进行有效治理，是滇池水污染防治的关键问题。

根据滇池流域地形地貌特征、土地利用类型及污染物输出特征，整个流域可分为三大单元：水源控制区、过渡区与湖滨区。滇池流域先天缺水，流域内各入湖河流在进入滇池湖盆之前都被大小不同的各级水库和坝塘截留，通过管道供给城镇生产和生活用水。这些水库和坝塘控制线以上的山地区域称为水源控制区。该区域的面积为 $1370km^2$，占流域面积的 43%，由于水库和坝塘的作用，该区域的污染物不易直接进入滇池，通过灌溉和循环使用，只有很少(约 3%以下)的氮磷进入滇池。水源控制区以下至湖滨区之间的地带为过渡区，主要由台地、丘陵组成，面积约 $1250km^2$，是流域面源山地径流和部分农田径流形成的主要区域，坡耕地、梯地比例大，是传统农业最集中的区域，据估算，入湖面源负荷中一半以上来自该区域。过渡区至湖岸之间的地带为湖滨区，主要是环湖平原，面积约 $300km^2$，农田径流和村落污水是该区域的主要面源污染来源，而且农田大多为设施农业所主导。虽然面积不大，但单位面积污染负荷大，因临近滇池，对湖泊的直接影响大。目前，滇池过渡区和湖滨区的相当部分被昆明市不断扩展的城市、城镇和工厂企业所割据，导致滇池流域的景观要素高度镶嵌，面源污染的形成和迁移过程高度复杂。不仅如此，滇池流域雨旱季分明，降雨十分集中，雨季前期暴雨产生的地表径流携带和转移的污染负荷量大，面源污染的发生高度集中在这个时段。滇池流域面源污染时空格局的复杂性在国内外十分突出，对它的研究和防控需要把山地生态学、流域生态学与湖泊水环境问题有机结合起来，属于湖泊污染与恢复生态学领域的重大科技难题。

滇池生态环境问题研究始于 20 世纪 50 年代曲仲湘教授指导研究生对水生生物的研究。对水环境的研究始于 20 世纪 70 年代末，曲仲湘、王焕校教授先后组织研究力量对湖泊生物多样性、重金属污染开展工作,而针对流域面源污染问题在"六五"期间才纳入滇池污染防治的工作内容,较为深入的研究始于"七五"期间,当时,中国环境科学院组织多家单位在滇池开展攻关研究,在"八五"期间中国环境科学院继续开展滇池流域城市饮用水源地面源污染控制技术研究,同期,云南大学等单位开展流域生态系统与面源污染特征研究,"十五"期间清华大学等单位组织开展滇池流域面源污染控制技术,中国科学院南京土壤研究所等完成"863"课题(城郊面源污水综合控制技术研究与工程示范),这些都为当时治理滇池提供了重要的科技支持。但是,进入21世纪以后,滇池流域成为我国城市化发展、产业变更最大的区域之一,这势必导致湖泊水环境恶化的主控因素在不同阶段存在明显的差异,如何科学分析不同阶段滇池面源污染的规律,形成控制对策,有针对性地开展技术研发,通过工程示范推进滇池流域面源污染的治理,从而取得经验并对未来滇池治理工作提供启示,进而为我国其他类似湖泊的治理提供参考背景和科学指导,显得尤其紧要和迫切。

近十年来,云南大学组织国内优势研究力量,在课题组长段昌群教授的领导下,通过云南省生态环境科学研究院、云南省农业科学院、云南农业大学、中国农业科学院、中国科学院大学等多家参与单位以及160多名科技人员持续10余年的联合攻关,在"十一五"期间承担完成了国家重大科技水专项课题"滇池流域面源污染调查与系统控制研究及工程示范"(2009ZX07102-004),基本掌握了滇池流域面源污染在新时期的产生、输移、入湖的规律,在小流域汇水区的尺度上研究面源污染控制技术,进行工程示范。"十二五"以后,又进一步承担完成国家水专项"滇池流域农田面源污染综合控制与水源涵养林保护关键技术及工程示范"(2012ZX0710-2003)课题,针对滇池流域降雨集中、源近流短、农田高强度种植、山地生态脆弱、面源污染强度大等特点,集成创新大面积连片多类型种植业镶嵌的农田面源控污减排、湖滨退耕区土壤存量污染的群落构建、新型都市农业构建与面源污染综合控制、山地水源涵养与生态修复等关键技术,形成山水林田系统化控污减排、复合种植与水肥联控的农业面源污染防控技术和治理模式的标志性成果;建成农田减污和山地生态修复两个万亩工程示范区,示范区农田污染物排放总量减少30%以上,农村与农业固体废弃物排放量削减25%,面山水源涵养能力提高20%以上,圆满完成了国家水专项对课题确定的技术经济指标,为昆明市农业转型发展及其宏观决策提供了技术支撑,为我国类似的高原湖泊在快速城镇化条件下的面源污染治理提供了科学借鉴。

在国家重大科技水专项领导小组和办公室的指导下,在参与单位的积极支持下,云南大学国家重大科技水专项滇池面源污染防控课题组圆满完成了各阶段的研究任务,顺利通过课题验收。根据国家重大科技水专项成果产出要求,课题承担单位云南大学组织工作组,对近十年的研究工作进行综合整理。秉承"问题出在水面上,根子是在陆地上;问题出在湖泊中,根子是在流域中;问题出在环境上,根子是在经济社会中"的系统生态学理念,编写完成"高原山地生态与湖泊综合治理保护"丛书,主要从陆域生态系统的角度化解水域污染负荷问题,为高原湖泊以及其他类似污染治理提供借鉴。

在课题执行和本书编写过程中,得到国家科技重大水专项办公室、云南省生态环境厅、昆明市人民政府、云南省水专项领导小组办公室、昆明市水专项办公室、昆明市滇池管理局、昆明市农业农村局等相关局(办)的大力支持,得到国家水专项总体专家组、湖泊主题专家组、三部委监督评估专家组、项目专家组的指导和帮助，对此表示由衷感谢。

云南大学长期围绕高原湖泊，从湖泊全流域生态学、区域生态经济的角度进行综合研究。本系列丛书的整理，不仅是对我们承担国家重大科技水专项工作的阶段性总结，也是对云南大学污染与恢复生态学研究团队多年来开展高原湖泊治理、服务区域发展、支撑国家一流学科建设工作的回顾和总结，更多的工作还在不断延续和拓展。研究工作主要由国家水专项支持，书稿的研编和数据集成整理得到云南省系列科技项目(2018BC001，2019BC001)、人才项目(2017YLXZ08，C6183014)、平台建设项目"高原山地生态与退化环境修复重点实验室"(2018DG005)和"云南省高原湖泊及流域生态修复国际联合研究中心"(2017IB031)的支持，并纳入"云南大学服务云南行动计划项目"(2016MS18)工作中。

由于编著者水平经验有限，书中难免出现疏漏，恳请专家同行和读者不吝指正。

云南大学国家重大科技水专项滇池面源污染防控课题组

2019 年 8 月

前　言

　　滇池是我国众多湖泊中水环境保护与经济社会发展矛盾最突出、水体富营养化发展速度最快的高原湖泊，也是我国湖泊水环境治理的难点之一。自 20 世纪 80 年代末以来，滇池污染严重出现全湖富营养化现象。经过 30 多年的治理，特别是"十一五"以来昆明市及云南省紧紧抓住国家加大"三湖"治理力度的机遇，以污染物减排为核心，滇池治理全面提速。目前，滇池水环境及其流域污染防控的基本态势是：发展与保护的矛盾突出，污染排放总量持续增加，但随着城市水污染防治体系和湖滨带功能的逐步完善，流域的城市生活点源和部分城市面源污染物已得到有效拦截与去除，污染物整体入湖负荷下降，然而，农村农业面源在整个流域不断扩展，农业面源正向过渡区和水源区转移和扩散，全流域面源污染的规模和负荷在空间格局出现新态势，面源治理研究、治理任务十分繁重。

　　面源污染一直是驱动滇池富营养化发展的重要力量，具有污染源头多、范围广、污染的产生和输移过程复杂、时空变动的不确定等特点，成为包括滇池在内的湖泊污染削减和环境治理的难题。随着滇池流域工业污染源和昆明城市生活源的有效治理，农村及面山的污染对滇池水环境治理及富营养化防治的制约作用日趋突出；面山水源涵养能力不足，清水产流机制受损，陆地生态系统对水体环境质量改善和保证的条件还没形成。随着昆明市滇池治理的提速，对解决上述科技问题的需求更为迫切。

　　根据国家重大科技水专项的顶层设计及滇池流域农业及面山污染的现状特点，本研究在面源污染调查研究的基础上，围绕湖盆区城市化迅猛扩张、农业结构快速变化，流域面山"五采区"（指采矿区、采沙区、取土区、采石区、砖瓦窑地）、富磷带及农田秸秆的面源污染贡献增大，水源涵养功能和清水机制难以达到湖泊治理的要求等突出问题，以小流域或汇水区为控制单元，对研发形成的一系列单项技术进行遴选和集成整合，在四个不同片区（设施农业、湖滨退耕区，面山地区，五采区，新型农业区）进行整装并开展工程应用，经过归纳和提炼，形成了系列技术体系。通过将这些技术在典型区域集中进行技术应用和工程示范，建成了具有较大规模的农业清洁生产和水源涵养林保护综合示范区，在示范区取得了污染物排放总量减少 30%以上，水源涵养能力提高 20%以上的成效，提炼并形成了"结构减污、源头控制、过程削减、循环利用"的流域面源污染整体优化防控技术体系。本书就是对此研究成果进行总结归纳，重点围绕流域规模化农田面源污染综合控制、新型农业面源污染综合控制、流域湖滨退耕区面源污染综合控制、流域面山水源涵养林保护等方面进行著述，供相关科技人员和管理人员参考。

　　本研究在组织开展和书稿编写中得到了昆明市水专项办、昆明市农业农村局、昆明市滇池管理局、昆明市生态环境局、昆明市林业和草原局、昆明市园林绿化局、昆明市国土资源局、昆明市水务局、昆明市统计局、昆明市气象局、昆明市测绘研究院、昆明市自然资源和规划局、昆明市扶贫开发办公室、云南省生态环境科学研究院等的大力支持，谨此一并致谢。

鉴于我们水平有限，存在疏漏之处请批评指正。

云南大学国家重大科技水专项滇池面源污染防控课题组

2019 年 9 月

目　　录

第1章　滇池流域面源污染概况

1.1　滇池流域面源污染的基本情况

滇池是中国水体富营养化最严重的湖泊之一，造成其水体污染的原因很多，最主要的是大量外源污染物源源不断输入。进入滇池的外源污染源主要有三类，即生活源污染、面源污染和工业源污染。其中，面源污染由于起源于分散、多样的区域，地理边界和发生位置难以明晰，成因复杂，随机性强，潜伏周期长，因此识别和防治十分困难。在滇池外源污染中面源污染占有重要的比重，因此在滇池治理中，面源污染的研究和整治将是整个流域防治中的关键环节。

不仅如此，滇池流域面源污染在空间分布上高度离散，在发生时间上高度集中。根据滇池流域地形地貌特征、土地利用类型及污染物输出特征，整个流域可分为三大单元：水源控制区、过渡区与湖滨区。滇池流域先天缺水，流域内各入湖河流在进入滇池湖盆之前都被大小不同的各级水库和坝塘截留，通过管道供给城镇生产和生活用水。这些水库和坝塘控制线以上的山地区域称为水源控制区。该区域的面积为 1370km^2，占流域面积的43%，由于水库和坝塘的作用，该区域的污染物不易直接进入滇池，通过灌溉和水循环使用，只有很少（3%以下）的氮磷进入滇池。水源控制区以下至湖滨区之间的地带为过渡区，主要由台地、丘陵组成，面积约 1250km^2，该区域除是流域面源山地径流和部分农田径流形成的主要地外，由于坡耕地、梯地比例大，也是传统农业最集中的区域，据估算，入湖面源负荷中一半以上来自该区域。过渡区至湖岸之间的地带为湖滨区，主要是环湖平原，面积约 300km^2，农田径流和村落污水是该区域的主要面源污染来源，而且农田大多为设施农业所主导。虽然湖滨区面积不大，但单位面积污染负荷大，因邻近滇池，对湖泊的直接影响大。目前，滇池的过渡区和湖滨区有相当部分被昆明市不断扩展的城市、城镇和工厂企业所割据，导致滇池流域的景观要素高度镶嵌，面源污染形成和迁移过程高度复杂。

值得一提的是，滇池流域雨旱季分明，降雨十分集中，雨季前期的暴雨产生的地表径流携带和转移污染负荷量大，面源污染高度集中发生在这个时段。滇池流域面源污染时空格局的复杂性在国内外十分突出，对它的研究和整治是湖泊污染与恢复生态学领域的重大科技难题。

1.2 滇池流域面源污染是湖泊系统治理的关键问题

1.2.1 面源污染防控是滇池水环境改善的重点任务

1.2.1.1 滇池流域面源污染负荷比例有所下降，但总量上升

从 20 世纪 90 年代以来，虽然滇池水污染迅速恶化的趋势得到遏制，但污染物产生量依然持续增加。其中，1988~2000 年污染物总体上增速较高，2000~2005 年递增趋势减缓。在污染物产生总量中，工业污染得到有效控制，产生量显著降低；生活污染源贡献最大，面源污染产生量总体呈现上升态势，二者共同形成滇池污染产生量增加的主导因素。

1988 年滇池流域面源污染负荷的统计估算值为总氮（TN）1469t、总磷（TP）205t、化学需氧量（COD_{Cr}）2439t（表 1-1），分别占滇池污染总负荷的 45%、12%、31%；到 2000 年面源污染产生绝对量显著上升，TN 为 3786t，TP 为 662t，COD_{Cr} 为 23 010t，占滇池污染物总量的比例分别高达 45%、37%、27%。对比 10 余年的情况发现，面源 TN、TP、COD_{Cr} 产生量大幅度增加。2005 年，面源污染总产量：TN 2060t、TP 297t、COD_{Cr} 12 176t，分别占流域污染物总量的 26%、32%、29%。面源污染负荷虽有小幅度的下降，但依旧在高位上运行，尤其是面源中的磷成为滇池富营养化发展的重要驱动力。

表 1-1 滇池流域面源污染负荷变化动态

年份	COD_{Cr}		TN		TP	
	污染物总量(t)	占污染物总量的比例(%)	污染物总量(t)	占污染物总量的比例(%)	污染物总量(t)	占污染物总量的比例(%)
1988	2 439	31	1 469	45	205	12
2000	23 010	27	3 786	45	662	37
2005	12 176	29	2 060	26	297	32

滇池治理是一个系统工程，即使点源污染实现全面控制达到零排放，也仅能控制大约 70% 的营养盐和有机污染，来自农村面源的污染物仍然使滇池面临湖泊富营养化问题。因此，滇池农村面源污染治理是滇池水环境好转和湖泊综合治理的重要组成部分。

1.2.1.2 面源污染贡献因素多重复杂，治理难度大

滇池流域面源污染成因复杂，"七五"计划完成以后未在全流域开展深入调查和定位实测，缺乏更新的详细资料。但根据已有的资料积累和常规监测结果进行推测分析，可以将面源污染负荷居高不下的成因概括为以下几点。

1. 农业的升级换代与化肥和农药的过量使用

从 20 世纪 80 年代开始，流域内尤其是湖滨区的农业从传统种植业向现代集成农业、

设施农业发展；从传统的农家肥形式，开始逐步发展到对化肥和化学农药的依赖。特别是进入 20 世纪 90 年代以后，在市场的引导和驱动下，滇池沿岸的官渡、呈贡和晋宁在优异的气候、区位条件下，开始了大规模的蔬菜、花卉种植。在蔬菜和花卉的种植中，化肥和农药的使用呈现出剧烈上升的趋势。

20 世纪 80 年代初，流域农田的氮、磷肥用量水平仍较低，每公顷耕地氮、磷肥用量分别为 135kg 和 22kg，与全国同期平均水平(氮、磷肥用量分别为 125kg 和 24kg)接近。20 世纪 80 年代以来，氮、磷肥用量大幅度增长，2000 年和 2001 年每公顷耕地氮、磷肥平均用量分别达到 368kg 和 154kg，为全国同期平均水平(氮、磷肥用量分别为 183kg 和 54kg)的 2 倍和 3 倍。同时，畜禽和水产养殖产业的快速发展，也加重了流域内面源污染负荷。

直至今日，农业生产中为追求产量和经济效益，忽视了环境影响和生态后果。政府虽然制定了许多农业面源污染控制的法律法规和政策，但一直没能建立完善的政策监督、经济补偿、市场引导等机制，面源污染控制很难得到有效的实施。

2. 流域内植被结构单一，水土保持功能低下

滇池流域植被经过长期的人为干扰和破坏，植物群落结构单一，虽经多年的持续恢复，但植物群落的水源涵养与持水保土功能依然十分低下；同时，流域内持续不断的矿产开发和土石开采，以及公路建设、房地产开发、市政基础设施建设等的不断扰动，使区域内水土流失问题依然十分突出。

3. 村落生活污染和农业废弃物污染严重

截至 2007 年，流域内农村人口涉及 7 个区县，43 个乡镇及街道办事处，338 个村委会(居委会)，1321 个自然村，人数达到 734 212 人，这些农村人口以务农为生，耕地面积 3.69 万 hm^2，各类作物每年种植面积 5.70 万 hm^2。庞大的农村人口产生的生活、生产垃圾，在村落集镇普遍缺乏集中收集和有效处置的情况下，形成了严重的面源污染，加剧了滇池富营养化的程度。

1.2.1.3　面源污染范围广，分散程度高，是湖泊污染控制的难题

世界范围内，农业引起的面源污染是目前水体治理最大的难题之一。美国国家环境保护局 2003 年的调查结果显示，农业面源污染是美国河流和湖泊污染的第一大污染源，导致约 40%的河流和湖泊水体水质不合格。在欧洲国家，农业面源污染同样是造成水体特别是地下水硝酸盐污染的首要来源，也是造成地表水中磷富集的最主要原因，由农业面源排放的磷为地表水污染总负荷的 24%～71%。在我国的太湖流域，农田面源、农村畜禽养殖业、城乡接合部城区面源三大来源的总磷分别占总来源的 20%、32%和 23%，总氮分别占总来源的 30%、23%和 19%，贡献率超过来自工业和城市生活等方面的点源污染。

对滇池流域的初步研究也有类似的结论。滇池入湖河道主要有 29 条，穿过主城区的

河道污染极其严重，已列入治理重点；而其他河道，即便没有穿过人口密集的城区，河流的水质基本上也都是 V 类或劣 V 类，主要原因在于广泛存在的农村面源污染，使河道沟渠水系成为输送污染物质入湖的主要通道。在城市和工业污染逐步得到控制的情况下，农村面源污染影响日益突出。

1.2.2 滇池流域面源污染过程特殊

1.2.2.1 面源污染空间分布高度离散

滇池流域是先天缺水的地区，流域内各入湖河流在进入滇池湖盆之前被大小不同的各级水库和坝塘截留，而且主要用于城镇生活用水，这些水库和坝塘汇水区中所输出的面源污染随着生活用水转化为城市生活污染源与工业点源，这些区域因此被称为水源控制区。水源控制区以下至湖滨区之间的地带为过渡区，该区域除是流域面源山地径流和部分农田径流形成的主要地外，也是传统农业最集中的区域。过渡区至湖岸之间的地带为湖滨区，该区域主要是环湖平原，农田径流和村落污水是该区域的主要面源污染来源，而且农田大多为设施农业主导，因邻近滇池，对湖泊的直接影响大。因此，过渡区和湖滨区就成为滇池流域面源污染负荷削减的关键区域。

在滇池流域，北部平坦的湖盆地和台地已被建成为昆明的主城区，东部地势平缓的湖盆地成为已建或规划待建的东市区，西部陡峭几乎没有太大的利用空间，而南部的晋宁所拥有的山地、半山地、湖盆地就成为未来农业发展的中心地带，也成为未来农村面源污染的主要来源地。

1.2.2.2 面源污染发生时间高度集中

滇池流域地处亚热带季风气候区，雨季旱季分明，而且大多数降雨主要分布在 5～10 月，其中雨季地表径流是造成面源污染输移的主要驱动因素。在雨季，地表径流携带大量的污染物，汇入河道，经河道流入滇池。尤其是雨季的暴雨产生的径流量大，携带和转移污染能力强，截留集中治理难度大，从而成为入湖污染负荷控制的关键环节。

1.2.2.3 湖泊高度封闭，要求源头化解

高度封闭的湖泊生态系统导致入湖污染的不可置换性，客观上要求面源污染削减要尽可能就地分散治理。滇池是一个断陷湖泊，湖泊在滇池流域的低凹地，流域内的河流呈向心状注入滇池，而且流域水资源严重短缺，清水补给量少，更新周期漫长，因此包括城市生活源和工业点源污染在内的所有污染物一旦进入滇池，湖泊水体自净降解削减污染的能力就极其低下，依靠水力更新过程也十分漫长。在源头上化解面源污染势成必然。

1.2.2.4 土地高度利用，集中处理无土地空间

滇池流域土地资源高度开发利用，尤其是在湖盆区土地供求关系高度紧张，使环境保

护专用地空间极其狭小,面源污染形成和转移进入河道后削减难度大。滇池水面面积占流域面积的 10% 以上,汇水面积小,源近流短,天然补给水少。进入滇池的二十多条主河道大多穿越密集的农村和城区,这些区域的污染主要通过河道向滇池输移,河水污染程度高,而且河道周边及湖泊入河口的自然滩涂湿地几乎完全丧失,因此河道沿途的自净能力低下。一旦农村面源污染转入河道,进行污染治理的难度就极大。综上,面源污染削减需要尽可能在源头上就地分散治理。

1.2.2.5 伴随昆明市经济社会的快速发展和产业的重大调整,面源污染将呈现新的变化

一方面,随着城乡一体化进程和环湖生态建设,部分区域和湖滨地带的面源污染将显著削减。昆明市将加速城乡园林绿化建设,在滇池外海环湖交通路以内,加大力度开展"四退"(退塘、退耕、退人、退房)和"三还"(还湖、还林、还湿地)工作,建设湖岸亲水型湿地带,在环湖公路沿线两侧建设生态林带,同时通过产业结构调整、移民搬迁和劳动力转移,将该区域内的居民及其住房、生产用房逐步向滇池水体保护的核心区外转移,避免对滇池的直接污染。此外,在湖滨 500m 范围以内,通过农业产业结构调整等形式,全部取消农业活动,实施退耕还林,开展生态林带和经济林带建设,做到实用性、生态性和观赏性相统一。这些政策的实施,将大大削减湖滨区农业面源污染,并有利于形成生态保护屏障。

另一方面,滇池流域面源污染也将出现一些不确定因素。随着呈贡新城区的建设和发展,以花卉和蔬菜为主的农业产业中心向晋宁迁移,晋宁花卉产业占据全省的 1/7。特别是滇池流域的富磷区域也主要分布在晋宁。流域面源污染也出现空间的迁移趋势,滇池南岸的晋宁地区将成为面源污染集中产生的关键地区。同时,由于可利用土地资源弹性空间很小,随着土地资源日益紧缺,农业、农村的发展及农民的致富势必要加大对土地的利用强度,面源污染产生面临更多的不确定因素。

1.2.3 面源污染治理需要突破的科技瓶颈

1.2.3.1 对滇池流域面源污染时空格局和贡献水平的量化掌握程度低

面源污染一直是驱动滇池富营养化发展的重要力量,特别是随着滇池流域工业污染源和昆明城市生活源的全面控制与有效治理,流域内农村和农业的面源污染对滇池水环境治理及富营养化控制的重要影响将日益突出。但鉴于面源污染源头多、范围广、污染的产生和输移过程复杂、时空变动的不确定性等,目前对面源污染的了解和认识多偏于概念化和经验化,使得近期得出的很多理论和数据多来自宏观推断与定性描述。面源污染削减及其环境治理方面缺乏系统性、针对性和可预见性,这成为制约滇池水环境全面整治和污染治理的重要瓶颈。因此,需要定量估算全流域面源污染状况,深入解析滇池流域面源污染特征,摸清流域内面源污染负荷时空格局和社会经济发展的关系,在全流域尺度上区划面源污染类型区和关键控制区域,根据流域社会经济发展情景系统仿真分析未来面源污染产生的发展趋势,制定流域内面源污染控制的整体框架和规划。

多年来,滇池流域面源污染治理的复杂性、艰巨性和长期性被低估,对面源污染治理及其科学研究的投入严重不足。治理思路一直偏重于滇池局部区域的工程整治,对流域面源污染发生的时空特征和规律缺乏全面系统的认识与深入研究,尤其对于滇池流域面源污染的发生、迁移、转化及量化的研究少而分散,调查深度有限,系统性不够,从而难以系统全面地判识流域面源污染发生的时空格局及其对湖泊污染的贡献水平。不仅如此,对已有的零星研究和调查没有进行整体集成,缺少流域面源污染发生、输移模型的研究和比选,缺少地理信息系统(GIS)平台上的流域面源污染数据库,特别是滇池流域经济社会发展速度快,土地利用、生态格局变化十分剧烈,更使当前对于滇池流域面源污染的诊断分析缺乏可依托的数据。缺少科学数据支撑是滇池流域面源污染治理面临的一个关键难题。

1.2.3.2 滇池流域面源污染治理缺乏系统设计,治理工程中的技术遴选和集成缺乏依据

由于滇池流域有关面源污染的基础调查和深入研究工作很少,家底不清,因此对于面源污染控制涉及的重点区域、关键环节、核心过程都还不十分清晰,形成的各种面源污染治理方案缺乏基于全流域基础数据的支持,说服力不强,针对性不够。

在技术方面,目前针对滇池面源污染削减的技术储备不足,而且由于对滇池流域面源污染的时空格局不清楚,针对面源污染控制的通用技术如何遴选、技术适应性如何难以掌控;同时,不少治理工作主要是单项技术,治理技术的系统集成度低,面对复杂多样的面源污染针对性差,实际效果欠佳。

1.2.3.3 缺少行之有效、长期发挥作用的示范工程

多年来,湖泊水环境保护的投资主要用于城市污水处理厂及其配套工程建设,对农业面源污染源头的控制行动计划投资甚少。以滇池治理为例,"九五"计划期间滇池治理投入41亿元,主要用于污水处理厂及其配套工程建设,包括松华坝水库加固、滇池防浪堤建设、河道整治等;"十五"计划期间云南在高原湖泊治理方面仍然以城市排水管网、污水处理厂建设改造、入湖河道整治等建设工程为主。目前已经逐步将城市面源纳入污水处理厂进行处理,并根据城区面源治理需要逐步增加排水管网及污水处理厂配套工程的建设。但是,对于提高对农村、农业面源污染源头的控制,特别是针对菜、果、花种植和农村畜禽养殖所造成的水体富营养化的控制,以及研发高效、低耗、易行的污染负荷综合削减技术等相关工作仍然十分欠缺。

1.2.3.4 要针对滇池流域面源污染特征及发展趋势,构建面源污染控制评估体系

评估某个农村面源污染控制研究或示范项目在实施后的长效运行程度以降低甚至杜绝国家投资风险,是农村面源污染控制项目立项评估的重要依据。同时,建立农村面源污染控制

系统的长效运行评价体系，也是农村面源污染控制多方案优化的手段和依据。因此，根据滇池流域社会经济环境大背景提出适合滇池长效运行的系统评估体系是目前亟待开展的工作。

总之，滇池流域面源污染治理需要继续强化科技支撑力度，以科学发展观为指导，用科学的手段和方法研究、探索、解决存在的问题，其面源污染治理才能取得根本成效。

1.2.4　滇池流域面源污染治理的社会经济意义

1.2.4.1　滇池流域面源污染治理和控制是现代新昆明建设环境功能实现的必要保证

现代新昆明城市发展战略实现后，昆明市城区将从现在的 $180km^2$ 发展到 $460km^2$，人口由 245 万逐步增加到 450 万，城市空间得到快速拓展。随着滇池流域城市建设中点源污染控制和面源治理强度的提升，农村面源污染将逐渐凸现成为重要的环境问题。面源污染不但导致农业生态系统功能退化，危害城乡环境安全，而且是滇池水体富营养化的主要来源之一。更为重要的是，伴随滇池流域城市化的进程，城乡边际区域逐渐扩张，边际区域内农业格局将呈现较大的调整，设施农业会得到快速发展，加之农户传统生产方式的落后和生活污水缺乏集中处理形式，使面源污染复杂及变异程度加剧，污染强度加大，导致流域面源污染的治理和控制处于困境，这必将进一步凸显城乡边际区域的面源污染和景观恶劣问题。降低面源污染负荷、建设环境优美新农村和城际绿色景观廊道是实现滇池流域各规划城市片区环境功能的重要支撑。

1.2.4.2　面源污染的全面治理是滇池流域水资源配置和环境保护历史性转变的需要

滇池流域属于水资源严重匮乏地区，人均水资源占有量不到 $200m^3$，而且区域内水资源的时空配置严重失衡。在滇池水质恶化的趋势得到初步遏制但没有根本好转的条件下，在未来现代新昆明建设的重要时期，流域内城乡水资源配置矛盾将会十分突出。将农村用水向城市用水合理、有效地调配及转移是保障滇池流域社会经济健康持续发展的基本要素。目前，滇池流域农业人口有 73 万，耕地面积达 5.02 万 hm^2，基本农田保护面积为 4.0 万 hm^2，农村和农业生产用水量 4.63 亿 m^3，占滇池流域可利用水量(含重复利用水量)的 60%，其面源污染负荷占总污染负荷的 37%左右，而农业用水则是面源污染负荷的主要输移和富集载体。因此，只有在滇池流域面源污染治理取得确实成效、农村输移水体水质达标的情况下，才有可能实现城乡水资源的合理配置，实现环境、社会、经济的协调发展。本项目的实施是构建节水环保型农村生产生活体系、修复小流域或集水区生态环境功能、实现流域内城乡水资源合理配置的切实需求。

1.2.4.3　面源污染削减的系统方案研究是滇池流域面源污染整治、管理与决策的需要

近年来，滇池流域面源污染治理力度不断加大，已取得了阶段性的成果。但是，滇池流域面源污染防治工作仍然缺乏系统长远的治理方略和切实有效的评估体系，且缺乏流域

层面上整合的系统技术和管理体系。本书通过分析段昌群团队多年来在滇池流域面源污染调查中获得的数据,解析流域面源污染负荷输移贡献特征和关键过程,摸清流域内面源负荷时空格局和社会经济发展的关系,探寻流域面源污染重点区域和控制节点,通过在生态环境功能划分的小流域/汇水区单元上构建相应的污染防控体系,最终提出适用于全流域层次上面源污染治理与控制的整体框架,这是滇池流域污染治理、管理与决策的重要支撑。

1.2.4.4　针对滇池流域的特点开展技术集成和工程示范是提高面源污染控制与治理技术水平的需要

滇池流域面源污染经过一系列防治规划的实施,积累了大量的治理技术和治理经验,形成了一些如秸秆还田、平衡施肥等单项技术,但面源污染治理仍处于技术深化、技术集成、有效示范的阶段。目前,流域内面源污染来源缺乏精准确定,污染控制缺乏成熟技术,污染控制措施系统集成创新不足,没有全面系统的污染治理规划方案。同时,流域内农村"节水控源"技术应用尚处在起步阶段,节水高效农业及生态农业技术体系仍需大力提高和完善,清洁生产、循环农业还不具备相应的技术支撑。

总之,面源污染的控制与治理是滇池水环境治理面临的严峻问题。要解决该问题需要多方面的努力,首先,必须树立长期、持续治理的指导思想。其次,必须坚持污染控制治理过程的系统性、整体性和配套性;同时由于流域富磷的自然背景特征,滇池流域面源污染治理也必须强调其特殊性。再次,必须加强研究技术的集成创新和推广应用,提高滇池面源污染治理技术的整体水平,降低面源污染负荷。最后,必须健全与完善法律法规和有效的经济调控体制,构建节水环保型农村生产生活体系。

1.3　解决滇池流域面源污染问题的基础条件

1.3.1　社会经济条件和国家、地区政策支持条件

2007 年以来,昆明市委、市政府按照云南省委、省政府对滇池治理的要求和部署,充分认识滇池治理的长期性、复杂性和艰巨性,把滇池流域水环境综合治理摆到更加重要、更加突出的位置,继续贯彻"污染控制、生态修复、资源调配、监督管理、科技示范"的治理方针,以污染物减排为核心,提速滇池污染治理工作。按照滇池"十一五"规划,围绕"环湖截污、环湖生态、入湖河道治理、底泥疏浚、水源地保护、外流域引水"六大工程措施,以及"面源污染防治、工业污染防治、监督管理、宣传教育"四大管理措施,综合运用经济、法律和必要的行政手段,开展全面、系统、科学、严格的污染治理。其中,强力推进以入湖河道整治、农村垃圾收集及处置、减少农药化肥施用为重点的农村面源污染防治工作,进程显著加快。

2008 年以来,在滇池外海环湖公路以内,根据滇池周边湖岸线、防浪堤及沿湖村庄的具

体情况,结合昆明城乡建设加大力度开展"四退"(退塘、退耕、退人、退房)和"三还"(还湖、还林、还湿地)工作,建设湖岸亲水型湿地带,在环湖公路沿线两侧建设生态林带。同时,在有条件的湖岸,逐步拆除防浪堤,全面推动外海湖滨自然湿地恢复,逐步形成良性的湖滨生态系统。滇池外海"四退三还"面积达到 32km²,涉及沿湖 4 个县(区)和滇池旅游度假区的 12 个乡镇 59 个行政村,人口近 3 万,房屋建筑面积约 2.0×10^6 m²。整个工程的有序推进,将有可能在较短时间内解决滇池湖滨带的面源污染及其相关生态环境问题。

2008 年 7 月,为解决昆明地区滇池及其他流域面临的日益突出的生态环境问题,昆明市政府决定在滇池等流域开展水环境治理"全面截污、全面禁养、全面绿化、全面整治"(以下简称"四全")工作,制定了《昆明地区"一湖两江"流域水环境治理"四全"工作行动计划》(以下简称《行动计划》)。其中,在流域内全面取缔畜禽养殖,在流域外规划养殖区域,将根除畜禽养殖业对昆明地区一湖两江流域水体污染的影响。

1.3.2　以往面源污染情况调查经验和工程基础

1.3.2.1　相关调查工作

面源污染包括农村生活污染、农田氮磷流失污染、山地水土流失污染等。昆明市环境保护局和昆明市环境科学研究院在编制《滇池流域水污染防治"十一五"规划》的过程中,在流域面源污染现状调查和预测方面开展了相应的工作,基本摸清了滇池流域土地利用现状、变化特征及发展趋势,发现滇池流域的土地利用空间变化主要表现在城镇用地的扩张,以及经济作物种植面积的增大,导致滇池东岸宝象河、马料河、洛龙河、捞鱼河等片区传统种植业大量减少,使得土壤侵蚀和水土流失逐年增加,滇池东岸、南岸无论在侵蚀强度上还是侵蚀面积上都大于西岸和北岸。调查分析表明,农村人均生活污染负荷远小于城市,且总氮排放量远低于城市居民人均排放量。流域内大部分农村生活污水被地表消纳,难以收集,污染物以面源污染形式入湖。采用水箱模型模拟径流水文特征,利用水质水量回归模型分析径流污染负荷输出量状况,发现在 6~10 月的雨季,径流产水量占了全年的 82%,COD_{Mn}、TN、TP 输出量分别占全年的 84%、88%、88%,暴雨期的强冲刷作用相当明显;在雨水期初期的 5 月,占全年 4%的径流量输出了占全年 5%的总氮、总磷污染物,雨水期初期雨水污染较重。

1.3.2.2　相关工程基础

20 世纪 80 年代,昆明市政府就开始在滇池流域大规模发展生态农业,推广了"猪-沼-果""粮-菜-花-烟""种-养-加-沼""观光生态农业"等农业模式。近年来十六届五中全会又围绕社会主义新农村建设,结合绿色农业发展和农村环境保护,大力发展农村能源建设,推进"一池三改"(以沼气池建设带动农村改厨、改厕、改厩)和"生态村试点"工作。2006 年推广无公害蔬菜生产面积 4.2 万 hm²,占总生产面积的 63.7%;在流域内推广平衡施肥技术，推广"双室堆沤肥"技术，开展秸秆还田 4000hm²，化肥用量减少了 15%；控制农药使用，推广高效、安全、低残留农药，化学农药用量显著减少。截至 2007 年，流域内累计建成沼气池 118 524 口（户）、秸秆气化集中供气站 5 座，推广节柴灶 53 362 眼，农村液化气 6418 户，太阳能热水器 83 000m²；流域内建成生态卫生旱厕 50 856 座，在沿湖 16 个乡镇建成垃圾收集间 700 个，沿湖村镇垃圾收集清运处置率达到 60%，农村卫生环境有所改善；流域内开展植树造林、天然林保护、封山育林等措施，水土流失治理面积 300km²；湖滨带生态恢复与建设 3.3km² 以上；滇池沿湖周边 2km 范围内禁止或限制化学农药和化肥的使用，流域其他范围限制使用；在滇池外海环湖公路以内开展了"四退"和"三还"工作；在滇池流域范围内限制畜禽养殖，2008 年 6 月 30 日起部分区域禁止任何单位和个人从事畜禽养殖活动，包括环湖路以内区域和 31 条入湖河道堤岸两侧沿地表向外延伸 200m 的范围内。

1.3.2.3　相关科技基础

围绕滇池水环境问题，国家和地方一直都在开展科技研究，"十五"计划期间，组织开展了云南省政府和中华人民共和国科学技术部合作的重大科技专项"滇池流域面源污染控制技术研究"，经费总额为 2500 万元。2004 年项目通过了中华人民共和国科学技术部等有关部门组织的验收鉴定，在农业面源污染控制方面取得了一批环保科技成果：在示范区入湖的总氮(TN)、总磷(TP)、总悬浮物(SS)、五日生化需氧量(BOD₅)、COD$_{Cr}$ 显著降低；植被覆盖率达到 70%，土壤侵蚀模数低于 150t/(km²·a)；示范村 70% 的养殖业固体废物和 80% 的种植业固体废物得到无害化处理；示范区单位面积土壤的氮磷化肥施用量在 1999 年的基础上减少 50%；示范村城镇生活污水处理率达到较高水平，总氮、总磷去除率达到 70% 以上；每吨水运行成本不高于当地同期脱氮除磷二级处理工艺平均运行成本的 1/3。同时开发了处理村镇生活污水的复合生态床成套技术，处理村镇生活污水土壤渗滤成套技术，处理村镇生活污水生物滤池成套技术，农村固体废物有机-无机多功能复混肥生产成套技术和设备，复合型高效降解发酵菌剂生产成套技术和设备，农户型双室堆沤肥成套技术，精准化平衡施肥技术及其智能化配肥和施肥软件，集约化种植体系下蔬菜、花卉营养生理特性与施肥技术标准，智能化施肥专家系统——施肥通软件与硬件，经济适用型滴灌施肥系统的研究与组装配套技术，大流量旋流固态污染物分离器，以及复合沸石湿地生态成套技术等，为滇池污染治理发挥了重要科技支持作用。

另外，"十五"国家 863 计划资源环境技术领域 2005 年课题"滇池入湖河流水环境治理技术与工程示范"的"城郊面源污水综合控制技术研究与工程示范"项目已于 2005 年启动，目前各项示范工程已竣工运行，初显成效。

同时，滇池流域还积极开展了无耕作水稻种植和测土配方施肥技术等一批科技示范项目，取得了初步成果；完成了《滇池流域水污染防治"十一五"规划》《滇池流域生态农业规划》《滇池湖滨带调查及建设规划》《环滇池生态保护规划》《滇池外海湖滨生态湿地详细规划》《昆明市生态农业发展规划》《云南省"十一五"农村能源建设规划》(昆明地区)等一批调研、规划工作，为本项目的实施提供了背景基础及未来情景预测。

上述措施和科研成果使滇池面源污染防治工作取得新成效，对面源污染的控制在局部有所改善，但从整体上看资源破坏、环境污染的问题还没有从根本上解决，农业环境污染加剧、水土流失和土壤退化问题依然突出。但是，21 世纪以来对面源污染的研究多为针对城市及周边农村区域，对全流域面源污染的调查和综合研究最近一次的工作成果在 20 世纪 90 年代形成。"八五"计划期间中国环境科学研究院完成了"滇池城市饮用水源地面源污染控制技术研究"国家科技攻关项目以后，近 10 年来昆明市的快速发展使滇池流域尤其是过渡区、湖滨区发生了根本性的变化，目前对流域面源污染的了解十分有限，制定面源控制规划所需要的基础数据缺乏，从全流域层次根据生态控制单元编制面源污染负荷削减的系统方案缺乏，通过技术集成综合解决面源污染的有效案例和工程示范依然缺乏。这些都需重新收集资料，借助近年来新的研究成果，如段昌群承担的项目的实施结果，重新进行整合，以满足滇池污染综合整治的需要。

1.3.3　其他工作基础

通过长期的科学研究、政府推动、社会参与等，滇池流域面源污染治理具有较好的工作基础，尤其是流域内地方政府和农民对面源污染治理有较高的积极性，能够较好地配合开展相关工作。

《云南省"十一五"农村能源建设规划》(昆明地区)中，项目区农业以种植大棚蔬菜、花卉、粮食为主，已纳入新农村建设和能源建设规划范围，实施"一池三改"，重点推广"养殖-沼气-种植"三位一体的生态农业模式，发展资源节约型、环境友好型的循环农业模式，全面推进社会主义新农村建设。

2001 年云南省水利厅等部门在本项目邻近区域实施了云南省晋宁县宝兴小流域综合治理工程，对区内 10 741 亩(1 亩≈666.7m²)坡耕地进行了坡改梯改造；通过退耕还林等手段建设水保林 960hm²(其中用材林 430hm²、薪炭林 120hm²、经果林 410hm²)；采用封闭、半封闭等封禁措施治理林地 120hm²；在侵蚀严重的沟谷中修建拦沙坝 12 座，配套坡改梯措施兴建蓄水池窖 129 口，兴建"三面光"灌溉水渠 16km。

综上所述，滇池流域产生的面源污染负荷占滇池污染总负荷的比例不断升高，长时间、大面积的面源污染，降低了滇池水体的自净能力，加重了水体的富营养化。但是，针对滇池面源污染开展研究工作存在基础数据缺乏、整体方案缺乏等问题。本书针对重要区域面源污染削减关键技术和工程示范缺乏的问题，将逐步介绍目前滇池流域面源污染调查与控制方案研究及工程示范的关键环节，这是引领滇池流域生态-经济-社会复合系统可持续发展的重要科技方向，可以为我国高原湖泊及有关类似地区的水环境治理提供理论支持和技术借鉴。

第 2 章 滇池流域面源污染系统调查与综合解析研究设计

面源污染一直是引发滇池富营养化的"首犯"。面源污染物的迁移转化受自然要素和人类活动的影响，过程极其复杂，具有显著的时空差异性和不确定性，这增加了当前研究的困难。为了定量认识滇池流域农村面源污染状况及其产生、输移和贡献特征，在综合分析已有工作的基础上，本章通过实例介绍了如何开展流域面源污染现场调查，如针对不同面源污染典型小流域/汇水区的定位观测方法等，并尝试介绍如何开发和应用空间信息数据库平台和数学模型，定量估算流域面源污染产生量和入湖量，进而根据流域经济社会发展态势预测流域面源污染的负荷及其输移、贡献特征。

2.1 滇池流域面源污染调查与解析

2.1.1 总体思路

以开展流域面源负荷产生输移规律调查为基础，以数值模拟和预测分析为依据，针对滇池流域实行"四退三还一护"及城乡一体化的战略，摸清面源污染产生量和入湖量，诊断分析滇池流域面源污染发生和迁移的时空特征及主要源头、关键区域、核心环节；根据这些特点以小流域/汇水区为生态控制单元进行区划，设计流域面源污染负荷削减的系统方案；研制不同层次的污染负荷削减的关键技术和集成技术，在滇池流域选择典型区域进行技术试验、技术应用和综合工程示范，提炼并形成有效削减面源污染的流域整体设计，以及源头重点削减、关键区域优化削减、核心环节集中削减的系列技术方案和推广应用导则，构建流域面源控制与区域农业和农村发展的良性互动机制，为有效削减流域农村面源污染负荷提供数据支持、理论指导、技术支持和管理措施。

2.1.2 研究内容与技术路线

根据项目对本课题的任务要求和课题拟解决的关键科学技术问题，通过调查研究、定位观测、系统模拟、基础研究，摸清滇池流域面源污染产生量和入湖量，为制定流域面源污染削减的系统方案、发展滇池农村面源污染削减的关键技术提供理论依据和技术指导。研究框架见图 2-1。

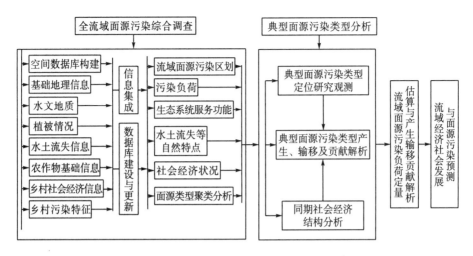

图 2-1　研究框架示意图

2.2　流域面源污染基础状况调查和面源污染特征区划

2.2.1　面源污染现状调查和综合分析

2.2.1.1　调查目标

通过系统调查与监测技术，在全流域的社会经济、城镇布局、人口分布、气象因子、地形地貌、土地利用、农耕模式等方面深入开展面源污染综合调查，为分析面源污染的空间分布特征、探寻污染关键区提供数据支持；以全流域小流域/汇水区为基础，筛选典型小流域/汇水区，开展小流域各级汇水口关键节点污染物输移负荷的定点定位监测，分析关键区域内典型集水区污染物输移、消解规律及其与土地利用类型、气象条件的相关性，掌握主要面源污染物在输移过程中的转化规律及其影响因素，初步识别面源污染产生和输移的核心环节和关键过程及"源-流-汇"的关键节点，摸清流域面源负荷的时空格局及其与生产生活的关系，为全流域面源污染数值预测和削减系统方案的设计提供数据支持。

2.2.1.2　调查分析的范围和方式

在滇池流域针对面源污染产生的主要区域开展综合调查，重点为流域内 4 区 3 县、43 个乡镇 338 个村委会 1321 个自然村。

2.2.1.3　调查分析主要内容

以实地调查获得一手资料和实时数据为主，重点围绕以下几个方面开展工作。

1. 滇池流域面源污染综合调查

滇池流域面源污染调查方案设计。导致滇池流域农村面源污染的因素主要是农村居民生活污水及生产活动中耕种季节的农排水及随雨水流失的过量化肥和农药等。本专题以小流域划分为基础，结合调查内容分别制定出相应的调查方案，其中产业结构和布局、人口规模与结构、土地利用、城市化进程、流域总体发展规划及各行业发展规划等社会经济资料以行政区划分调查单元，并采用随机抽样调查进行核实，具体包括农药化肥用量、农业污水排放量、村镇生活污水产生及排放量、畜禽养殖等农村面源污染，以土地利用方式为分区依据，以随机抽样调查为主要手段，并保证数据质量；降雨、地表径流等与面源污染相关的水文特征资料以小流域为分区单元，以水文气象部门的资料收集为主(收集近 30 年的资料)，结合文献资料，调查分析滇池流域的水文气象时空分布特征；地形地貌、水文水系、土地利用、植被分布等信息采用遥感(RS)和地理信息系统(GIS)手段分析。

完成流域面源污染现状调查分区及实施方案后，选择各种土地利用类型比较集中的典型流域(如宝象河、柴河)作为试点，开展详细的综合调查工作，结合调查结果及调查过程中存在的问题，及时调整调查实施方案，在此基础上制定出完善的适合滇池流域面源污染现状调查的最优方案。

流域社会经济状况调查。采用收集、统计数据的方法全面调查各小流域/汇水区总人口及其分布特征，绘制滇池流域人口分布图；调查村落数及其分布特征，绘制滇池流域村落分布图；此外，还需统计人口增长率、国内生产总值(gross domestic product，GDP)、人均收入及其来源、人均支出及其消费去向等。最后，通过随机抽样调查技术校验数据的可靠性。

流域土地利用、地形地貌、水土流失现状调查。根据 2007 年的遥感影像资料判读流域土地利用方式、地形地貌、植被分布和土壤侵蚀类型、强度、格局等信息。

流域气象、水文特征调查分析。采用资料收集及走访相关部门的方法收集近 30 年滇池流域年均降雨量、蒸发量、单场最大降雨量、降雨持续时间、风速、气温、太阳辐射等气象特征资料；在 2007 年遥感影像资料判读的基础上提取最新的水网沟渠分布图，采用资料收集、部门走访及实测相结合的手段，调查主要水网分布及长度、离滇池距离、过水流速流量的时空特征(雨季和旱季分别统计)等水文信息资料。

村镇生活面源污染调查。采用抽样方法调查各小流域/汇水区村镇居民人均用水量、污水回用途径及回用率、污水排放量、污水收集方式及收集率、污水排放去向(特别关注是否排放到入滇水道)；居民人均固体废弃物产生总量及分类量，固体废弃物处置方式、去向及处置量等。上述调查资料对雨季和旱季、山区和坝区分别统计。

农业生产面源污染调查。由于滇池流域地形地貌和农业耕作方式具有多样化的特点且对面源污染的贡献率有显著差异，因此调查对象以山区半山区旱地、平坝区传统农业耕作方式区及平坝区设施农业耕作方式区分别开展。该项调查分为以下几部分：①耕作模式、管理体制、施肥强度及固体废弃物调查。采用抽样方法调查滇池流域农业生产区作物类型、耕作方式、病虫害防治等植保措施、除草措施、施肥量、肥料种类、施肥时间、秸秆处置方式及去向、秸秆还田方式及还田率、固废入河情况等。对比分析山区半山区旱地、平坝区传统农业耕作区及平坝区设施农业耕作区等三种类型的差异。②排灌水系统与农田用水特征调查。采用抽样方法调查上述三种耕作类型的农田种植类型、不同种植类型单位面积农业用水量及其时间分配、灌溉用水来源、排水量及排放去向、农排沟布设情况。③农业及农村固体废弃物调查。主要调查分析废弃物的种类、数量、产生的时空特点等。

流域畜禽养殖业调查。抽样调查滇池流域农村畜禽养殖类型及其数量、养殖方式、畜禽粪尿产生量、处置方式、综合利用率、外排途径和数量等。

城市面源调查。调查滇池流域城市(包括县城)面积、排水方式(分流制、合流制)、排水去向、污水收集率、污水处置率、雨水排放口布设等。

2. 典型小流域/汇水区主要污染物输移通量及关键控制节点的定点观测研究

典型小流域/汇水区的筛选。在上述调查的基础上,结合已有的土地利用、地形地貌、农业生产方式等对面源污染有影响的相关科研结果,采用主成分分析、聚类分析等手段初步判定影响滇池流域面源污染的关键小流域/汇水区。归类整合小流域/汇水区特征,以土地利用类型划分为核心参考因素,遴选 6~8 个典型小流域,分别在以山区半山区林地(包括生态林及经果林)、山区半山区传统农业耕作区、坝区传统农业耕作区、坝区设施农业生产区、农村村落聚居区、小城镇-乡村二元混合区等为主的小流域/汇水区开展定点定位观测。

典型小流域/汇水区气象因素特征观测。在每个供试的典型小流域/汇水区设置 1 台小型气象观测站,连续观测各个小流域/汇水区的降雨量、蒸发量、降雨持续时间、风速、气温、太阳辐射等气象参数,获得其年平均值、日平均值及小时平均值。

典型小流域/汇水区入湖河道水文特征及污染物输移通量与消解状况研究。分别在典型小流域相应入湖河道与环湖公路交汇口及其一级支流汇水口设置等比例自动水样采样器,并同时记录水流速度及通量。通过测定不同时段水样中污染物浓度,分析河道污染物输移总量及时空分布,结合流域内土地利用格局,在小流域/汇水区层面上分析污染物输移规律及其与土地利用、气象条件的相关性。

(1)研究断面:在各小流域/汇水区主要入湖河流相应河段设置 3~5 个定位观测断面,定点采样并测定小流域内主要河道与环湖公路交叉口(控制节点 1)及其水库坝下一级支流汇水口(控制节点 2)污染物输移总量及时空分布,监测断面数量视一级支流数量而定。

(2)研究时段:分为产流暴雨降雨条件和非暴雨两种状况,根据滇池流域的一般状况,产流暴雨每年有 30~50 场,其中头三场暴雨携带的入湖污染物量最大,因此重点监测头三场暴雨。非暴雨状况每个月监测一次,每次监测 5 天,按河流水质监测标准方法采样及测定。

(3)研究内容及指标:非暴雨期间定期监测河道水流流量及过水通量、水中主要污染物及其各形态的浓度及输移总量,采用上下游差减法分析单位河段长度的降解率(如果区间有散流输入,则需要同时考虑散流输入量);暴雨期间监测每场单场暴雨的产流特征及其携带的主要污染物,以及其各形态的浓度与输移总量。同时结合流域内土地利用格局,在小流域/汇水区层面上分析污染物输移规律及其与土地利用、气象条件的相关性。

(4)具体水质监测指标:包括 pH、SS、COD_{Cr}、TN、NO_3^--N、NO_2^--N、NH_4^+-N、TP(部分样品进行形态分析)等,通过对比分析各监测断面上述指标的差异,分析各汇水单元主要污染物的产生量及输移过程中的降解和转化规律,明确最终汇入滇池的污染物通量及其形态。

3. 关键区域典型集水小区主要污染物"源-流-汇"关键节点和重要过程分析

典型集水小区筛选及径流观测场建设。从整个滇池流域面源污染的整体出发,在研究污染物的水力传输情况(包括与湖泊的距离)、污染物的运移机制、污染源源强、污染物类型等特征的基础上,筛选出一个面源污染关键区域集水小区开展定点定位实验研究。关键区域也可以通过最大污染物运移速率及污染物运移通量来确定。拟采用径流小区法和集水区出口实测法研究典型集水小区内不同土地利用类型对面源污染的影响及其主要污染物的"源-流-汇"关系规律。在 6 种土地利用类型设置 12 个左右的径流小区观测点。

关键区域典型集水小区主要污染物"源-流-汇"规律的实验研究。同时提取该集水区中的沟渠水网,以沟渠水网节点作为监测位点,分析每个节点的径流产生特征(包括暴雨径流和农田排渗水)及其与驱动力间的关系(暴雨径流量与暴雨强度、持续时间等有关,农田排渗水则与灌溉过程有关)、土壤和水体中主要污染物(COD_{Cr}、TN、TP)浓度及其随传输距离的衰减速率、污染物输移方式(颗粒态、溶解态),揭示其中主要污染物的产生源强、输移方式、消解(沉淀、分解等)速率等"源-流-汇"全过程规律,解析其中的关键环节和重点过程。

土壤及径流水的具体监测指标包括 pH、SS、COD_{Cr}、TN、NO_3^--N、NO_2^--N、NH_4^+-N、TP(部分样品进行形态分析)等,通过对比分析各监测样点上述指标的差异,分析各土地利用类型主要污染物的产生量及输移过程中的降解和转化规律,量化其对滇池面源污染的贡献率及其形态特征。

2.2.2 流域面源污染空间数据库的构建

2.2.2.1 拟解决的问题

流域面源污染的时空定量分析和来源解析离不开对整个流域多重面源污染及其影响要素的综合把握与系统分析。农田氮磷化肥、农业固体废弃物、村镇生活污水、水土流失和暴雨径流是滇池流域面源污染的主要来源与驱动力,长期以来,这些认识主要基于宏观推测和经验分析,缺乏数据支撑,没有综合的数据及信息管理系统。

面源污染物本身有来源广泛、随机性强、成因复杂、潜伏周期长、滞后性和模糊性等特征，在由不同地形地貌、土壤、植被和人类活动共同组成的复杂景观中，其生态因子时刻发生着变化，由此导致系统中的物质流和能量流复杂多变，因此对深入认识面源污染形成机制和过程造成困难。应用空间信息技术，建立面源污染现状调查的空间数据库，同时整合气候、地质、地形、水文、植被、土地利用、村镇格局、社会经济数据等信息，构建流域面源污染发生的生态-经济-社会复合系统空间信息数据库，是科学认识面源污染特征、制定控制方案的必要条件。为此，建立全流域面源污染综合控制的空间信息数据库，是了解全流域污染特征、实施控制方案并进行系统管理的基础。

2.2.2.2　研究和技术开发内容

数据库的建设重点有以下两个方面。

第一，空间数据库建设。应用空间信息技术(spatial information technology)，在全流域范围内以 1∶50 000 为数据精度基准，示范区以 1∶1000 为基准。以相应比例尺全要素地形数据为基础，结合面源污染调查信息，配合卫星影像、水文地质、土地利用、植被、水土流失、农田耕作、社会经济、村镇居民生活数据，分别建立基础地理信息数据库，水文地质数据库，土地利用数据库，植被数据库，水土流失数据库，农田基础设施耕作模式数据库，村镇社会经济空间信息数据库，村镇生活性污染特征空间信息数据库。

第二，空间数据库建设技术研究。在数据库建设过程中，以美国环境系统研究所公司(Environmental Systems Research Institute，INC.，简称 ESRI 公司)ArcGIS 地理信息系统软件为基础平台，研究多尺度空间信息数据库融合开发技术和空间信息数据库更新技术。以实现矢量、栅格、影像、属性数据等多种数据形式一体化集成管理，建成多尺度无缝空间数据库。具体思路和方案如下。

运用尺度推演技术，实现多尺度空间信息的融合。以现代数据库连接和集成技术为基础，运用 ArcGIS 软件的开发功能，实现多库连接集成。开发具有友好界面及动态存储功能的数据更新模块。实现生态-经济-社会复合数据的快速调度、查询、显示、无缝漫游、分析统计、维护、更新和制图输出等功能，为滇池流域面源污染监测和控制提供及时、准确、可靠的地理信息服务。

数据库采用 C/S 构架，系统界面基于 ArcGIS 系统风格，以 ArcSDE 为引擎，以 Oracle 系统为后台管理平台实现对水土保持海量数据的存储和各种分析调用，包括用户管理、矢量数据管理、栅格数据管理、专题数据管理、统计数据管理等。

滇池流域面源污染数据库建设的数据流程见图 2-2。

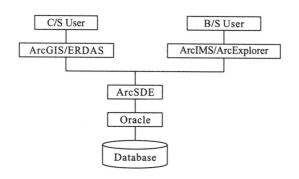

图 2-2　滇池流域面源污染数据库建设数据流程图

2.2.2.3　工作目标

数据库建成后，提供以全流域面源污染特征为目标的全流域 1∶50 000 和示范区 1∶1000 的生态-经济-社会复合生态系统 GIS 数据库共享平台。具体包括 10 个数据库：全流域 1∶50 000 和示范区 1∶1000 基础地理信息数据库；全流域 1∶50 000 和示范区 1∶1000 水文地质数据库；全流域 1∶50 000 和示范区 1∶1000 土地利用数据库；流域影像数据库（全流域 SPOT 数据，示范区 QuickBird 数据）；全流域 1∶50 000 和示范区 1∶1000 植被数据库；全流域 1∶50 000 和示范区 1∶1000 水土流失数据库；全流域和示范区农田基础设施耕作模式数据库；全流域村镇社会经济空间信息数据库；全流域村镇生活性污染特征空间信息数据库；全流域和示范区面源污染监测数据库。

数据库系统应用多尺度空间信息数据库融合开发技术和空间信息数据库自动更新技术。通过统一的界面，实现各个数据库的一体化集成管理、复合叠加、无缝漫游，以及各种空间查询、分析、处理、提取、更新和制图输出等功能。

2.2.3　流域面源污染区划

2.2.3.1　拟解决的问题

面源污染属于一种具有分散性的面状随机生态过程，不同区域对全流域面源污染的贡献率不尽相同。为提高滇池流域面源污染调查与治理措施研究的准确性，本研究试图着重解决的问题包括：利用空间信息技术将整个流域划分为若干小流域；对各小流域的生态系统服务功能、面源污染特征、社会经济发展状况等特征进行面源污染类型聚类分析后，完成滇池流域的面源污染区划，为滇池流域面源污染治理措施的制定提供系统、详细的基础。

2.2.3.2　研究的主要内容

研究的主要内容有以下 5 个方面：①流域农村面源污染负荷源强空间格局分析；②小流域生态系统服务功能与面源污染特征分析；③流域水土流失生态区划分析；④流域村镇

社会经济发展状况综合分析；⑤以小流域为单元的面源污染类型聚类分析及流域面源污染区划。

2.2.3.3　研究思路和方案

按照以下几个方面开展工作：分析并掌握滇池流域农村面源污染源-汇-流的空间格局及其主导控制因素，以及面源污染负荷产生、输移贡献的一般特征；重点分析山地、富磷区、传统种植区、设施农业区、城乡接合部等地区的面源污染负荷及产生特征，并依据各类型空间格局对其污染输移特征进行解析；分析并掌握各小流域的生态系统服务功能、生态过程，以及面源污染的类型和强度；分析并掌握滇池流域各区的土壤侵蚀类型和强度；分析并掌握各小流域所覆盖村镇的社会经济发展状况，实现生态-经济-社会复合数据的快速调度、查询、显示，以作为滇池流域面源污染区划的重要基础；将滇池流域各小流域看作相互独立的类型，各类型在面源污染方面存在不同程度的相似性（亲疏关系）；以各小流域的面源污染负荷值作为度量各区相似性的统计量，计算不同类型间的欧氏距离（Euclidean distance），选取 between-groups linkage 作为聚类方法，然后通过软件 SPSS 13.0 for windows 生成聚类树形图。根据各小流域的具体特点（如地形、植被、社会经济状况等）确定流域面源污染区划的最终分类。

2.2.3.4　工作目标

通过本研究工作，并结合数据库构建和开发分析，实现如下工作目标：构建全流域和各小流域农村面源污染负荷源强空间格局数据库，各小流域生态功能类型数据库及面源污染类型、强度数据库，全流域和各小流域土壤侵蚀生态敏感性数据库，全流域和各小流域所覆盖村镇的生态-经济-社会复合数据库；滇池流域面源污染类型区及空间分布与面积。

2.3　不同面源污染类型区典型小流域/汇水区的定位观测

根据流域不同面源污染类型区的特点，结合研究试验和工程示范区，在小流域/汇水区的尺度上进行定位观测，系统分析典型小流域/汇水区输入-输出节点面源污染的动态变化及控制特征参量。具体观测土壤侵蚀强度，C、N、P 等重要元素的输入/输出通量、迁移动力过程、富集削减关键节点，同时准确记录观测区内各种自然、经济、社会等影响面源污染发生的相关因素，通过数据集成、归纳和挖掘，深入分析不同类型区面源污染产生和输移的规律，为构建和校验面源污染估算与预测模型提供数据支持，也为说明与验证研究试验区和工程示范区的效果建立实时数据档案。主要包括对 6 个不同代表类型的小流域/汇水区的定位观测。

2.3.1 山区和半山区以水土流失为重点的微污染小流域定位观测

2.3.1.1 工作目标

定量认识滇池流域山区和半山区典型小流域面源污染产生、输移与贡献特征,为开展流域面源污染模型校验和全流域面源污染预测提供基础数据,为山区和半山区水土流失与面源污染的区划及整治提供资料支撑。

2.3.1.2 观测指标

为了获取背景资料和验证技术试验效果,选择 2 个中等规模的冲沟及其汇水区分别设立径流收集系统,对比分析背景区、技术试验区的面源污染物产生、输移特征。

径流观测指标为降雨强度、降雨历时、径流产生量、径流中污染物的含量(通量)。主要污染物指标为 COD_{Cr}、TN、TP、SS。土壤观测指标为总有机碳(TOC)、TN、TP、容重。分 0~20cm、20~50cm 两层测定。

2.3.1.3 观测点的布局和开展方式

在典型小流域水土流失详查数据的基础上,选择 2 个中等规模(汇流区面积 $0.05km^2$)的冲沟及其汇水区作为山地水土流失和面源污染状况背景区与技术试验区定位观测场。根据土地利用、植被等特征将整个冲沟的汇水区划分为林地、坡耕地等不同类型的汇流单元;在各类型汇流单元末端分别设置单元观测点,在冲沟末端设立总观测点。背景区保持目前现有的土地利用和植被特征,而在技术试验区开展"固土控蚀"技术中试研究。

在背景区和技术试验区不同类型的汇流单元典型地段分别设置自计式雨量计,连续 2 年观测各汇流单元的历次降雨特征。在各单元观测点和总观测点设立集水溢流池,以观测径流流量和采集水样、泥样。每个集水溢流池的容积为 $25~30m^3$,溢流口安装自计式流量计,连续 2 年观测各汇流单元的径流特征,同时采集径流水样和泥样分别测定不同污染物的含量。预计 2 年内可能产生 30~50 场形成径流的降雨,径流中不同污染物的含量(通量)按单场降雨、逐日、逐月、逐年分别统计。

2.3.2 滇池流域富磷区磷的面源污染产生过程及输移特征的定位观测

2.3.2.1 观测目标

认识富磷区磷在不同立地条件下的形态和结构特征,辨析影响磷污染产生和输移的主要环节,为掌握并预测富磷区磷的面源污染负荷和对滇池的贡献提供实测数据。

2.3.2.2 定位观测的主要内容

定位观测的主要内容包括:富磷区及其参照区的土壤物理、化学、生物属性;磷的化学形态及其立地分布；植物群落和微生物群落特征及其对磷的形态特征的影响；不同降雨条件下磷的输移动态。

2.3.2.3　定位观测的方式

选择滇池流域柴河小流域段七村上段东部区域山地，根据汇水区的特征构建观测小流域，按照《中国生态系统研究网络长期观测规范》《陆地生态系统土壤观测规范》要求，建设好沟谷径流观测点、天然坡面径流场、人工径流小区、冠层降雨截留观测样地、小气候观测点等长期观测采样点，对以小集水区径流场或人工径流小区为生态系统的结构和功能单元进行综合观测研究。

本研究主要回答富磷区目前还没有了解的一些基本问题，并为流域面源模型的校验和预测提供基础数据，揭示生态系统中磷在土壤-植物-微生物系统中的分布和形态特征，生态系统中磷的水平输移与垂直输移的动态及其影响因素，不同生物群落的结构特征及其对磷的可输移性的影响，以及不同植物群落及其生态系统中磷的源-流-库的整体特征与主要影响因素。

2.3.3　传统种植业面源污染集水区的定位观测

2.3.3.1　工作目的

传统种植业是滇池流域种植业的主体，是土地利用的重要方式，也是面源污染的重要来源。滇池流域农业用地 $400km^2$，以传统农业种植为主。选择典型的传统农业种植集水区进行定位观测和综合分析，为建立该类型面源污染模型、建立以用地类型为基础的面源污染"源-汇-流"流域模型提供数据支持。

与此同时，在相邻区域开展有效控制小流域面源污染的传统农业种植技术及与其匹配的施肥、施药和灌排技术田间试验，并采集表土，分析表土中养分含量的变化；收集降雨带来的地表径流，分析面源污染的产生量及其与降雨强度、持续时间的关系，其目的是测定传统农业种植区面源污染控制技术的效果，为流域面源污染控制规划制定、管理情景分析提供数据支持，为技术推广提供依据。在示范区内，监测土壤养分含量水平、暴雨径流污染物输出量，分析面源污染控制效果，判定技术的推广价值，验证技术的可靠性，为模型校验提供数据支持。

2.3.3.2　工作内容

选 5°以下农田、5°～15°农田(含坡地和梯地)各一块作为试验区，设径流收集系统，采集水样，分析传统、最佳种植模式两种种植模式下的面源污染物输出情况。传统种植模式采用当地常规种植方式，最佳种植模式按本课题研究设计后的模式。

主要分析指标为表土中营养物(污染物)的含量，每场降雨的降雨强度、持续时间(课题提供)，以及径流产生量、径流中污染物的含量(通量)。

2.3.3.3　观测布局和开展方式

在柴河水库下段设置定位观测区，按照《中国生态系统研究网络长期观测规范》《陆地生态系统水环境观测规范》要求设计建设定位观测区。径流收集系统按坡地和台地分别收集。暴雨径流收集系统 4～6 套。系统降雨量按最大日降雨量 60mm、径流系数 0.5 计。在不同种植品种地块，跟踪监测 3～5 场暴雨径流中包含的污染物浓度。

表土中营养物(污染物)的含量每月测定一次。主要研究指标为表土中营养物(污染物)的含量，每场降雨的降雨强度、持续时间(课题提供)，以及径流产生量、径流中不同污染物的含量(通量)。主要污染物指标为 COD_{Cr}、TN、TP、SS。不同种植品种地块的污染物输出测定 COD_{Cr}、TN、TP、SS 浓度。土壤观测指标为 TOC、TN、TP、容重，分 0～20cm、20～50cm 两层测定。

每场降雨的降雨强度、持续时间(课题提供)，以及径流产生量、径流中污染物的含量(通量)按单场降雨、逐日、逐月、逐年分别统计。2 年观测期内可产生 30～50 场形成径流的降雨，结合观测区内施肥情况(种类数量、施肥次数、有效含量)、用药情况(施药种类数量、施药次数、有效含量)、种植情况[种植品种、种植方式、产量(产值)]逐项记录进行综合分析。

2.3.4　设施农业重污染集水区的定位观测

2.3.4.1　工作目标

针对滇池过渡区设施农业经济持续增长与水环境恶化之间的矛盾，从获得基础数据入手，了解滇池过渡区集约化设施农业(花卉和蔬菜)面源污染物质的形成原因和运移规律，测算典型区域内设施农业面源污染在流域污染中的贡献率，为制定滇池流域设施农业面源污染控制规划及相应的控制策略提供数据。

2.3.4.2　定位观测的指标内容

设施农业面源污染物形成定位观测：不同时期农田(地)污染物质形态和含量；不同花卉和蔬菜种类对污染物质吸收和迁移的影响；集约化农田(地)中对污染物质的负荷量。设施农业面源污染物运移规律定位观测：土壤污染物质(氮、磷、有机质、主要农药等)迁移量；不同土地利用方式下污染物质迁移规律；不同管理措施下污染物质的流失规律及防治效果评价；不同施肥方式和施肥量农地中污染物质迁移规律的研究。

2.3.4.3　定位观测指标和项目

定位观测指标和项目包含土壤、植物、水体、大气等。

1. 土壤样品采集

按不同观测对象分层(0～20cm、20～40cm、40～60cm)采集土壤样品，每一处理整个生育期取 4~5 次土壤样品。具体采样时期包括：作物种植前、生长中期(随追肥次数来定)、收获期。0~20cm、20~40cm、40~60cm 土层的样品采集频率一般为 10 天一次，施肥后 3 天内不能采样(施肥前采样，施肥后 10 天后采样)。土壤样品测定指标包括：土壤化学属性、土壤物理属性和土壤生物学属性。土壤化学属性：水分、温度、pH、有机质、腐殖酸、阳离子交换量；总氮、总磷、总钾、有效氮磷钾；有机氮、NH_4^+-N、NO_3^--N、NO_2^--N；水溶磷、有机磷、固定态无机磷。土壤物理属性：容重、密度、机械组成、团粒结构状况、孔隙度、通气性、胶体状况、氧化还原状况等。土壤生物学属性：微生物状况；土壤动态营养元素如氮、磷、钾吸收利用率、损失率和残留率。

2. 植株样品

植株样品按不同观测对象采集整株植物样，具体采样时期与土壤样品一致。植株样品分析：按照上述采样时期，采集植株样品分析植株生物量大小、TN、TP、总钾(TK)、NO_3^--N、NO_2^--N。蔬菜：各生育时期测定作物产量、生物量(地上、地下)、总氮、总磷、总钾、硝酸盐、蛋白质、维生素 C、可溶性糖。花卉：测定生物量(地上、地下)、水分、总氮、总磷、总钾。

3. 水样

采集地表径流和地下水水样。雨季采样频率需要结合主要施肥时期(如分为灌溉前，灌溉后 1 天、2 天、4 天、7 天等分别采样)与灌溉方式进行安排。地表径流水样：径流水体积(量)、总氮、总磷、NH_4^+-N、NO_3^--N、NO_2^--N、有效磷、径流泥沙含量。地下水样品：总氮、总磷、NH_4^+-N、NO_3^--N、NO_2^--N、水溶磷。灌溉水进出水口测定进水量、出水量、pH 和总氮、总磷、总钾、径流泥沙含量。

4. 大气

在大气中主要观测氮氢化物、氮氧化物、N 损失及 C 变化情况；样品采集频率约为 10 天一次，整个生育时期需在晴天与阴天各做 20 次日变化(4h 一次)。

5. 环境因素的观测

测定农田小环境(气温)温度(Ta)、空气湿度(Ha)、降雨量和 CO_2、CH_4、NH_3、N_2 含量，同时对作物田间长势和地下水位的升降状况进行观测。

6. 病虫害观测

观测作物不同生育期病虫害种类，并进行不同防治措施下病虫害种类对比观测。

2.3.4.4 观测布局

开展两类不同形式的观测。

1. 设施农业面源污染物形成定位观测

选择晋宁县柴河流域上蒜镇柴河流域段七村、竹园村、小朴村村委会作为滇池流域设施农业面源污染负荷削减典型区域，针对 5 种蔬菜主栽品种(大蒜、西芹、菜豌豆、油麦菜、结球生菜)、3 种主栽花卉 9 个品种(玫瑰：卡罗拉、艳粉、黑玫；康乃馨：红色恋人、火焰、马斯特；非洲菊：141、147、热带草原)进行不同季节设施农业面源污染物形成定位观测。每个品种观测点位不小于 10 个，面积不小于 10 亩。

2. 设施农业面源污染物运移规律定位观测

在示范区内选择 5 种蔬菜主栽品种(大蒜、西芹、菜豌豆、油麦菜、结球生菜)、3 种主栽花卉 9 个品种(玫瑰：卡罗拉、艳粉、黑玫；康乃馨：红色恋人、火焰、马斯特；非洲菊：141、147、热带草原)进行设施农业面源污染物运移规律定位观测。每个品种观测点位不小于 10 个，面积不小于 10 亩。

2.3.4.5　观测的开展方式

选择 20 个具有代表性的点位在雨季、旱季不同时间观测设施农田氮、磷养分径流和渗漏流失，以期了解流域设施农田氮、磷流失的点位特征；观测降雨及日常灌水对设施农田氮、磷养分径流和渗漏损失的影响，以期了解设施农田氮、磷等污染物流失的降雨特征。

2.3.5　村庄面源污染汇水区的定位观测

2.3.5.1　拟解决的问题

滇池流域村庄水污染和固废污染问题突出，因缺乏收集、处理和管理，村庄生活污水和生产生活固废通过河道、沟渠进入水体，成为滇池流域重要的面源污染来源。村庄面源污染输移、排放、变化过程十分复杂和特殊，目前关于村庄面源污染控制的量化数据严重不足。通过本调查和定位观测，获得滇池流域不同区位典型村庄的面源污染系列数据，进行流域面源污染的定量估算，最后编制污染削减方案。

2.3.5.2　工作内容

在村庄污染源调查的基础上，通过观测测算滇池各类村庄的面源污染源强系数，评估滇池不同类型村庄的污染负荷；分析村庄面源污染物的来源、输移、衰减、排放过程和变化规律，建立一套科学的解析方法。

2.3.5.3　观测布局和开展方式

调查范围为选定的滇池东南岸晋宁县上蒜乡临湖区的石寨、下石美村委会，湖盆区的段七村委会，以及洗澡塘村委会。调查分为三个方面：村庄面源污染相关要素调查、村庄沟渠调查和测绘、典型户连续监测。

调查收集观测村庄的污染信息，通过实时调查与持续观测获得村庄生活污水、生活垃圾及村镇沟渠等方面的基本数据，并对有关数据进行统计分析。

2.3.5.4 观测结果

获得工程示范区村庄和自然村庄(对照)的系统数据，形成示范区村庄生活污水和生活垃圾调查报告；示范区村庄面源污染负荷特征分析报告；示范区村庄沟渠系统现状调查报告及图件。这些报告将研究分析不同类型村庄面源污染及其影响因素，测算不同类型村庄的面源污染源强系数，评估不同类型村庄的面源污染负荷。

2.3.6 试验示范区沟渠-水道系统面源污染及其输移过程的定位观测

2.3.6.1 工作目标

在调查滇池流域中小流域/汇水区内农村沟渠现状和景观现状的基础上，通过设置检测站点和实地采样监测各面源污染特征区域沟渠、关键节点及进入入湖河道前主干渠内的污染元素浓度、沟渠通量、流速及沟渠植被覆盖面积、植物种类等，摸清农村沟渠系统的污染输移过程，为后续研究提供基础数据。

2.3.6.2 调查内容及观测指标

沟渠汇水区域的生态调查包括：主要动植物物种；沟渠底泥成分；沟渠植被覆盖率；传统农业区、设施农业区农田、作物种植情况；富磷区主要污染物环境本底值；山区半山区植被、土壤地质条件及水土流失量。

示范区的定位观测：在研究试验区和工程示范区，对山区和半山区小流域水土流失污染源、富磷区磷素溶蚀流失污染源、传统种植业污染源、设施农业污染源、村庄污染源等5类特征区内产生径流汇集的沟渠-水网系统进行定位观测，掌握各类污染类型区的污染物输移特征及其开展工程示范的效果，并为通过沟渠系统的生态修复和面源污染再削减提供数据支持。

2.3.6.3 观测指标

通过监测沟渠系统的面源污染削减功能，验证和总结沟渠系统中生态系统恢复重建的效果。对沟渠中的径流、沟壁土壤、沟底淤泥及植物物种进行检测调查与分析。在柴河东干沟设置三个监测点，每月取监测数据一次，监测内容主要为水质、水位、主要污染物浓度。绘制表格，分析沟渠内各污染物各空间位置、时间段内变化趋势，结合客观条件分析削减或变化的原因。

2.3.6.4 调查结果形式

调查结果形式有：研究范围内沟渠生态环境调查报告；研究范围内沟渠主要面源污染

成因分析报告；小流域面源污染沟渠削减方式分析报告。通过综合分析调查报告的数据，得出各种工程示范区削减污染的效能分析结果，并对沟渠系统的设计合理性、沟渠对面源污染自然削减的主要机制及关键环节进行分析，为示范工程的进一步完善提供参考。

2.4　滇池流域面源污染负荷定量估算与产生输移贡献解析

2.4.1　拟解决的问题

基于 3S 和 SWAT(soil and water assessment tool，土壤水评估工具)的耦合平台，构建滇池流域非点源污染空间信息数据库，以流域水文条件、地被物及其相似组合的地理空间分异规律为基础，通过分析污染物的产生和输移入湖的理化、生物过程，以空间量化方式来模拟和估算污染负荷量及其空间动态分异规律，识别非点源污染关键区，进而利用 3S 和 SWAT 的耦合平台，模拟和评价不同治理、控制、管理情景下非点源污染负荷产生、输移的机制，以确定有效削减和控制滇池流域非点源污染的综合措施，主要研究以下 6 个方面的内容。

2.4.1.1　小型流域/集水区面源污染模型的选择和开发

初步选择 SWAT 为本研究的面源污染预测预报模型。SWAT 是一个基于物理机制的长时段的流域分布式水文模型，是美国农业部 (USDA)农业研究所(ARS)Jeff Amold 博士在 SWRRB 模型和 ROTO 模型的基础上发展起来的综合模型。该模型能够直接利用 GIS 和 RS 提供的空间数据信息，通过综合考虑流域内天气、土壤属性、地形、植被和土地管理措施等信息，模拟复杂大流域中多种不同的水文物理过程，包括水、沙、化学物质和杀虫剂的输移与转化过程，进而预测人类活动对水、沙、农业、化学物质的长期影响。该模型具有流域尺度上动态连续模拟的特性，且能在资料缺乏的地区建模，目前在加拿大等北美寒区多个地区已广泛应用。本研究拟将该模型与 3S 技术进行耦合，通过反复验证和优化，开发出适合滇池流域非点源污染产生-输移解析和污染负荷定量估算的综合模型。

SWAT 模型的基本思路是按流域水文(包括自然产、汇)特征，将流域划分成若干个自然汇水单元(也称集水区)来划分单元，这使流域非点源污染的研究更符合实际情况；依据相同的土地利用类型和土壤类型，将每一个子流域再划分为水文响应单元(hydrologic response unit，HRU)。子流域内划分 HRU 有两种方式，一种方式是选择一个面积最大的土地利用类型和土壤类型的组合作为该子流域的代表，即一个子流域就是一个 HRU；另一种方式是把子流域划分为多个不同土地利用类型和土壤类型的组合，即多个 HRU。本研究采用第二种 HRU 划分方式，土地利用和土壤面积的最小阈值比均定为 10%，如果子流域中某种土地利用类型和土壤类型的面积比小于该阈值，则在模拟中不予考虑，剩下的土地利用类型和土壤类型的面积重新按比例计算，以保证整个子流域的面积得到 100%的模拟。

2.4.1.2　流域面源污染模型演绎与数值模拟

采用 LH-OAT 法进行参数的敏感性分析，模型性能通过定量的适合度指标来衡量，采用比较水文过程线 Ash-Sutcliffe 效率系数（ENS）和确定性数（r^2）等 2 种方法对模型进行演绎与数值模拟。

2.4.1.3　流域面源污染模型效验、优化与特征参数确定

利用已率定 SWAT 模型，使用示范区和典型小流域的面源污染监测数据对污染模型进行效验，估算各种污染源对滇池入湖污染负荷的贡献，根据面源污染源的时空变化规律，以亚流域为单位，计算各亚流域的面源污染负荷，以数据的可得性为依据，对模型进行优化并确定特征参数。

2.4.1.4　河道、沟渠面源污染负荷输移动力学模型分析

以示范区和典型小流域的实测数据为基础，根据水网和河道、沟渠系统的构成，在 Erdas、GIS 和 SWAT 模型耦合技术的支撑下，研究和分析河道、沟渠的面源污染负荷输移动力学模型。

2.4.1.5　不同区域面源污染负荷输移贡献模型解析

以面源污染类型区为基本单元，利用 3S 与 SWAT 耦合技术，模拟不同区域的面源污染负荷，并在 Erdas、GIS 和 SWAT 模型耦合技术的支撑下，分析不同土地利用方式和控制措施及其组合对非点源污染负荷的影响，应用 SWAT 模型耦合技术，解析不同区域面源污染负荷输移贡献。

2.4.1.6　定量估算全流域面源污染总体特征与过程

在模型研究模拟和预测的基础上，应用流域面源污染空间信息系统和 SWAT 技术，分析流域的面源污染特征，定量估算滇池流域的面源污染产生量和入湖量。

2.4.2　研究思路

研究思路见图 2-3，主要包括：①构建 3S 技术和 SWAT 耦合的动态预测、解析模型；②建立典型小流域/汇水区非点源污染产生、输移等过程的模拟、演算技术；③基于可视化平台，进行河道、沟渠面源污染负荷输移动力学模型分析；④结合空间尺度演绎及统计模型，定量估算滇池流域不同汇水区非点源污染负荷量及其空间关联、分异规律，分析不同区域面源污染空间分布特征及削减效应和负荷输移贡献；⑤基于空间信息动态模拟预测技术，定量估算流域面源污染总体特征与过程。

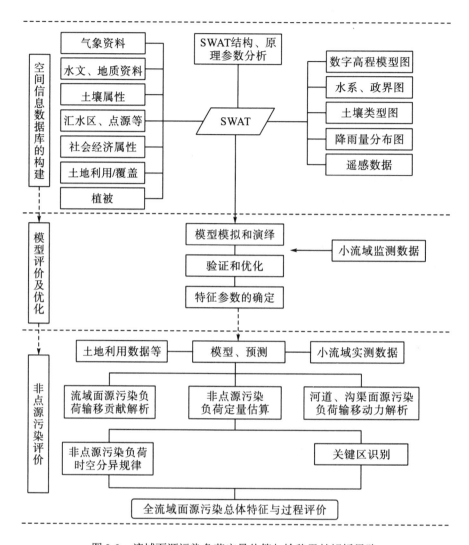

图 2-3 流域面源污染负荷定量估算与输移贡献解析思路

2.5 流域经济社会发展与面源污染产生和输移贡献预测

根据滇池流域城乡一体化的快速推进和区域经济社会发展,通过面源污染模型 SWAT 的参数分析、实地监测数据的分析和计算机数值的模拟,确定在流域面源污染空间数据库支持下的空间数据模型参数和滇池流域面源污染实际监测模型参数,为流域面源污染场景分析奠定基础。

第3章 影响流域面源污染的
自然-经济-社会因素调查研究

随着现代新农村的建设，城镇化进程不断加快，农村发展问题是我国当前面临的主要问题之一，加速农村经济的发展必然导致环境污染问题，环境质量的下降又会反作用于农业生产，妨碍农村经济发展和人民生活质量的提高，危害农业的可持续发展，形成恶性循环。解决农村环境污染问题已经成为当前农村社会经济发展中一项紧迫而又艰巨的任务，尤其是农村面源污染问题任重而道远，需要受到全社会的高度关注。而所有这些都需要对农村的自然-经济-社会因素有比较充分的了解，对滇池的面源污染情况开展研究同样需要如此，以下将针对这方面的调查方法进行详细介绍。

3.1 滇池流域农村人口与社会经济状况调查

3.1.1 调查区域农村人口状况调查

根据数字乡村数据统计(表 3-1)，2008 年末，滇池流域乡村人口共计约 51.57 万人，其中晋宁县乡村人口共计 20.07 万人，占滇池流域乡村人口数量的 38.9%，呈贡县乡村人口共计 13.84 万人，占滇池流域乡村人口的 26.8%。

表 3-1 滇池流域乡村人口统计表

行政区人口	五华区	盘龙区	西山区	官渡区	呈贡县	晋宁县	嵩明县	合计
总人口（人）	665 020	436 950	484 898	515 245	175 369	277 584	81 322	2 636 388
乡村人口（人）	4 281	17 928	33 551	50 840	138 400	200 725	70 005	515 730
乡村人口占比(%)	0.64	4.1	6.92	9.87	78.92	72.31	86.08	19.56

注：1.乡村人口数据来源于数字乡村；嵩明县人口只包含杨桥及滇源镇。

滇池流域内各区县乡村人口按数量多少排序依次为晋宁县＞呈贡县＞嵩明县＞官渡区＞西山区＞盘龙区＞五华区(图 3-1)。

滇池流域内按乡村人口数量占各区县总人口比例排序依次为嵩明县＞呈贡县＞晋宁县＞官渡区＞西山区＞盘龙区＞五华区。

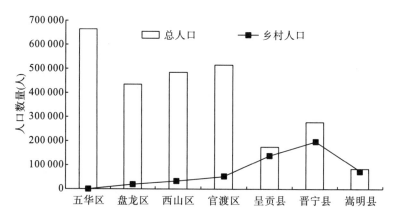

图 3-1 滇池流域乡村人口与总人口比例关系

3.1.2 调查区域农村经济状况调查

3.1.2.1 农村生产用地调查

截至 2008 年末，滇池流域共用各类农业生产用地约 262.1 万亩，其中耕地约 46.03 万亩，林地约 212.19 万亩，渔业养殖面积约 1.5 万亩(表 3-2)。

表 3-2 滇池流域农村生产用地调查 　　　　　　　　(单位：亩)

行政区	人均耕地面积	年末耕地面积	其中		林地面积	经济林果地面积	水面面积	渔业养殖面积	合计
			水田面积	旱地面积					
五华区	2.91	2 387.37	2 232.11	154.99	28 076	841	262.72	67.88	30 726.09
盘龙区	1.74	27 875.95	599.6	27 276.35	227 935.3	7 548.5	1 023.5	268	256 834.8
官渡区	0.67	48 665.34	10 527	10 738.34	224 009.5	6 933.2	1 157	980.7	273 831.8
西山区	0.85	37 477.1	11 406.41	26 518.04	270 811.4	11 022.85	504	205	308 792.5
呈贡县	0.78	96 049.21	50 533.86	45 543.35	266 386	40 523.15	11 529.55	3 281.6	373 964.8
晋宁县	0.89	168 090.1	127 482	40 608.18	548 432.4	25 222.68	21 099.5	8 887.38	737 622
嵩明县	1.24	79 705.15	30 038.24	49 666.91	556 261.3	9 906	3 602.4	1 742.8	639 568.9
合计	1.3	46 0250.3	232 819.2	200 506.2	2 121 912	101 997.4	39 178.67	15 433.36	2 621 341

2008 年末，滇池流域人均耕地面积为 1.30 亩。

滇池流域各区县中，五华区农业生产用地面积最少，仅占流域内农业生产用地面积的 1.17%，晋宁县农业生产用地面积最大，占流域内农业生产用地面积的 28.14%，流域内耕地面积最多的是晋宁县，拥有耕地 16.81 万亩，占流域耕地面积的 36.5%，流域内各区县耕地面积比例见图 3-2、图 3-3。

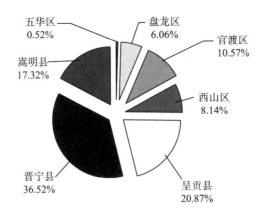

图 3-2　滇池流域各区县耕地面积构成

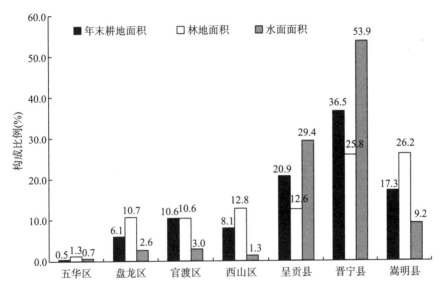

图 3-3　滇池流域各区县农业生产用地构成

3.1.2.2　农村经济收入调查

2008 年滇池流域农村经济收入为 140.16 亿元，农民人均纯收入为 3567.31 元，农村经济收入主要来源为第二、三产业收入，2008 年滇池流域农村经济第二、三产业收入为100 亿元，占流域全年农村经济总收入的 71.35%，第一产业收入仅占流域农村经济总收入的 22.1%，其中种植业收入占第一产业收入的 73.11%，可见第二、三产业收入已经成为农村经济收入的主要来源。滇池流域农村经济收入情况详见表 3-3。

滇池流域各区县中，第二、三产业收入是农村经济收入的主要来源(图3-4)，但五华区和盘龙区的主要农村经济收入来源为第一产业，究其原因是五华、盘龙两区乡镇主要分布在山区，离主城较远，第二、三产业不发达，滇池流域各区县农村经济收入构成见图 3-5。

表 3-3 2008 年滇池流域农村收入构成情况调查表

行政区	种植业收入(万元)	畜牧业收入(万元)	渔业收入(万元)	林业收入(万元)	第二、三产业收入(万元)	工资性收入(万元)	其他收入(万元)	农村经济总收入(万元)	农民人均纯收入(元/年)
五华区	201.25	465.3	10.5	30.3	279.87	691.87	38.88	1 717.97	4013
盘龙区	2 549.32	1 351.42	27.12	160.1	1 429.41	566.29	128	6 211.66	2 333.18
官渡区	6 754	7 920.2	862	916	183 380.8	5 406.4	12 878	218 117.4	4 551.07
西山区	14 601.7	6 266.7	36	56	212 443	2 413.7	7 483.5	243 300.6	4 541.57
呈贡县	89 532.46	10 965.95	731.45	131.8	303 718.6	3 732.78	36 903.35	445 716.39	4 546.90
晋宁县	90 551.56	30 109.9	13 311.27	2 321.9	247 222.6	11 519.23	5 123.6	400 160.06	2 737.83
嵩明县	22 475.51	6 979.77	466.8	257.15	51 558.75	3 743.4	942.28	86 423.66	2 247.63
合计	226 665.8	64 059.24	15 445.14	3 873.25	1 000 033	28 073.67	6 3497.61	1 401 647.74	3 567.31

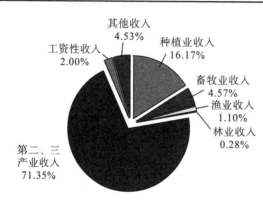

图 3-4 滇池流域农村经济总收入构成

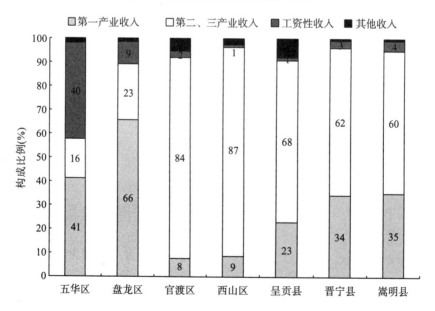

图 3-5 滇池流域各区县农村经济收入构成

在第一产业的收入构成中，种植业收入为第一产业的主要收入来源，其中呈贡县种植业收入占该县第一产业收入的 88.3%，但五华区畜牧业收入占五华区第一产业收入的 65.8%，为主要第一产业收入来源，主要原因是五华区城市化程度高、耕地面积少，滇池流域各区县第一产业收入构成见图 3-6。

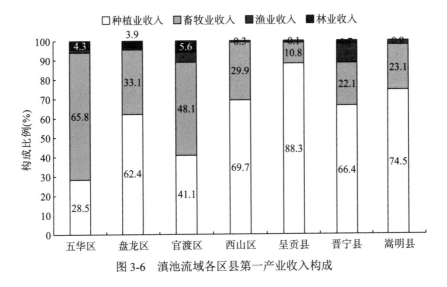

图 3-6　滇池流域各区县第一产业收入构成

3.1.2.3　调查区域农村生产生活基础设施调查

2008 年滇池流域共有农村住户 167 699 户，其中拥有沼气池的有 13 403 户，完成"一池三改"的有 6568 户，自来水受益 135 551 户。

2008 年末，滇池流域共有村委会 283 个，其中有垃圾集中堆放场地的村委会有 214 个，有公厕的村委会有 216 个，有规范排水沟渠的村委会有 165 个。农村基础设施建设情况见表 3-4。

表 3-4　滇池流域农村生产生活基础设施调查

行政区	村委会个数	总户数	拥有沼气池户数	已完成"一池三改"户数	通自来水户数	人畜混居户数	有垃圾集中堆放场地村委会个数	有公厕村委会个数	有规范排水沟渠村委会个数
五华区	1	1 130	33	0	1 128	977	1	1	1
盘龙区	12	5 044	366	82	4 382	2 897	12	10	4
官渡区	52	11 778	2 355	1 165	9 937	3 776	15	14	13
西山区	15	17 972	302	95	16 598	3 589	44	47	38
呈贡县	65	46 878	1 534	958	34 583	17 249	60	55	48
晋宁县	105	66 298	6 132	1 190	54 713	42 913	71	73	55
嵩明县	33	18 599	2 681	3 078	14 210	11 686	11	16	6
合计	283	167 699	13 403	6 568	135 551	83 087	214	216	165

3.2 滇池流域地形地貌、土地利用水土流失调查

3.2.1 流域土地利用状况

根据《土地利用现状分类》(GB/T 21010—2007),将 2006 年滇池流域土地利用类型进行分类,结果显示:滇池流域土地利用类型中,林地面积 1047.99km²,占流域面积的 35.95%;耕地面积 605.48km²,占流域面积的 20.77%;住宅用地面积 316.27km²,占流域面积的 10.85%;水域及水利设施用地面积 339.46km²,占流域面积的 11.64%。滇池流域土地利用类型以林地为主,其后依次是耕地、水域及水利设施用地、住宅用地、草地等。滇池流域各类土地利用情况见表 3-5。

表 3-5 2006 年滇池流域土地利用情况

土地利用类型	面积(km²)	百分比(%)
耕地	605.48	20.77
园地	170.05	5.83
林地	1047.99	35.95
草地	212.98	7.31
商服用地	18.85	0.65
工矿仓储用地	87.78	3.01
住宅用地	316.27	10.85
公共管理与公共服务用地	23.67	0.81
特殊用地	26.27	0.90
交通运输用地	28.36	0.97
水域及水利设施用地	339.46	11.64
其他土地	38.17	1.31
合计	2915.33	100

根据 2006 年滇池流域土地利用类型表,可以得出滇池流域土地利用情况,见图 3-7。

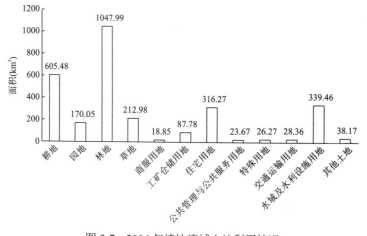

图 3-7 2006 年滇池流域土地利用情况

滇池流域陆地土地利用类型规律基本与全流域土地利用类型相同，仍然以林地为主。

通过分析滇池流域 1990 年和 2006 年土地利用类型的变化情况（图 3-8），结果显示：在滇池流域中，林地一直是最主要的土地利用类型，其次为耕地、水域及水利设施用地和住宅用地。

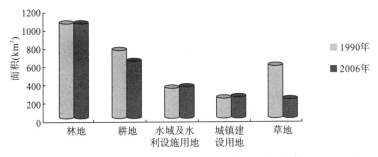

图 3-8　滇池流域 1990 年和 2006 年土地利用情况

比较 1990 年和 2006 年滇池流域土地利用情况，林地、城镇建设用地和水域及水利设施用地呈增加趋势，耕地和草地面积呈减少趋势。造成这种趋势的原因一方面是滇池流域人口的增加和社会经济的发展，各项建设活动加快，建设用地占用其他土地；另一方面是政府实施的"四退三还"措施及积极响应西部大开发战略，使得耕地和草地面积减少，林地和水域及水利设施用地面积增加。

利用 ArcGIS 软件对滇池流域土地利用数据进行分析，得出 2006 年各区县土地利用类型面积，如图 3-9 所示。

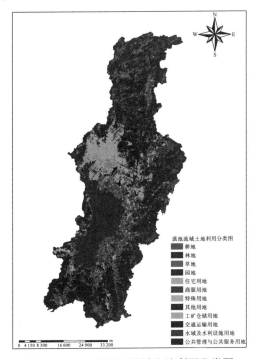

图 3-9　2006 年滇池流域土地利用分类图

　　根据《土地利用现状分类》（GB/T 21010—2007），得出滇池流域 7 个区县的土地利用面积，如表 3-6 所示。

表 3-6　2006 年滇池流域 7 个区县的土地利用面积

利用类型	五华区 (km²)	盘龙区 (km²)	西山区 (km²)	官渡区 (km²)	呈贡县 (km²)	晋宁县 (km²)	嵩明县 (km²)	合计 (km²)	流域比例 (%)
耕地	5.88	52.28	25.31	89.49	117.82	188.56	126.14	605.48	20.77
园地	2.77	14.13	1.77	21.12	82.56	36.70	11.00	170.05	5.83
林地	32.49	171.10	46.70	136.21	125.80	271.67	264.02	1047.99	35.95
草地	0.73	16.51	12.46	17.90	20.79	109.85	34.74	212.98	7.31
商服用地	0.69	6.72	0.85	6.28	2.89	1.26	0.16	18.85	0.65
工矿仓储用地	5.36	9.29	3.31	26.38	21.05	21.93	0.46	87.78	3.01
住宅用地	49.19	37.75	50.42	53.81	50.42	53.81	20.87	316.27	10.85
公共管理与公共服务用地	2.42	11.19	1.20	6.12	1.70	0.84	0.20	23.67	0.81
特殊用地	4.91	2.89	1.28	10.35	4.17	1.94	0.73	26.27	0.90
交通运输用地	0.05	2.78	4.32	12.32	6.63	2.24	0.02	28.36	0.97
水域及水利设施用地	1.26	7.24	113.57	38.20	65.44	109.68	4.07	339.46	11.64
其他土地	2.80	8.61	6.52	2.34	6.81	9.89	1.20	38.17	1.31
合计	108.55	340.49	267.71	420.52	506.08	808.37	463.61	2915.33	100

　　由图 3-10 可以看出，滇池流域土地利用面积中林地是最主要的土地利用类型，其次是耕地、水域及水利设施用地、住宅用地。其中林地面积所占比例最多的是晋宁县，林地面积为 271.67km²，其次是嵩明县和盘龙区，面积分别为 264.02km² 和 171.1km²。耕地面积所占比例最多的是晋宁县，所占面积为 188.56km²，其次是呈贡县、嵩明县，所占面积依次为 117.82km²、126.14km²。

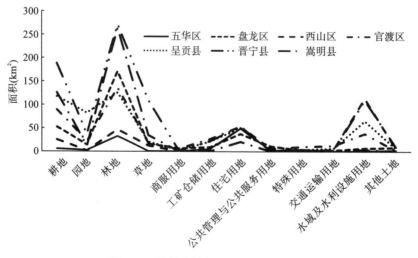

图 3-10　滇池流域各区县土地利用面积

3.2.2　地形地貌及地质状况

3.2.2.1　地形地貌状况

滇池流域大致为北高南低、南北向狭长的盆地形态，受地质构造的控制和其他因素的影响，在长期的内、外营力综合作用下，形成了基本上以滇池为中心，南、北、东三面宽，西面窄的不对称阶梯状地貌格局，第一级是由环湖的三角洲平原、湖积平原、冲积平原、洪积平原组成的内环平原，海拔在 2000m 以内，最低点为滇池湖面，海拔 1887.5m；第二级为由以中山、岗地、湖成阶地及丘陵为主组成的中环台地丘陵，目前大都被流水侵蚀切割而未连片分布。海拔一般在 1900~2100m，相对高度一般在 50~200m，再向外为由中山、低山组成的第三级外环山地，普遍受到中等或浅度切割，坡度一般较陡，海拔在 2100m 以上，相对高度一般大于 100m，最高点在呈贡县境内的梁王山，海拔 2837.6m，最低点为金沙江与普渡河的汇点，约 746m。

根据主要形态特征滇池流域地貌类型划分为中山、低山、丘陵、台地及平原等五大类。

按照主导外营力成因要素划分为溶蚀、侵蚀、剥蚀、洪积和湖积。

1）根据海拔分析地貌类型

本书参考相关研究结果，根据海拔将滇池流域地貌类型分为山地、台地及湖滨带，如表 3-7 所示。通过栅格计算得出山地面积为 116 302hm²，占全流域面积的 40%；台地面积为 80 201hm²，占全流域面积的 28%；湖滨带面积为 61 192hm²，占全流域面积的 21%（图 3-11）。

表 3-7　滇池流域湖滨带、台地、山地面积

圈层	高程范围(m)	面积(hm²)	所占比例(%)
湖滨带	1887.4~1936	61 192	21
台地	1936~2069	80 201	28
山地	2069~2837	116 302	40
滇池水体	<1887.4	30 950	11

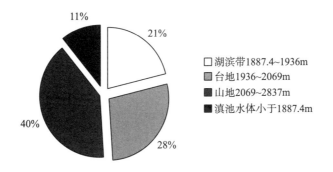

图 3-11　滇池流域圈层所占比例图

滇池流域海拔图见图 3-12。

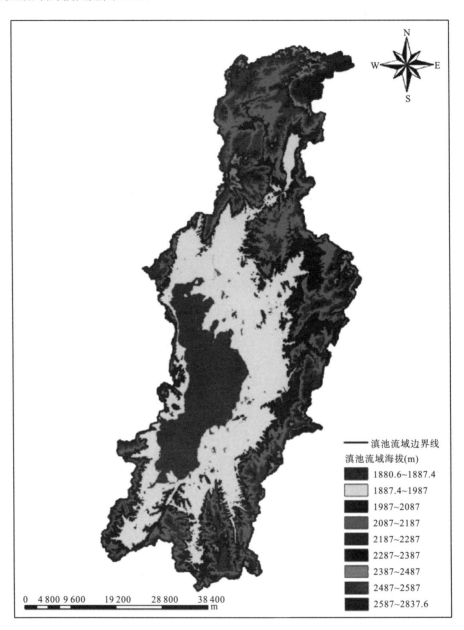

图 3-12　滇池流域海拔图

2)不同高程的流域土地利用分析

由表 3-8 和图 3-13 可以看出，林地主要分布在海拔 2069～2837m 的山地上，总面积为 76 100hm^2，占总林地面积的 73%；耕地、水域及水利设施用地、交通运输用地、工矿仓储用地、住宅用地主要分布在海拔 1887.4～1936m 的湖滨带，占湖滨带总面积的 78.17%；园地主要分布在海拔 1936～2069m 的台地，占台地面积的 57%。

表 3-8　滇池流域不同高程的不同土地利用类型面积

三个圈层	耕地	园地	林地	草地	水域及水利设施用地	交通运输用地	工矿仓储用地	公共管理与公共服务用地	其他用地	商服用地	特殊用地	住宅用地
湖滨带 (hm²)	21 803	6 040	1 541	34	2 788	2 151	2 981	831	1 091	986	686	39 378
台地 (hm²)	16 962	11 885	26 532	23	2 399	689	4 158	1 343	10 267	742	1 679	6 793
山地 (hm²)	19 801	2 923	76 100	17	370	120	1 670	157	13 328	184	284	2 693
合计 (hm²)	58 566	20 848	104 173	73	5 558	2 960	8 809	2 331	24 686	1 913	2 649	48 865
所占比例 (%)	20.81	7.41	37.02	0.03	1.97	1.05	3.13	0.83	8.77	0.68	0.94	17.36

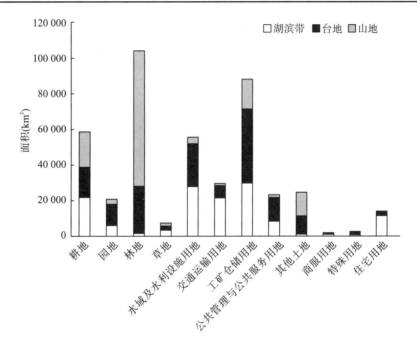

图 3-13　不同高程土地利用分布图

3)流域地形起伏度分析

根据中国地势起伏度等级,滇池流域地势起伏度分为三个等级,主要有低平起伏、和缓起伏及中等起伏,如图 3-14 所示。其中中等起伏等级面积为 1269.4km²,占流域面积的 43.5%;和缓起伏等级面积为 1236.2km²,占流域面积的 42.3%;低平起伏等级面积为 414.4km²,占流域面积的 14.2%(表 3-9)。

利用滇池流域数字高程图,根据中国地势起伏度等级,得出滇池流域地形起伏度,如图 3-15 所示。

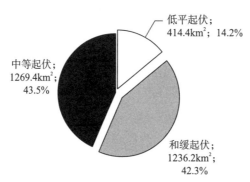

图 3-14　滇池流域地形起伏面积比例图

表 3-9　滇池流域地形起伏面积

地势起伏度等级	21km² 内最大高差	面积(km²)	面积比例(%)
低平起伏	0~20m	414.4	14.2
和缓起伏	20~75m	1236.2	42.3
中等起伏	75~200m	1269.4	43.5

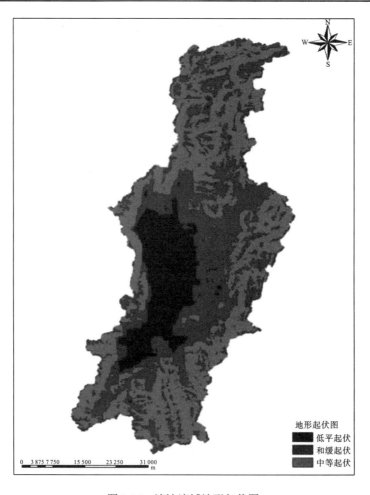

图 3-15　滇池流域地形起伏图

4)流域不同坡度土地面积分析

根据滇池流域坡度图(图 3-16),通过栅格计算得出不同坡度上的土地面积,由表 3-10 统计出平坦坡度土地面积为 121 262.3hm²,占全流域面积的 41.5%;缓坡度土地面积为 52 596.2hm²,占全流域面积的 18.0%;倾斜坡度土地面积为 50 024.7hm²,占全流域面积的 17.1%。

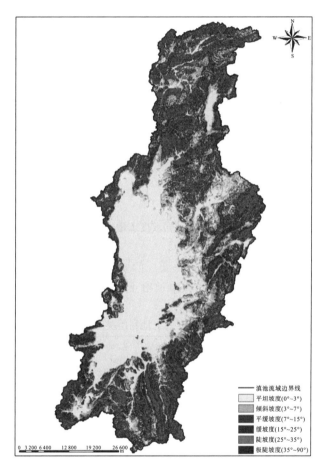

图 3-16　滇池流域坡度图

表 3-10　不同坡度土地面积

坡度范围	坡度类型	面积(hm²)	所占比例(%)
5° 以下	平坦坡度	121 262.3	41.5
5° ~10°	倾斜坡度	50 024.7	17.1
10° ~15°	平缓坡度	44 323.9	15.2
15° ~25°	缓坡度	52 596.2	18.0
25° ~35°	陡坡度	20 175.6	6.9
35° 以上	极陡坡度	3 588	1.2

注:因数字修约,加和不是 100%。

由图 3-17 可以看出，滇池流域土地主要分布在 5°以下的平坦坡度和 15°～25°的缓坡度上，其次分布在倾斜坡度和平缓坡度上，少数的土地分布在陡坡度和极陡坡度上。

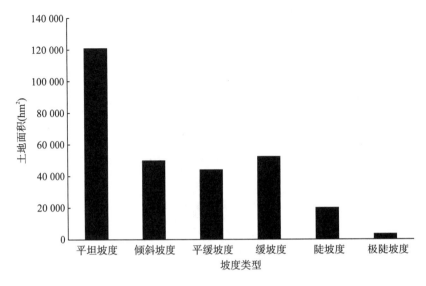

图 3-17　不同坡度土地面积

由表 3-11 可以看出，耕地、园地、草地、商服用地、特殊用地、交通运输用地等用地主要分布在平坦坡度，林地主要分布在缓坡度上(图 3-18)。

表 3-11　滇池流域不同坡度的土地利用类型面积　　　　　　　　　　　(单位：km²)

坡度类型	林地	耕地	园地	草地	商服用地	住宅用地	特殊用地	其他用地	交通运输用地	工矿仓储用地	水域及水利设施用地	公共管理与公共服务用地
平坦坡度	89.35	321.47	112.78	0.51	11.60	212.27	12.42	35.95	23.37	43.43	334.19	11.50
倾斜坡度	156.56	100.84	45.77	0.05	3.48	24.44	5.82	44.90	3.49	18.04	5.50	5.26
平缓坡度	182.21	54.37	23.39	0.05	1.94	8.75	3.70	45.93	1.37	10.91	3.91	3.08
缓坡度	336.38	63.08	17.56	0.08	1.34	6.9	2.97	68.04	0.89	11.28	5.11	2.51
陡坡度	142.07	17.8	3.63	0.03	0.32	1.57	0.61	27.47	0.15	2.01	1.95	0.31
极陡坡度	94.19	12.39	2.67	0.02	0.24	1.15	0.44	17.92	0.11	1.46	1.36	0.24

3.2.2.2　地质状况

滇池流域位于扬子准地台西南边缘，历史上曾经有过多次的褶皱运动、断褶运动和火山活动，地质构造复杂，整个流域基本上是一个受南北向断裂控制的晚新生代断陷盆地。中生代末期，燕山运动已使整个流域褶皱成山，早新生代地壳相对稳定，在喜马拉雅运动

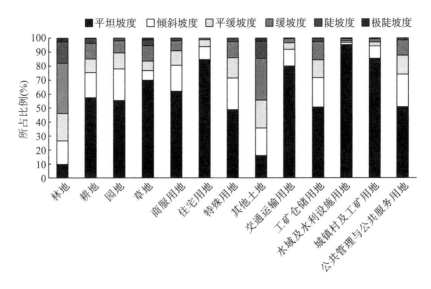

图 3-18 不同坡度的土地利用类型面积比例图

的影响下断裂复活，断裂以东陷落形成滇池，接受大量沉积，断裂之西抬高遭受剥蚀，其后历经多次相对稳定时期和相对活动时期，在长期频繁的内、外营力综合作用下，形成今日的景况。流域内地层发育比较齐全，四周山地及底部分布着元古界、古生界、中生界地层，流域中心及上部为古近系、新近系及第四系地层。这些地层由碳酸岩、松散岩、碎屑岩及喷出岩组成。

3.2.3 水土流失状况

3.2.3.1 水土流失回顾分析

面源污染是滇池污染的主要原因，而水土流失则是面源污染的主要来源，占面源污染总量的 80%，故水土流失是导致滇池环境恶化的重要因素。根据李温雯等 2009 年发表的论文"滇池流域水土流失造成的农业面源污染及治理策略"，滇池流域面积 2920km²，无明显流失面积 2166.74km²，占总面积的 74.62%（表 3-12）；水土流失面积 736.83km²，占土地面积的 25.38%。其中轻度、中度、强度水土流失面积占水土流失总面积的比例分别为 12.78%、10.60%、1.92%。年土壤侵蚀总量为 283.1 万 t，土壤侵蚀模数为 994t/（km²·a）。

表 3-12 滇池流域 2002 年不同水土流失强度等级面积统计

水土流失强度	无明显流失	轻度	中度	强度	极强度	合计
面积（km²）	2166.74	371.03	307.84	55.75	2.21	2903.57
所占比例（%）	74.62	12.78	10.60	1.92	0.08	100

根据《土壤侵蚀分类分级标准》（SL 190—2007），滇池流域属以水力侵蚀为主的西

南土石山区。流域内主要的侵蚀方式有面性（层状与鳞片状侵蚀）、细沟侵蚀、冲沟侵蚀，以及滑坡、崩塌、泥石流等重力侵蚀和部分开发建设项目造成的水土流失。滇池流域侵蚀模数为 1098.93t/(km²·a)，年侵蚀量 320.89 万 t，年平均剥蚀厚度 0.81mm，磷矿区水土流失加剧滇池磷污染。

1987～2002 年，流域内水土流失不同强度区面积均有变化，最明显的是中度水土流失区面积增加较多，而强度水土流失区面积大幅减少。虽然滇池流域水土流失总面积略有增加（1.11%），但是高强度地区面积减少甚多，可见水土流失严重地区已得到较好的防治和控制，水土流失强度降低，水土流失状况趋缓。

1）2000～2005 年水土流失状况分析

2000～2005 年滇池流域水土流失状况见表 3-13、图 3-19。

表 3-13　2000～2005 年滇池流域水土流失面积统计　　　　　　　　　　（单位：km²）

年份	2000 年	2001 年	2002 年	2003 年	2004 年	2005 年
水土流失面积	948.18	736.84	716.85	696.86	742.64	699.44

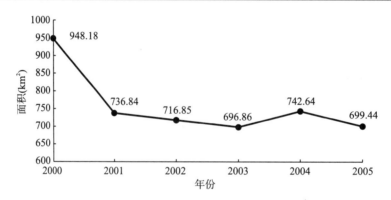

图 3-19　2000～2005 年滇池流域水土流失面积变化趋势

从图 3-19 可以看出，滇池流域水土流失面积总体来说呈现下降的趋势，水土流失区已得到较好的防治和控制，水土流失状况趋缓。

2）1987 年水土流失与 2002 年水土流失比较分析

1987 年/2002 年滇池流域水土流失变化见表 3-14。

表 3-14　1987 年/2002 年滇池流域水土流失变化　　　　　　　　　　（单位：km²）

水土流失强度	微度	轻度	中度	强度	极强度	剧烈
1987年水土流失面积	383.12	513.67	1561.33	457.15	5.52	1.65
2002年水土流失面积	350.7	517.5	2023	26.74	2.4	0

1987 年和 2002 年滇池流域水土流失强度变化见图 3-20。

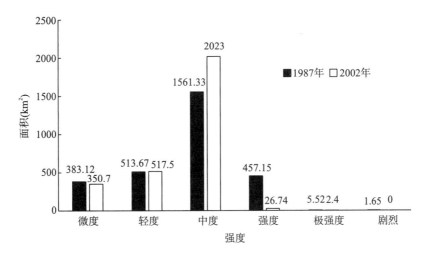

图 3-20　1987 年/2002 年滇池流域水土流失强度变化对比图

从图 3-20 可以看出,1987 年及 2002 年滇池流域不同强度水土流失都有不同程度的面积变化,最明显的是中度侵蚀面积增加较多;强度侵蚀面积大幅度减少。

3.2.3.2　滇池流域水土流失量的估算

土壤流失定量测算是制定土地资源合理利用与管理措施、流域水土保持规划、水利工程设计等诸多方面的重要科学依据之一,因而土壤流失预测工作受到各国的重视,先后开发和研制出许多模型。

Wischmeier 于 20 世纪 50 年代提出通用土壤流失方程(USLE),由于该方程的经典性和因子的解释具有物理意义,因此仍是目前预测土壤侵蚀最为广泛使用的方法。近几十年来,USLE 模型已应用于许多国家和地区,成为世界上著名的坡面土壤流失预报模型。从我国看,进入 20 世纪 80 年代以来,不少学者以美国 USLE 模型为蓝本,根据各研究地区实际情况对方程中的有关因子进行修正,建立了一些区域性的土壤侵蚀预报模型,如针对广东省小良水土保持试验站(陈法扬和王志明,1992),及针对黑龙江省建立的预报模型(张宪奎等,1992)、闽东南(黄炎和等,1993)、福建省 (周伏建等,1995)、滇东北山区地区建立的预报模型(杨子生,1999)等。此外,刘志和江忠善(1996)建立了考虑陡坡地浅沟侵蚀的土壤流失预报模型,蔡国强等 (1996)建立了考虑坡面物理过程的土壤流失预报模型等。

土壤侵蚀是水土保持的重要基础和组成部分,是当今世界普遍关注的重大环境问题之一。水土流失破坏土地资源,造成淤积、干旱、洪涝等灾害,同时泥沙颗粒吸附的有机和无机污染物会污染下游水体,是威胁生态安全的重要因素。传统的水土流失量调查方法耗时且周期长,几乎无法确定中等尺度流域的土壤侵蚀量。20 世纪 80 年代以来,一些学者开始将遥感(RS)、地理信息系统(GIS)与 USLE 耦合进行流域土壤侵蚀量的预测和估算。相对于使用传统的集中式方法进行水土流失量预测,这种分布式方法由于采用了 GIS 的栅格数据空间分析功能,可以推算出以遥感像元为基础的滇池流域水土流失总量。

1. 数据来源

本研究采用的数据源主要包括 1∶5 万基础地理数据、行政区划图、土地利用现状图、土壤类型分布图、土壤侵蚀数据，以及水系图、水文地质图及滇池流域气象数据资料等。

2. 计算方法和模型的选择

USLE 方程表达式为

$$A = R \cdot K \cdot LS \cdot C \cdot P$$

式中，A 为年均水土流失量；R 为降雨径流侵蚀力因子；K 为土壤侵蚀性因子；LS 为坡度坡长因子；C 为植被覆盖与管理因子；P 为水土保持措施因子。应用 RS、GIS 和 USLE 模型预测水土流失量，计算流程如图 3-21 所示。

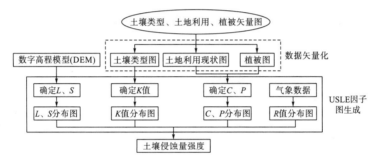

图 3-21 水土流失量计算流程图

3. 滇池流域水土流失量估算

通过 USLE 方程估算出滇池流域的土壤侵蚀量，结果见表 3-15。根据中国水利部 1997 年制定的《土壤侵蚀分类分级标准》（表 3-16），确定土壤侵蚀分级指标，进行再分类，得到滇池流域的土壤侵蚀强度等级图，如图 3-22 所示。

表 3-15 滇池流域各区县水土流失量

| 各区县 | 土地总面积 (km²) | 无明显流失面积 (km²) | 水土流失面积及占比 | | | | | | | | | | 水土流失量 (t) | 土壤侵蚀模数 [t/(km²·a)] |
			微度 (km²)	占比 (%)	轻度 (km²)	占比 (%)	中度 (km²)	占比 (%)	强度 (km²)	占比 (%)	极强度 (km²)	占比 (%)		
五华区	106.34	95.76	6.83	0.26	2.30	0.09	0.77	0.03	0.30	0.01	0.24	0.01	25 144.5	236.77
呈贡县	420.17	363.13	20.92	0.81	34.52	1.34	19.01	0.74	4.49	0.17	2.80	0.11	166 333.0	373.89
官渡区	392.01	308.97	46.57	1.80	12.50	0.48	10.61	0.41	2.54	0.10	0.92	0.04	793 55.5	207.68
嵩明县	453.65	245.59	116.06	4.49	48.37	1.87	10.69	0.41	1.83	0.07	0.08	0.00	128 649.0	304.41
晋宁县	704.53	372.96	208.21	8.05	53.16	2.06	36.52	1.41	13.21	0.51	11.58	0.45	395 617.0	568.71
盘龙区	340.33	204.15	96.06	3.72	12.63	0.49	12.73	0.49	0.75	0.03	1.20	0.05	75 219.0	229.66
西山区	168.39	100.64	28.05	1.08	54.43	2.11	20.69	0.80	1.94	0.08	0.71	0.03	163 923.0	793.97
滇池流域	2 585.42	1 691.2	522.7	20.22	217.91	8.43	111.02	4.29	25.06	0.97	17.53	0.68	1 034 241.0	1 156.58

表 3-16　土壤侵蚀分类分级标准

等级编号	侵蚀强度级别	平均侵蚀模数[t/(km²·a)]	平均流失厚度(mm/a)	侵蚀模数值[t/(km²·a)]
1	微度侵蚀	<500	<0.4	150
2	轻度侵蚀	500~2 500	0.4~2.0	1 500
3	中度侵蚀	2 500~5 000	2.0~4.0	3 000
4	强度侵蚀	5 000~8 000	4.0~6.4	6 500
5	极强度侵蚀	8 000~15 000	6.4~12.0	9 000
6	剧烈侵蚀	15 000~20 000	12.0~17.6	17 000
7	极剧烈侵蚀	>20 000	>17.6	235 000

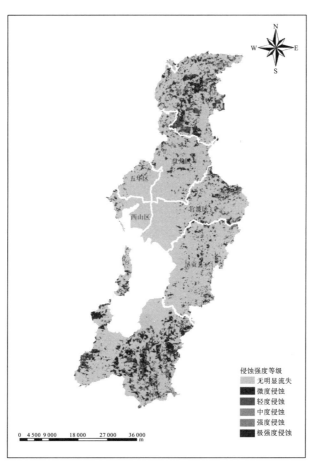

图 3-22　滇池流域土壤侵蚀强度等级图

3.2.4　水土流失总结分析

3.2.4.1　水土流失现状分析

根据水土流失通用方程计算出来的结果，滇池流域总面积为 2920km²，无明显流失面积为 1691.2km²,占总面积的 57.91%;水土流失面积为 894.22km²,占流域总面积的 30.62%。其中微度流失面积为 522.7km²,占流域总面积的 17.9%,占水土流失面积的 58.45%;轻度流失面积为 217.91km²,占流域总面积的 7.46%,占水土流失总面积的 24.37%;中度流失面积为 111.02km²,占流域总面积的 3.80%,占水土流失总面积的 12.42%;强度流失面积为 25.06km²,占流域总面积的 0.86%,占水土流失总面积的 2.8%;极强度侵蚀面积为 17.53km²,占流域总面积的 0.61%,占水土流失总面积的 1.96%。滇池流域年土壤侵蚀总量为 103.424 万 t,土壤侵蚀模数为 1156.58t/(km²·a),15 年平均剥蚀厚度为 0.3mm/a(按土壤容重为 1.35g/cm³ 计算)。

根据土壤侵蚀类型区划标准,滇池流域土壤侵蚀类型包括水力侵蚀、重力侵蚀和工程侵蚀。主要的侵蚀方式有面性(层状与鳞片状侵蚀)、细沟侵蚀、冲沟侵蚀,以及崩塌、滑坡、泥石流等重力侵蚀及部分开发建设项目造成的水土流失。这些侵蚀类型往往互相作用、互相影响、互相制约,形成一个复杂的侵蚀过程。面蚀、沟蚀与流域内广泛分布的坡耕地和荒坡地密切相关,冲沟发育与河流强烈切割、山高坡陡的地形相关,而构造活跃和岩层疏松所潜伏的不稳定性与泥石流、滑坡、崩塌密切相关。

由滇池流域土壤侵蚀强度等级分布图(图 3-23)可以看出,滇池流域的水土流失程度以微度、轻度、中度为主。从滇池流域区县范围分析可以看出,水土流失最为严重地区为晋宁县,其次为嵩明县,水土流失最少的地区为五华区(图 3-24)。

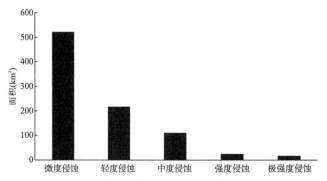

图 3-23 滇池流域土壤侵蚀强度等级分布图

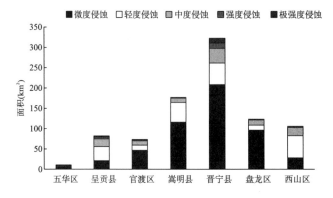

图 3-24 各区县土壤侵蚀强度等级分布图

从滇池流域水土流失分布区域范围分析，水土流失相对严重区域为流域北部、东北部和南部山区，涉及饮用水源地、磷矿开采区、面山区域。从垂直高度分析，滇池流域水土流失主要产生在海拔 1900～2100m，以低山、台地和丘陵地貌为主。这一区域处于自然生态系统向农田生态系统过渡的地带，同时由于相对高差较小，人为活动频繁，成为水土流失产生的重点区域。各类土地土壤侵蚀从大到小依次为：旱地、园地、荒坡、疏林、灌草丛、水田、针叶林和常绿阔叶林，其中旱地、园地是流域占优势的类型，土壤侵蚀最为严重，因而是水土流失控制的重点。

3.2.4.2　水土流失主要问题分析

(1)滇池流域属高原亚热带常绿阔叶林带，地带植被水源涵养能力高。长期以来，由于人类的生产和生活进行的大量砍伐，原生植被已基本破坏殆尽，目前滇池流域人工造林树种以云南松为主的针叶林比例增加，水平地带性的阔叶林比例下降，林种、林龄比例结构不合理，林分质量趋于下降。

(2)由于针叶林的层间结构简单，涵养水源、保持水土的功能不及常绿阔叶林，加上空间分布不均，滇池流域森林生态系统的蓄水保土功能得不到有效发挥，水土流失加剧，流域的生态环境恶化。

(3)滇池流域城镇建设用地的增加，表明该流域人口的增加和社会经济的发展不仅使其他类型的土地面积减少，还会增加滇池流域的水污染负荷。

(4)从土地利用类型来看，滇池流域的可开发利用土地较少，面积仅占全流域面积的 1.34%，所以需要科学合理地编制流域土地利用规划。

(5)水源地是流域内森林植被分布较集中的区域，但由于坡地耕作普遍、森林质量差等，水源地水土流失现象仍十分明显。

(6)由于滇池流域存在大量的坡耕地、荒山荒坡、疏幼林地，还有大型开发建设工程项目在实施过程中会扰动地表、破坏植被，造成人为水土流失，因此治理难度比较大。

(7)水土流失治理过程中"边治理，边破坏"的现象屡禁不止，各级部门对水土流失治理的必要性和紧迫性认识不够。水土流失治理工程投资大，见效慢，至今滇池流域水土流失治理仍然依托"长治"工程项目的实施，没有专项治理资金投入，而且"长治"工程项目投资标准低，每平方千米仅 15 万元左右，只能达到示范治理的效果。在无专项资金投入的情况下，水土流失治理粗放，治理工程标准偏低，有效治理速度缓慢。

3.3　滇池流域气象水文特征调查

3.3.1　气象状况

滇池流域属北亚热带湿润季风气候(表 3-17)，年≥10℃积温为 4200～4500℃，年平均气温 14.7℃。多年平均雨量 797～1007mm；蒸发量 1870～2120mm；日照时数 2081～

2470h。年日照率为47%～55%。相对湿度73%～74%。主导风向为西南风，平均风速2.2～3.0m/s。全年无霜期227天，具有低纬山原季风气候特征，其主要特点是：①冬无严寒，夏无酷暑，四季如春。在低纬度高海拔互为补偿下，四季温差不大，年温差小，日温差大。流域内盆地坝区气候年温差在11.7～13.3℃。②冬干夏湿，干湿分明。干季在11月至次年4月。主要受印度次大陆干暖气流控制，风高物燥，晴朗少云，降雨少，蒸发大，光照足。多年平均降水变率一般为15%。③山区气候垂直差异大，一山有四季，十里不同天，山高一丈，大不一样。流域盆地与山高差940m，海拔悬殊，气温垂直变化，随海拔升高而降低，垂直递减率为0.525℃/100m。昆明市区（1891.4m）年均温14.7℃（表3-18）。流域内具有河谷热、平坝暖、山区冷、高山寒的气候特点。④湖滨小气候，冬暖夏冷，春色更浓（表3-19），故有"万紫千红花不谢，冬暖夏凉四时春"的特点。

表3-17　滇池流域气候特征

名称	内容	单位	备注
多年平均气温	14.7	℃	属北亚热带湿润季风气候
最高气温	31.5	℃	1958年
最低气温	−7.8	℃	
最冷月（1月）平均气温	7.7	℃	
最热月（7月）平均气温	19.8	℃	
水温　秋温	19.5	℃	
春温	18.2	℃	
冬季平均气温	9.5	℃	
夏季平均气温	20.2	℃	
气温年变幅	12	℃	
年＞10℃积温	4200～4500	℃	
多年平均相对湿度	73	%	
多年平均降雨量	953	mm	
日最大降雨量	153.3	mm	
最多年降雨量	1302.8	mm	
最少年降雨量	717.9	mm	
湖面多年平均降雨量	942	mm	
7～9月降雨量占全年降雨量的百分比	60	%	
多年平均年降雨日数	135	天	
降雨延续最长期	25	天	
富民、昆明、太华山、晋宁、澄江等地连续无降雨日数	70	天	
多年平均日照时数	2448	h	
年日照率	47～55	%	
霜期	140	天	初霜11月，终霜4月
无霜期	227	天	
平均风速	2.2	m/s	
风速最大	19	m/s	
主导风向	西南风		
多年平均水面蒸发量	1426.5	mm	
山区垂直递减率	0.525	℃/100m	

在滇池流域各地区中，太华山地区年平均气温明显低于嵩明、昆明主城区、晋宁和安宁，而年降雨量则正好相反，太华山明显高于嵩明、昆明主城区、晋宁和安宁地区，具体数据见表 3-18。

表 3-18　滇池流域水文气象特征

气候			嵩明	昆明主城区	呈贡	晋宁	太华山	安宁
气温 (℃)	年平均		14.0	14.7	14.7	14.6	12.2	14.7
	多年平均		14.0	14.5	14.7	14.7		
	平均年最高		20.8	20.8	20.6	20.7		
	平均年最低		8.7	9.7	10.1	10.0		
	极端	最高	34.0	31.5	31.4	31.4		
		最低	-8.4	-5.4	-6.0	-6.0		
	月平均气温	最冷月	6.4	7.7	7.7	7.7	7.9	7.2
		最热月	19.7	19.8	19.7	19.5	16.4	20.0
	年≥10℃积温		4153.2	4479.7	4494.0	4520.6	3233.0	4566.4
降雨	多年平均(mm)		1027.5	1035.3	797.0	917.7		
	5~10月占年百分比(%)		85	83	80	82		
	日最大(mm)		111.9	153.3	87.2	123.6		
	最长降雨日数		26	25	19	19	21	19
	连续无雨日数		54	70	70	70	70	70
	年大雨日数		9.7	9.3			11.7	7.6
	年暴雨日数		1.8	1.8	1.0		2.7	1.4
	最多年(mm)		1405.7	1302.8	951.1	1172.1		
	最少年(mm)		748.3	717.9	595.7	625.7		
	雨季开始 (日/月)	平均	20/5	23/5	24/5	24/5		
		最早	29/4	29/4	30/4	30/4		
		最迟	20/6	21/6	21/6	21/6		
	年降水量(mm)		996.8	1004.0	793.8	900	1183.3	898.5
	年降水日数		137.1	133.6	126.9		148.3	132.3
	年平均相对湿度(%)		75	74	73	75		
	陆地表面蒸发(mm)		555.8	586.0	544.8	573.7		
风速	多年平均(m/s)		2.9	2.2	3.0	3.0		
	最大(m/s)		18	19	18	14		
	大风日数		18.1	11.0	14.2	18.4		
雷暴雨	雷暴雨日数		71.0	66.5	48.6	60.5		
	初日(日/月)		11/2	7/2	5/2	11/2		
	终日(日/月)		4/11	6/11	23/10	24/10		
	雪日数		1.2	1.9	1.5	1.9		
	日照时间(h/a)		2074.7	2481.2	2118.4	2259.6	2233.6	2049.9
	有霜间隔期(天)		142	137	72	126		135

表 3-19   2002 年与 2001 年同期滇池外海水温对比   （单位：℃）

年份	1 月	2 月	3 月	4 月
2002 年	11.0	9.9	12.8	15.4
2001 年	14.0	12.0	14.0	17.4
增减值	-3.0	-2.1	-1.2	-2.0

在降雨方面，昆明地区雨量资源较为匮乏，且一定程度上受全球气候变化的影响。总体而言，1990~2009 年，年日最大降雨量变化幅度加剧(图 3-25)。1990~1999 年，最大降雨量为 65.8~111.9mm，变化幅度较小，而 2000~2009 年的十年中日最大降雨量为44.7~121.0mm，日最大降雨量变化幅度在一定程度上增加。

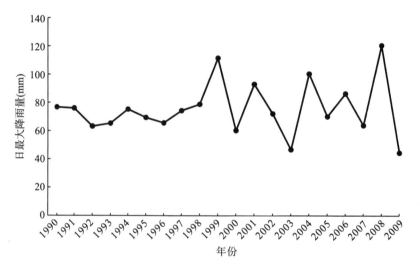

图 3-25   昆明国家基准气候站近年日最大降雨量

此外，昆明地区干湿季节明显，雨季集中在 5~10 月，其他月份降雨量非常少。以昆明站 1951~2002 年降雨数据为例(表 3-20)，年最大降雨年份为 1999 年，为 1449.9mm，最少降雨年份为 1987 年，为 660.0mm。

表 3-20   昆明站 1951~2001 年降雨量   （单位：mm）

年份	1 月	2 月	3 月	4 月	5 月	6 月	7 月	8 月	9 月	10 月	11 月	12 月	全年
1951	0.7	0.0	23.8	2.8	100.9	167.5	207.7	138.0	105.9	59.1	33.0	26.1	865.5
1952	1.1	12.3	19.9	22.8	176.1	259.0	180.3	189.9	55.0	72.8	11.2	0.9	1001.3
1953	9.2	31.5	18.4	1.6	93.5	185.4	110.5	84.9	77.9	150.4	16.8	11.7	791.8
1954	0.1	1.9	12.5	13.1	111.8	206.2	174.3	343.1	185.0	52.0	1.4	6.5	1107.9
1955	12.1	0.0	15.1	2.5	18.1	220.0	165.5	205.0	90.4	78.1	182.3	0.9	990.0
1956	7.2	0.0	19.0	14.9	155.5	118.2	129.4	199.5	47.8	103.3	46.1	13.8	854.7
1957	24.5	11.2	14.1	24.1	62.8	319.5	210.4	198.7	306.4	84.3	4.4	35.6	1296.0

续表

年份	1月	2月	3月	4月	5月	6月	7月	8月	9月	10月	11月	12月	全年
1958	3.6	7.9	5.5	2.0	13.5	255.7	271.3	180.4	88.9	33.3	108	4.1	974.2
1959	18.0	41.9	14.4	12.5	106.6	126.3	182.5	213.1	176.2	78.9	0.0	18.3	988.7
1960	6.6	0.8	4.0	4.2	47.1	94.2	321.1	79.4	104.8	28.0	24.7	3.0	717.9
1961	3.7	29.5	24.7	16.9	92.1	139.7	296.1	172.1	158.6	202.5	79.8	40.8	1256.5
1962	15.9	5.0	7.4	37.0	47.4	209.4	212.6	232.7	63.4	56.3	0.5	2.7	890.3
1963	12.0	1.9	6.1	0.5	12.7	141.4	274.1	176.8	72.8	147.2	31.3	9.7	886.5
1964	2.6	13.5	24.3	26.4	163.2	126.7	332.2	215.3	57.2	57.5	13.1	8.7	1040.7
1965	21.0	11.5	3.3	15.1	102.1	227.2	106.5	239.9	133.5	293.4	12.3	34.7	1200.5
1966	8.6	2.2	0.5	0.1	87.7	304.7	184.3	396.0	176.8	119.2	14.0	8.7	1302.8
1967	10.3	2.8	13.6	51.5	21.3	166.7	146.9	117.1	116.7	117.8	94.3	12.7	871.7
1968	19.7	18.2	5.3	65.6	50.9	106.9	250.7	167.5	232.9	93.1	3.3	0.0	1014.1
1969	10.4	1.6	3.4	6.5	29.7	117.0	314.1	194.0	109.7	30.0	21.2	9.3	846.9
1970	13.1	2.4	36.7	72.6	67.5	141.9	257.6	160.0	98.7	40.7	73.8	68.9	1033.9
1971	22.1	16.4	18.9	20.6	122.3	290.0	155.3	309.6	112.3	106.0	12.8	9.0	1195.3
1972	6.9	7.0	17.7	38.3	90.8	170.1	208.0	104.0	140.4	44.6	148.4	4.5	980.7
1973	5.8	6.7	54.6	29.5	133.3	246.9	277.1	172.8	147.0	63.4	99.1	4.6	1240.8
1974	3.4	1.2	25.3	64.2	220.2	173.6	219.1	280.6	62.0	57.1	37.7	1.8	1146.2
1975	31.9	9.5	33	7.3	218.3	107.4	141.8	199.0	40.7	49.8	101.8	4.3	944.8
1976	24.8	23.2	37.7	4.3	140.7	205.4	261.4	224.3	138.1	109.6	20.9	0.8	1191.2
1977	1.8	47.7	10.1	60.3	38.5	36.1	230.3	112.8	162.6	58.0	45.4	11.3	814.9
1978	32.5	24.0	2.5	9.9	142.0	287.5	148.2	192.0	117.2	22.2	8.0	1.3	987.3
1979	2.9	2.6	10.1	2.9	25.6	203.2	268.4	270.3	129.8	45.8	9.5	18.0	989.1
1980	16.7	1.7	5.2	2.0	96.9	157.2	132.5	298.2	76.7	94.9	0.0	17.9	899.9
1981	14.6	11.6	22.6	24.4	116.5	156.3	211.3	130.3	282.8	32.0	87.6	19.9	1109.9
1982	10.9	38.9	3.2	32.4	7.9	96.4	92.1	180.1	150.0	110.5	48.9	5.0	776.3
1983	32.4	44.1	77.1	9.6	38.4	95.7	170.5	410.1	156.6	68.6	83.1	51.1	1237.3
1984	1.8	1.2	1.2	18.0	69.2	156.2	164.2	162.8	88.7	86.0	4.4	1.4	755.1
1985	0.0	8.9	22.7	77.5	165.4	149.6	184.9	263.0	119.2	42.1	21.4	3.5	1058.2
1986	0.6	0.0	2.9	37.5	71.1	400.3	364.6	226.0	90.1	169.4	20.3	3.7	1386.5
1987	29.8	11.4	0.3	26.0	36.8	82.1	84.5	130.1	137.3	58.3	44.3	19.1	660.0
1988	4.8	20.1	0.0	23.0	42.8	172.8	129.0	195.1	100.5	44.9	23.5	0.8	757.3
1989	0.6	1.5	15.7	1.5	136.2	106.7	163.4	109.6	77.0	98.0	37.2	44.0	791.4
1990	3.3	120.2	35.7	25.2	170.0	219.9	163.1	135.5	100.6	95.9	13.1	5.5	1088.0
1991	30.3	7.4	14.5	32.9	23.0	163.7	140.0	207.3	220.1	169.6	56.1	7.7	1072.6
1992	26.5	33.6	11.7	4.0	58.2	108.8	73.1	112.8	82.3	126.5	23.0	1.1	661.6
1993	24.1	33.3	0.4	21.3	64.8	46.9	137.1	158.3	101.1	144.3	17.5	13.3	762.4
1994	0.3	38.5	51.9	0.1	65.3	352.5	341.6	138.8	121.6	59.7	44.8	45.0	1260.1
1995	13.7	24.3	0.9	1.6	48.9	157.8	280.1	238.6	169.2	24.0	67.1	0.4	1026.6
1996	0.1	3.3	38.6	17.2	81.4	138.0	181.2	138.7	83.0	88.3	84.6	11.3	865.7
1997	14.7	22.1	37.6	57.2	28.2	172.8	368.4	357.7	157.2	79.7	7.2	15.1	1317.9

年份	1月	2月	3月	4月	5月	6月	7月	8月	9月	10月	11月	12月	全年
1998	11.2	4.4	18.4	38.6	73.5	474.9	332.1	122.6	34.7	27.2	38.8	17.4	1193.8
1999	78.0	0.0	2.2	3.3	208.7	180.2	279.9	375.4	123.1	138.4	50.1	10.6	1449.9
2000	35.1	23.0	44.5	16.0	188.6	118.5	162.0	164.1	54.5	59.9	19.8	0.0	886.0
2001	0.0	18.0	10.0	0.0	175.0	219.0	263.0	202.0	133.0	106.0	46.0	0.0	1172.0
2002	10.0	3.0	16.0	11.0	127.0	178.0	208.0	242	82.0				877.0

表 3-21　昆明市近 30 年月降水量统计表

	1月	2月	3月	4月	5月	6月	7月	8月	9月	10月	11月	12月	年值
降水量(mm)	15.8	15.8	19.6	23.5	97.4	180.9	202.2	204.0	119.2	79.1	42.4	11.3	1011.2
蒸发量(mm)	127.4	156.5	223.6	244.7	219.5	154.4	138.8	141.7	120.0	110.9	99.3	101.5	1838.3

3.3.2　水文特征

3.3.2.1　河流

以下列出了滇池流域 26 条主要入湖河流的地理、水文和水质信息(表 3-22～表 3-47)，由表可知，入湖河流水质普遍较差，大部分为五类及劣五类水体，其中，盘龙江、明通河、枧槽河、大清河、船房河、西坝河、老运粮河、新运粮河、乌龙河、螳螂川、柴河、捞鱼河、古城河、洛龙河等都是五类以下水体。乌龙河化学需氧量最高，达 158.67mg/L；古城河总磷最高，达 3.54mg/L；乌龙河总氮最高，高达 32.17mg/L(注明，部分河流营养数据缺乏)，具体如下。

表 3-22　盘龙江地理、水文和水质信息

名称	内容	单位	备注
所属水系	金沙江		
起始点	源于嵩明县梁王山北麓东葛勒山的喳啦箐，主源为牧羊河，与冷水河在小河乡岔河咀汇合		流经嵩明县、官渡区、盘龙区，至官渡区洪家村入滇池
发源地高程	2600	m	
流域高程	1890～2280	m	
落差	714	m	
平均坡降	0.76	%	
河长	95.3(26.3)	km	前为全长，括号内为松华坝以下长
径流面积	761	km²	
多年平均径流量	2.63	亿 m³	
盘龙江松华坝以上多年平均径流量	2.10	亿 m³	

续表

名称	内容	单位	备注
总磷	0.301	mg/L	2002 年昆明城市河流水质监测年度平均值
总氮	8.56	mg/L	
化学需氧量	38.8	mg/L	
生化需氧量	7.45	mg/L	2002 年昆明城市河流水质监测年度平均值
氨氮	4.72	mg/L	
水质	劣 V 类		2000 年、2001 年水质

表 3-23　明通河地理、水文和水质信息

名称	内容	单位	备注
起始点	由穿心鼓楼，至官渡区张家庙汇入大清河		流经嵩明县、官渡区、盘龙区，至官渡区洪家村入滇池
长度	8.3	km	
平均宽	9	m	
径流面积	8	km^2	
多年平均径流量	0.025	亿 m^3	
最大过流量	15	m^3/s	
总磷	1.97	mg/L	2003 年上半年平均值
总氮	22.76	mg/L	
氨氮	16.64	mg/L	
化学需氧量	115.28	mg/L	2003 年上半年平均值
生化需氧量	42.46	mg/L	

表 3-24　枧槽河地理、水文和水质信息

名称	内容	单位	备注
起始点	由官渡区菊花村闸分引金汁河水，至官渡区张家庙汇入大清河		
长度	6.8	km	
径流面积	36.5	km^2	
宽	8～11	m	
深	1.2～2.0	m	
过流量	15	m^3/s	
多年平均径流量	0.115	亿 m^3	
总磷	2.10	mg/L	2003 年上半年平均值
总氮	21.80	mg/L	
氨氮	17.18	mg/L	
化学需氧量	101.46	mg/L	2003 年上半年平均值
生化需氧量	40.68	mg/L	

表 3-25　大清河地理、水文和水质信息

名称	内容	单位	备注
起始点	主源为明通河，与枧槽河汇合，由穿心鼓楼，至官渡区清河村入滇池		
河长	15.7	km	
径流面积	53.3	km^2	
多年平均径流量	0.168	亿 m^3	
过流量	36.4～81.25	m^3/s	
总氮	28	mg/L	
总磷	1.7	mg/L	
高锰酸盐指数	11.40	mg/L	2003 年监测点
悬浮性固体	160	mg/L	
水质	劣 V 类		2000 年、2001 年水质
总磷	2.98	mg/L	2003 年上半年平均值
总氮	21.86	mg/L	
氨氮	16.40	mg/L	
化学需氧量	76.50	mg/L	2003 年上半年平均值
生化需氧量	37.53	mg/L	

表 3-26　小清河地理、水文和水质信息

名称	内容	单位
起始点	由官渡区云溪村毛家桥分引六甲宝象河水，至福保村入滇池	
长度	10.4	km
径流面积	3.1	km^2
多年平均径流量	0.008	亿 m^3

表 3-27　船房河地理、水文和水质信息

名称	内容	单位	备注
起始点	由圆通街东口，至官渡区鲤鱼坑村入草海		上段为兰花沟，下段称船房河
河长	12.1	km	
宽	7～8	m	
径流面积	7.7	km^2	
多年平均径流量	0.024	亿 m^3	
过流量	7	m^3/s	
总磷	2.83	mg/L	2003 年上半年平均值
总氮	28.60	mg/L	
氨氮	21.68	mg/L	
化学需氧量	140.78	mg/L	2003 年上半年平均值
生化需氧量	66.80	mg/L	

表 3-28　西坝河地理、水文和水质信息

名称	内容	单位	备注
起始点	由鸡鸣桥分引玉带河水，至官渡区新河村入草海		
全长	6.7	km	
径流面积	4.3	km^2	
多年平均径流量	0.013	亿 m^3	
过流量	3	m^3/s	
总磷	1.66	mg/L	
总氮	18.76	mg/L	2003 年上半年平均值
氨氮	15.03	mg/L	
化学需氧量	88.35	mg/L	2003 年上半年平均值
生化需氧量	42.36	mg/L	

表 3-29　采莲河地理、水文和水质信息

名称	内容	单位
起始点	由螺蛳湾黄瓜营分引盘龙江水，至官渡区东泵站排入滇池	
全长	8.6	km
径流面积	11.8	km^2
多年平均径流量	0.038	亿 m^3

表 3-30　老运粮河地理、水文和水质信息

名称	内容	单位	备注
起始点	主源为小路沟，与鱼翅沟汇合后称老运粮河，源于西山区云冶后山林家院，至积中村入草海		
河长	11.4	km	上段小路沟长 7.6km　下段长 3.8km（宽 8m、深 4m）
径流面积	23.7	km^2	
多年平均径流量	0.062	亿 m^3	
总磷	1.44	mg/L	
总氮	13.78	mg/L	2003 年上半年平均值
氨氮	5.69	mg/L	
化学需氧量	34.48	mg/L	2003 年上半年平均值
生化需氧量	13.91	mg/L	

表 3-31　新运粮河地理、水文和水质信息

名称	内容	单位	备注
起始点	源于西山区甸头村，至积下村入草海		上段为西北沙河，中段为中干沟，下段为新运粮河

名称	内容	单位	备注
河长	21	km	
径流面积	105.6	km^2	
多年平均径流量	0.414	亿 m^3	
总磷	2.47	mg/L	
总氮	30.88	mg/L	2003 年上半年平均值
氨氮	26.94	mg/L	
化学需氧量	112.66	mg/L	2003 年上半年平均值
生化需氧量	47.67	mg/L	

表 3-32　乌龙河地理、水文和水质信息

名称	内容	单位	备注
起始点	由昆明医学院至西山区明家地入草海		
河长	4	km	
河宽	3～10	m	
深	3	m	
径流面积	2.6	km^2	
多年平均径流量	0.008	亿 m^3	
过流量	4.6	m^3/s	
总磷	2.18	mg/L	
总氮	32.17	mg/L	2003 年上半年平均值
氨氮	24.52	mg/L	
化学需氧量	158.67	mg/L	2003 年上半年平均值
生化需氧量	76.15	mg/L	

表 3-33　螳螂川地理、水文和水质信息

名称	内容	单位	备注
起始点	由西山区海口至富民县永定桥		属普渡河的中游河段，是它的唯一出口，上段为海口河
长度	97.6	km	
径流面积	5020	km^2	
多年平均径流量	8.15	亿 m^3	
总磷	0.907	mg/L	2000 年监测点
总氮	4.557	mg/L	2000 年监测点
高锰酸盐指数	6.630	mg/L	2000 年监测点
生化需氧量	7.527	mg/L	2000 年监测点

表 3-34　大河地理、水文和水质信息

名称	内容	单位	备注
起始点	发源于晋宁县干洞，至小寨汇入柴河		
全程落差	200	m	
平均坡降	0.74	%	
河长	31	km	
径流面积	171.1	km^2	
多年平均径流量	4840	万 m^3	
总氮	0.315	mg/L	2000 年监测点
高锰酸盐指数	1.740	mg/L	2000 年监测点
水质	IV 类		2000 年、2001 年水质

表 3-35　柴河地理、水文和水质信息

名称	内容	单位	备注
起始点	源于晋宁县新寨，至新街入滇池		
落差	184	m	
坡降	0.42	%	
长度	48	km	
径流面积	306.2	km^2	
多年平均径流量	0.484	亿 m^3	
总氮	0.252	mg/L	2000 年监测点
高锰酸盐指数	2.252	mg/L	2000 年监测点
水质	劣 V 类		2000 年、2001 年水质

表 3-36　马料河地理、水文和水质信息

名称	内容	单位	备注
起始点	发源于阿拉彝族乡新村附近的黄龙潭，经白水塘村堰塘下的金线洞村出境入呈贡县，经水海子，入果林水库，过大冲、侸家营，于张溪营转西流过望朔村，在麻莪村西头小石桥入境，继续西流 1km 分为两河，主河在迥龙大村入滇池		
坡降	2.79	%	
长度	20.2	km	官渡区段长 7.2km，呈贡县段长 7.2km
径流面积	81	km^2	
果林水库以上径流面积	30.6	km^2	
水库以下径流面积	50.4	km^2	
总磷	0.24	mg/L	2003年上半年平均值
总氮	6.65	mg/L	
氨氮	2.29	mg/L	2003年上半年平均值

名称	内容	单位	备注
化学需氧量	28.74	mg/L	
生化需氧量	5.42	mg/L	

表 3-37　洛武河地理、水文和水质信息

名称	内容	单位	备注
河长	14	km	
径流面积	147	km²	
坡降	1.73	%	
多年平均径流量	3900	万 m³	

表 3-38　捞鱼河(胜利河)地理、水文和水质信息

名称	内容	单位	备注
长度	28.7	km	
径流面积	127	km²	
坡降	1.41	%	
多年平均径流量	3054	万 m³	
水质	劣 V 类		2000 年、2001 年水质
总磷	0.14	mg/L	
总氮	3.10	mg/L	2003 年上半年平均值
氨氮	0.14	mg/L	
化学需氧量	25.66	mg/L	2003 年上半年平均值
生化需氧量	7.50	mg/L	

表 3-39　梁王河地理、水文和水质信息

名称	内容	单位	备注
长度	23	km	
径流面积	65	km²	
多年平均径流量	1537	万 m³	
坡降	2.76	%	

表 3-40　东大河地理、水文和水质信息

名称	内容	单位	备注
长度	26	km	
径流面积	195	km²	
坡降	1.02	%	
多年平均径流量	5700	万 m³	

表 3-41　古城河地理、水文和水质信息

名称	内容	单位	备注
长度	8	km	
径流面积	41	km^2	
坡降	11.8	%	
多年平均径流量	1200	万 m^3	
总磷	3.54	mg/L	
总氮	1.82	mg/L	2003 年上半年平均值
氨氮	0.34	mg/L	
化学需氧量	38.13	mg/L	2003 年上半年平均值
生化需氧量	6.92	mg/L	

表 3-42　牧羊河地理、水文和水质信息

名称	内容	单位	备注
起始点	源于嵩明县梁王山北麓东葛勒山的喳啦箐，至官渡区小河乡岔河咀与冷水河汇合		为盘龙江主源
河长	54	km	官渡区境内长 3.6km，嵩明县境内长 50.4km
径流面积	394	km^2	
最大过流量	122	m^3/s	

表 3-43　冷水河地理、水文和水质信息

名称	内容	单位	备注
起始点	源于嵩明县龙马箐至官渡区小河乡岔河咀与牧羊河汇合		属盘龙江支源
河长	29.4	km	官渡区境内长 1.2km，嵩明县境内长 28.2km
径流面积	143	km^2	
最大过流量	67.2	m^3/s	

表 3-44　马溺河地理、水文和水质信息

名称	内容	单位
起始点	源于官渡区双龙乡圆宝山秧田冲龙潭至龙头街入金汁河	
河长	10.6	km
径流面积	9	km^2
多年平均径流量	243	万 m^3

表 3-45　清水河地理、水文和水质信息

名称	内容	单位	备注
起止点	源于官渡区双龙乡圆宝山至羊肠小村汇入金汁河		
河长	10.4	km	
径流面积	9	km²	源头至秧田坝长 5.6km
多年平均径流量	231	万 m³	

表 3-46　太家河地理、水文和水质信息

名称	内容	单位
起止点	从官渡区马洒营村分引盘龙江水，四道坝分东、西两支，西支为太家河，滇池旅游度假区入滇池草海	
河长	8.4	km
过流量	2.5	m³/s
灌溉面积	3393	亩

表 3-47　洛龙河地理、水文和水质信息

名称	内容	单位	备注
起止点	源于呈贡县白龙潭至江尾村入滇池外海		
河长	13.7	km	
径流面积	147	km²	
多年平均径流量	0.29	亿 m³	
总磷	0.12	mg/L	2001 年均值
总氮	4.22	mg/L	2001 年均值
化学需氧量	19.46	mg/L	2001 年均值

3.3.2.2　湖泊(水库)

滇池流域有 8 座总库容超过 1000 万 m³ 的大型水库，其中以松华坝水库的兴利库容最大，达到 10 500 万 m³，最小的为横冲水库，总库容为 1000 万 m³。这些水库在城市防洪和供水、农业灌溉等方面发挥着重要的作用，其具体地理、水文及水质数据如表 3-48～表 3-55 所示。

表 3-48　松华坝水库地理、水文及水质信息

名称		内容	单位	备注
位置		长江流域金沙江水系盘龙江上游		工程所在地：官渡区龙泉镇
主坝高		62	m	土石坝
径流面积		593	km²	
多年平均径流量		21 000	万 m³	
死水位		1 928.8	m	
死库容		445	万 m³	
正常蓄水位		1 965.5	m	
正常库容		10 500	万 m³	
汛限水位		1 963.0	m	相应库容 0.877 5 亿 m³
校核洪水位		1 974.0	m	
兴利库容		10 500	万 m³	
总库容		21 900	万 m³	
始建日期		1958 年		
建成日期		1959 年		1988~1994 年进行加固扩建
灌溉面积	设计	27 000	亩	
	有效	27 000	亩	
	实灌	21 750	亩	
城市供水量		11 000	万 m³/a	
防洪保护面积		10	万亩	
功能		城市防洪和供水、农业灌溉		

表 3-49　宝象河水库地理、水文及水质信息

名称	内容	单位	备注
位置	长江流域金沙江水系宝象河上游		工程所在地：官渡区大板桥镇
主坝高	35.00	m	黏土心墙坝
径流面积	67.30	km²	
多年平均径流量	1 200	万 m³	
死水位	2 026.0	m	
死库容	50	万 m³	
正常蓄水位	2 050.0	m	
正常库容	1 570	万 m³	
汛限水位	2 048.6	m	
校核洪水位	2 053.5	m	
兴利库容	1 550	万 m³	
总库容	2 070	万 m³	
兴建日期	1957 年		

名称		内容	单位	备注
灌溉面积	设计	25 950	亩	
	有效	10 000	亩	
	实灌	7 950	亩	
城市供水量		720	万 m³/a	
防洪保护面积		4.2	万亩	

表 3-50 松茂水库地理、水文及水质信息

名称	内容	单位	备注
位置	长江流域金沙江水系捞鱼河上游		工程所在地：呈贡县吴家营乡
主坝高	29.00	m	均质土坝
径流面积	41.10	km²	
多年平均径流量	1 025	万 m³	
死水位	1993.4	m	
死库容	20	万 m³	
正常蓄水位	2 010.4	m	
正常库容	993	万 m³	
汛限水位	2 008.9	m	
校核洪水位	2 014.15	m	
兴利库容	973		
总库容	1 600	万 m³	
始建日期	1957 年		
建成日期	1958 年		
灌溉面积 设计	20 000	亩	
有效	19 500	亩	
实灌	7 000	亩	
灌溉农田	700	亩	
防洪保护面积	2	万亩	

表 3-51 横冲水库地理、水文及水质信息

名称	内容	单位	备注
位置	长江流域金沙江水系梁王河上游		工程所在地：呈贡县马金铺
主坝高	39.50	m	均质土坝
径流面积	28.50	km²	
多年平均径流量	563	万 m³	
死水位	1 995.05	m	
死库容	40	万 m³	

名称		内容	单位	备注
正常蓄水位		2 018.10	m	
正常库容		696	万 m^3	
汛限水位		2 016.55	m	
校核洪水位		2 026.6	m	
兴利库容		656	万 m^3	
总库容		1 000	万 m^3	
始建日期		1957 年		
建成日期		1958 年		
灌溉面积	设计	20 000	亩	
	有效	9 990	亩	
	实灌	6 000	亩	
防洪保护面积		2	万亩	

表 3-52　果林水库地理、水文及水质信息

名称		内容	单位	备注
位置		长江流域金沙江水系马料河上游		工程所在地：呈贡县洛羊镇
主坝高		14.75	m	均质土坝
径流面积		30.80	km^2	
多年平均径流量		590	万 m^3	
死水位		1 928.5	m	
正常蓄水位		1 936.0	m	
汛限水位		1 935.5	m	
校核洪水位		1 938.55	m	
兴利库容		395	万 m^3	
总库容		1 140	万 m^3	
建成日期		1958 年		
灌溉面积	设计	10 000	亩	
	有效	5 000	亩	
	实灌	2 265	亩	
防洪保护面积		1	万亩	

表 3-53　双龙水库地理、水文及水质信息

名称	内容	单位	备注
位置	长江流域金沙江水系东大河上游		工程所在地：晋宁县宝丰乡
主坝高	23.00	m	均质土坝
径流面积	54.00	km^2	
多年平均径流量	1 620	万 m^3	

名称		内容	单位	备注
死水位		1 918.3	m	
死库容		8	万 m³	
正常蓄水位		1 936.7	m	
正常库容		1 216	万 m³	
汛限水位		1 936.48	m	
校核洪水位		1 937.6	m	
兴利库容		1 216	万 m³	
总库容		1 224	万 m³	
始建日期		1954 年		
扩建日期		1978 年		
灌溉面积	设计	20 000	亩	
	有效	10 500	亩	
	实灌	9 750	亩	
防洪保护面积		3	万亩	

表 3-54 大河水库地理、水文及水质信息

名称		内容	单位	备注
位置		晋宁县化乐乡		
主坝高		40.00	m	斜心墙坝
径流面积		45.60	km²	
多年平均径流量		1 597	万 m³	
死水位		1 994.3	m	
死库容		150	万 m³	
正常蓄水位		2 018.1	m	
正常库容		1 621	万 m³	
汛限水位		2 018.1	m	
兴利库容		1 600	万 m³	
总库容		1 850	万 m³	
始建日期		1958 年		
灌溉面积	设计	28 300	亩	
	有效	20 900	亩	
	实灌	10 650	亩	
水库以上集水面积		45.6	km²	

表 3-55 柴河水库地理、水文及水质信息

名称	内容	单位	备注
位置	晋宁县上蒜乡		

续表

名称	内容	单位	备注
主坝高	26.47	m	均质土坝
径流面积	106.50	km²	
多年平均径流量	3 970	万 m³	
死水位	1 933.0	m	
死库容	89	万 m³	
正常蓄水位	1 946.0	m	
正常库容	1 592	万 m³	
汛限水位	1 945.5	m	库容 1 491 万 m³
兴利库容	1 590	万 m³	
总库容	2 279	万 m³	
始建日期	1956 年		
灌溉面积　设计	20 000	亩	
灌溉面积　有效	16 800	亩	
灌溉面积　实灌	1 650	亩	

除 8 座大型水库外，滇池流域库容小于 1000 万 m³ 的小型水库数量很多，经过我们核实大约有 110 座，总库容 2310.5 万 m³，是不可忽视的水资源储存库。其中大于 100 万 m³ 的水库有 18 座。库容在 100（映山塘水库）～709.65（大石坝水库）万 m³。其具体地理、水文及水质数据如表 3-56～表 3-58 所示。

表 3-56　滇池流域小型水库统计（一）

所在县区	序号	水库名称	建成年份	径流面积(km²)	总库容（万 m³）	兴利库容（万 m³）	有效灌溉面积（万亩）
官渡区	1	东白沙河水库	1956	22.5	438	393	0.82
	2	金殿水库	1957	10.9	295.25	240	
	3	铜牛寺水库	1958	9	122.5	101	0.12
	4	天生坝水库	1966	23.9	232.5	220	0.3
盘龙区	5	源清水库	1973	6.7	158	124	0.218
	6	大石坝水库	1981	17.8	709.65	627.58	1.2
五华区	7	西白沙河水库	1957	11.7	267	259.2	0.60
西山区	8	自卫村水库	1978	6.2	105	99	0.2
	9	三家村水库		6.0	270	167	0.18
呈贡县	10	白龙潭水库	1956	2	156	145	0.3
	11	石龙坝水库	1961	17.13	289	264	0.4
	12	关山水库	1958	16.27	560	230	0.39
	13	中坝塘水库	1959	4.35	102.4	83.4	0.305
	14	意思桥水库	1965	2	105.4	100	0.2

所在县区	序号	水库名称	建成年份	径流面积(km²)	总库容(万 m³)	兴利库容(万 m³)	有效灌溉面积(万亩)
晋宁县	15	哨山水库	1973	4.88	148	94	0.1
	16	马金铺水库	1885	1.5	173.8	87.2	0.2
	17	白云水库	1958	14.3	357	150	0.25
	18	洛武河水库	1958.2	8.9	160	150	0.25
	19	大春河水库	1956.9	10.8	330	300	0.43
	20	团结水库	1958.11	8.16	114	91.7	0.29
	21	映山塘水库	1947.6	9.16	100	100	0.2
	22	西大箐水库	1979.3	1.4	115	100	0.3
	23	马鞍塘水库	1990.4	5.08	118	113	0.04
	24	石门坎水库	1992.1	27.76	139	139	0.28
	25	大冲箐水库	1998	4.2	107.8	100	0.2
嵩明县	26	闸坝水库	1980	28.3	297.45	256.85	0.54
	27	黄龙水库	1960	21.5	166.03	116.43	0.408
合计				302.39	6136.78	4851.36	8.721

注：径流面积不包含引水区径流面积。

表 3-57　滇池流域小型水库统计（二）

县区名称	径流面积(km²)	总库容(万 m³)	有效灌溉面积(万亩)	水库件数(座)
官渡	57.72	283.04	0.6638	17
呈贡	52.88	825.18	1.21	35
晋宁	79.92	852.7	2.255	42
嵩明	116.223	349.58	0.813	16
合计	306.743	2310.5	4.9418	110

注：径流面积不包含引水区径流面积。

表 3-58　滇池流域 8 座大中型水库泥沙淤积状况

水库名称	径流面积(km²)	总库容(万 m³)	观测记录时间(年)	多年平均泥沙淤积量(万 t)
松华坝	593.00	21 900.00	21	5.57
宝象河	67.30	2 027.00	30	0.90
果林	30.80	1 140.00	30	0.87
松茂	41.10	1 600.00	30	1.18
横冲	28.50	1 000.00	30	1.26
大河	45.60	1 850.00	28	0.96
柴河	106.50	2 279.00	31	0.39
双龙	54.00	1 224.00	32	0.25

总之，流域内的水库在一定程度上存在泥沙淤积的问题，我们找到了 1997 年关于 8 座大型水库的调查结果，发现这些水库多少存在泥沙淤积的现象，其中松华坝水库由于流域面积最大淤积泥沙的总量最大，达到 5.57 万 t。其他水库中松茂水库居第二位，达到 1.26 万 t，其他水库淤积量相对较少。

3.4 主 要 结 论

本章详细介绍了滇池社会经济情况、自然地理情况和气象水文情况等的详细调查方法，并给出了翔实的数据，为后人继续对滇池开展研究提供了技术指导和数据支撑，具体如下。

3.4.1 滇池流域社会经济调查结论

(1) 2008 年，流域户籍人口为 262.4 万人，其中农业人口 79.8 万人、非农业人口 182.6 万人。

(2) 2008 年滇池流域生产总值 1313.47 亿元（当年价），占全市生产总值的 81.8%，三次产业增加值分别较上年度增长了 8.8%、16.9%、16.8%，滇池流域 2008 年三次产业结构比例为 3.2：43.8：53。

(3) 滇池湖泊多年平均水资源量为 5.4 亿 m^3，2008 年滇池流域水资源总量为 12.74 亿 m^3，人均水资源量为 373.9 m^3。

3.4.2 滇池流域土地利用、地形地貌和水土流失状况调查结论

(1) 滇池流域土地利用类型以林地为主，其次是耕地、水域及水利设施用地、城镇村及工矿用地等。

(2) 地形地貌根据主要形态特征划分为中山、低山、丘陵、台地及平原等五大类。

(3) 流域地质状况，流域内地层发育比较齐全，四周山地及底部分布着元古界、古生界、中生界地层，流域中心及上部为第三系及第四系地层。

(4) 滇池流域属高原亚热带常绿阔叶林带，地带植被水源涵养能力高。滇池流域森林生态系统的蓄水保土功能得不到有效发挥，水土流失加剧，流域的生态环境恶化。滇池流域城镇建设用地的增加，也会增加滇池流域的水污染负荷。

(5) 滇池流域的可开发利用土地较少，滇池流域存在大量的坡耕地、荒山荒坡、疏幼林地，造成人为水土流失，水土流失治理过程中"边治理，边破坏"的现象屡禁不止，各级部门对水土流失治理的必要性和紧迫性的认识不够。

3.4.3 滇池流域气象水文特征

(1) 多年平均降雨量 797~1007mm，蒸发量 1870~2120mm；多年平均降水变率一般为 15%。

(2) 向心状河网密布，有 25 条主要入滇河道、1 条出滇河道，河道流程短，有很多季节性河流，更有不少城市纳污河流，流域有 8 个主要湖泊或水库，主要是周边居民的饮用水源，大多河道淤积严重，部分整治后的河道保持工作不够。

第4章 滇池流域面源污染调查：
以农户为单元的产污情况研究

农户作为农业生产的基本微观经济单位，是形成农村面源污染的主体。因此，近几年很多学者开始关注农户与农村面源污染相关的农业生产行为、经营行为、技术采纳等农户行为。他们意识到：农户既不是自然资源的理想管理者，又不是任意的破坏者，应当说，农户是不断变化着的"理性决策者"，是导致农村面源污染的重要主体。制度、工业化、农业市场化等多种因素都通过农户行为而影响农村面源污染，只有理清农户行为与农村面源污染之间的关系，充分发挥农业政策的激励作用，才能为农村面源污染的治理提供有效可行的政策建议。

国外学者对农户生产行为的相关研究很多，但是具体的调查方法还处于开发的初级阶段。我国的情况更糟，我国现有的农业面源污染治理政策很少涉及农户行为本身，更多的是针对农业生产的外部主体，而与环境直接相关的农户很少包括其中，且多数停留在指导层面，可操作性不强。为此我们在滇池流域针对农户面源污染情况进行了一些探讨性调查研究，希望为以后滇池工作者开展此类工作提供借鉴。

4.1 抽样调查组织实施

4.1.1 调查范围

根据滇池流域的地形地貌和水文特征，整个流域大致分为山地、台地、湖滨带三大生态区，此三类区域中农民的耕作方式、种植模式及农村面源污染情况具有一定的差异性。因而本次调查在滇池流域内根据山地(水源地保护区)、台地、湖滨带等选取 7 个村委会，即晋宁县 3 个村委会(新街乡沙堤村、上蒜乡段七村、昆阳镇乌龙村)、盘龙区 2 个村委会(滇源镇麦地冲村、松华乡小河村)、官渡区大板桥镇 1 个村委会(大板桥镇一朵云村)、西山区 1 个村委会(碧鸡镇西华村)。

由各村委会干部根据农户的经济条件及家庭人口在以上 7 个村委会中划分出好、中、差三个等级，每个等级确定一定量样本数，在每村各选择 6 户农户作为代表性的典型农户(其中有 1 户由于特殊变故，后没有进行调查)进行连续跟踪调查，调查区村委会基本情况如表 4-1 所示。

表 4-1　调查区村委会基本情况

基本情况		总户数	调查户数	抽样率(%)	每户平均人口
晋宁县	新街乡沙堤村	1196	6	0.50	3.0
	上蒜乡段七村	722	6	0.83	3.3
	昆阳镇乌龙村	1115	5	0.45	2.9
盘龙区	滇源镇麦地冲村	366	6	1.64	3.7
	松华乡小河村	401	6	1.50	3.6
官渡区	大板桥镇一朵云村	353	6	1.70	3.6
西山区	碧鸡镇西华村	300	6	2.00	3.0

调查区典型农户基本情况见表 4-2。高收入(农民人均年收入 5000 元以上)共 11 家,中收入(农民人均年收入 2500~5000 元)共 15 户,低收入(农民人均年收入 2500 元以下)共 15 户。

表 4-2　调查区典型农户基本情况

	村名	户主	人口(人)	人均年收入(元/人)	经济状况
晋宁县	新街乡沙堤村	郑凤英	3	4 500	中
		郑云	5	4 000	中
		张兴	5	2 000	低
		张思华	4	12 500	高
		席宝华	5	1 200	低
		李林	3	4 600	中
	上蒜乡段七村	段平社	3	10 000	高
		李东明	4	3 500	中
		白金龙	5	1 600	低
		胡坤	3	4 500	中
		李忠	3	13 333	高
		段兴荣	5	1 400	低
	昆阳镇乌龙村	李发坤	3	3 333	中
		刘丽萍	4	5 000	高
		李宏新	3	4 333	中
		李发	5	2 000	低
		李青	5	1 000	低
盘龙区	滇源镇麦地冲村	孔令学	4	2 500	中
		陈正坤	4	2 500	中
		孟有学	4	5 500	高
		孟利辉	4	3 750	中

续表

村名		户主	人口(人)	人均年收入(元/人)	经济状况
	滇源镇麦地冲村	文志君	5	2 000	低
		赵同清	3	3 333	中
盘龙区		曹永清	4	2 250	低
		何贵云	5	600	低
	松华乡小河村	曹永红	4	3 500	中
		余汝才	5	1 000	低
		余会文	6	500	低
		张洪	3	1 333	低
官渡区		杨春洪	6	3 500	中
		王梅林	2	3 500	中
	大板桥镇一朵云村	周继平	5	1 600	低
		毕文洪	3	1 000	低
		周杨存	5	6 000	高
		周培友	6	1 667	低
西山区		李应兰	5	6 000	高
		吕太香	3	13 333	高
	碧鸡镇西华村	王琼仙	3	6 667	高
		杨丽琼	2	5 000	高
		段汝兰	3	20 000	高
		杨文仙	6	4 000	中

4.1.2　调查内容及方法

本次调查采取对典型户发放调查问卷进行普查和入户连续跟踪调查两种方式开展。

通过发放滇池流域村镇生活污染源普查表，对家庭人口、取水方式、日用水量、洗衣方式、洗澡方式、家庭厕所、能源结构、养殖情况等进行详细调查，试图探求农村生活污水与垃圾相关的共通信息；通过发放农户典型地块基本情况调查表，对农户地块面积、地块坡度、农田排水去向、各类型地块种植作物的秸秆产量和施肥等相关情况进行调查，以期探索农田排水、化肥污染及固体废弃物等面源污染与种植作物及种植面积间的相关规律。

对典型农户进行连续跟踪调查 3 天。在选定的 41 个典型农户家中各放置塑料桶一只(约 150L，用来收集存放各户一天中的生活污水)，由农户自己将洗脸、洗手、洗菜、洗碗、洗衣、洗澡等生活污水存入桶内，每天同一时间(一般为第二天的清晨)由调查人员记录生活污水体积，用采样瓶采集水样，并将水样带回实验室进行分析。水样的分析监测项目有总氮、总磷、氨氮(NH_3-N)、化学需氧量、五日生化需氧量 5 项指标。此外，在典型农户家还安放垃圾桶三只，将生活垃圾按易腐类、灰渣类、可回收废品三种类型进行分类收集，并且调查人员每天称量各类垃圾质量。生活污水和生活垃圾主要污染物的检测方法及标准号具体如表 4-3 所示。

表 4-3　生活污水和生活垃圾主要污染物的检测方法及标准号

项目	指标	标准检测方法	标准号
生活污水	TN	碱性过硫酸钾消解-紫外分光光度法	GB 11894—89
	TP	钼酸铵分光光度法	GB 11893—89
	NH_3-N	纳氏试剂分光光度法	HJ 535—2009
	COD_{Cr}	重铬酸盐法	GB 11914—89
	BOD_5	稀释与接种法	HJ 505—2009
生活垃圾	垃圾产生量	称量法	CJ/T 3039—95
	垃圾组成	分拣法	CJ/T 3039—95

4.2　生活面源污染调查结果

4.2.1　生活污水

4.2.1.1　生活用水基本情况

在抽样调查时发现，调查区典型农户用水绝大多数来源于自来水，具体见表 4-4。

表 4-4　典型农户用水来源调查情况

	村名	调查户数	用水来源于井水的户数	用水来源于自来水的户数
晋宁县	新街乡沙堤村	6	2	4
	上蒜乡段七村	6	4	2
	昆阳镇乌龙村	5	5	0
盘龙区	滇源镇麦地冲村	6	0	6
	松华乡小河村	6	0	6
官渡区	大板桥镇一朵云村	6	6	0
西山区	碧鸡镇西华村	6	0	6

洗衣机、沐浴设施、厕所类型等卫生设施与农户生活用水量具有直接相关性。在普查中发现，7 个村有 75.61% 的农户家采用部分机洗部分手洗的方式洗衣，表明绝大多数农户家都有洗衣机，并且使用较频繁；除 23.5% 的农户外出浴室洗澡外，有 65.85% 的农户自己家都有淋浴设施，且有少部分家内有盆浴设施；有 46.34% 的农户均选择自用旱厕，24.39% 选择公用旱厕，典型农户卫生设施具体调查情况见表 4-5。

表 4-5 典型农户卫生设施调查情况 （单位：户）

村名		调查户数	洗涤方式			洗澡方式			厕所类型			
						家内		外出浴室	自用		公用	
			全部手洗	全部机洗	部分机洗部分手洗	盆浴	淋浴		旱厕	水冲厕	旱厕	水冲厕
晋宁县	新街乡沙堤村	6			6	1	4	1		2	2	2
	上蒜乡段七村	6	2		4		5	1	3		3	
	昆阳镇乌龙村	5	1		4		3	2	2	1	2	
盘龙区	滇源镇麦地冲村	6	1		5	1	3	2	6			
	松华乡小河村	6	1	1	4		6		5	1		
官渡区	大板桥镇一朵云村	6	2	1	3		1	5	3		3	
西山区	碧鸡镇西华村	6	1		5		5	1				6
	合计	41	8	2	31	2	27	12	19	4	10	8
	所占比例%		19.51	4.88	75.61	4.88	65.85	29.27	46.34	9.76	24.39	19.51

4.2.1.2 人均用水量

生活用水量由日常用水、洗衣水、洗澡水三部分组成，通过测量水深对每户的日常生活用水量进行了连续 3 天的调查，调查结果显示，每户生活用水量由 11.19L/d 到 86.68L/d 不等；盘龙区松华乡小河村人均生活用水量最小，为 4.56L/d，晋宁县新街乡沙堤村人均用水量较大，为 23.56L/d，各村委会生活用水量调查结果具体见表 4-6。

表 4-6 调查的各村委会生活用水统计结果

村名		户均用水量[L/(户·d)]				人均用水量(L/d)			
		第 1 天	第 2 天	第 3 天	均值	第 1 天	第 2 天	第 3 天	均值
晋宁县	新街乡沙堤村	75.06	75.32	64.18	71.52	27.7	22.75	20.22	23.56
	上蒜乡段七村	53.12	51.02	25.83	43.32	19.14	17.03	10.55	15.57
	昆阳镇乌龙村	29.93	34.75	86.68	50.45	11.67	12.97	26.71	17.12
盘龙区	滇源镇麦地冲村	68.38	43.13	49.85	53.78	16.99	13.59	19.99	16.86
	松华乡小河村	19.20	11.19	14.71	15.03	5.57	3.16	4.94	4.56
官渡区	大板桥镇一朵云村	47.72	74.21	50.89	57.60	17.09	23.53	16.83	19.15
西山区	碧鸡镇西华村	26.75	65.76	31.07	41.20	5.89	12.70	7.92	8.84
	平均用水量	45.74	50.77	46.17	47.56	14.86	15.10	15.31	15.09

4.2.1.3 人均生活污染负荷

在选定的 41 个典型农户家中各放置塑料桶一只(约 150L)，用来收集存放农户一天中全家的生活废水，并由农户自己将洗脸、洗手、洗菜、洗碗等废水存入桶中，每天由调查人员记录生活污水体积，用采样瓶采集水样，并将水样带回实验室进行分析。监测项目包括总磷、总氮、氨氮、化学需氧量、五日生化需氧量 5 项指标，监测结果见表 4-7。各农户人均生活污染负荷排放量情况为：BOD_5 产生量为 7429.38mg/(d·人)，COD_{Cr} 产生量为 19 551.25mg/(d·人)，TP 产生量为 45.94mg/(d·人)，NH_3-N 产生量为 96.96mg/(d·人)，TN 产生量为 485.55mg/(d·人)。

表 4-7　人均生活污染负荷排放量

	村名	废水量 [L/(d·人)]	TN [mg/(d·人)]	TP [mg/(d·人)]	NH_3-N [mg/(d·人)]	COD_{Cr} [mg/(d·人)]	BOD_5 [mg/(d·人)]
晋宁县	新街乡沙堤村	23.56	675.79	55.37	170.37	26 932.46	8 997.33
	上蒜乡段七村	15.57	497.66	52.79	86.11	16 788.57	5 403.68
	昆阳镇乌龙村	17.12	497.66	52.79	86.11	16 788.57	5 403.68
盘龙区	滇源镇麦地冲村	16.86	186.59	18.27	39.58	10 575.99	4 270.74
	松华乡小河村	4.56	508.11	33.53	94.26	14 349.06	6 562.92
官渡区	大板桥镇一朵云村	19.15	387.33	28.82	72.15	21 251.83	9 341.27
西山区	碧鸡镇西华村	8.84	645.71	80.04	130.11	30 172.26	12 026.06
	均值	15.09	485.55	45.94	96.96	19 551.25	7 429.38

4.2.1.4　生活污水排放现状

调查结果表明，被调查农户的家庭生活污水绝大多数为有组织排放，并且全部有组织排放占多数（表 4-8）。58.5%农户的污水是通过污水沟直接排入入滇河道，只有极少部分经过湿地或其他净化设施处理再排入滇池。农户的生活用水部分进行回用，但回用比例较小。

表 4-8　农村生活用水排放情况　　　　　　　　　　　　　　（单位：户）

	村名	调查户数	家庭废水排放情况			污水去向			生活用水再利用			
			有组织		无组织	农田	河沟	湿地或其他净化处理设施	是否回用		比例	
			全部	部分					否	是	1/2	≤1/3
晋宁县	沙堤村	6	2	2	2	2	4		4	2		2
	段七村	6	3	2	1	2	3	1	1	5	3	2
	乌龙村	5	4		1	2	2	1	1	4		4
盘龙区	麦地冲村	6	1	3	2		6		1	5	3	2
	小河村	6	4	2				6	6		3	
官渡区	一朵云村	6	1	1	4	3	3		2	4	1	3
西山区	西华村	6	6				6			6	1	5
	合计	41	21	10	10	9	24	8	15	26	11	18
	所占比例/(%)		51.2	24.4	24.4	22.0	58.5	19.5	36.6	63.4	26.83	43.9

4.2.2 生活垃圾

4.2.2.1 人均产废量

在 7 个被调查的村委会中各选择 6 户典型农户(其中一户后期未调查)，在每户安放垃圾桶三只，将生活垃圾按易腐类、灰渣类、可回收废品三种类型分类收集，并每天称量各类垃圾总质量。

调查结果显示，被调查的 41 户农户的户均生活垃圾产生量为 1.42kg/(户·d)，人均生活垃圾产生量为 0.40kg/(人·d)，具体见表 4-9。

表 4-9   生活垃圾产生量调查结果

调查地点		调查户数	户均垃圾产生量[kg/(户·d)]				人均垃圾产生量[kg/(人·d)]			
			易腐	灰渣	可回收废品	合计	易腐	可回收灰渣	废品	合计
晋宁县	沙堤村	6	1.03	0.78	0.60	2.41	0.26	0.19	0.17	0.62
	段七村	6	0.76	0.36	0.15	1.27	0.21	0.10	0.04	0.35
	乌龙村	5	0.63	0.10	0.16	0.89	0.17	0.04	0.05	0.26
盘龙区	麦地冲村	6	0.77	0.08	0.06	0.91	0.27	0.03	0.02	0.32
	小河村	6	1.11	0.29	0.22	1.62	0.27	0.08	0.05	0.40
官渡区	一朵云村	6	0.93	0.41	0.19	1.53	0.22	0.13	0.04	0.39
西山区	西华村	6	0.93	0.30	0.10	1.33	0.33	0.08	0.03	0.44
加权均值			0.88	0.33	0.21	1.42	0.25	0.09	0.06	0.40
所占比例(%)							62.26	23.27	14.47	

4.2.2.2 垃圾成分

从调查结果(表 4-9)可以看出，人均生活垃圾中的易腐物含量为 62.45%，灰渣含量为 23.47%，废品含量为 14.44%，表明农村生活垃圾以易腐的厨余垃圾及燃烧灰渣为主。

4.2.2.3 垃圾排放与处置现状

由生活垃圾排放及处置方式调查结果(表 4-10)可以看出，农户的生活垃圾基本在指定地点丢弃，且垃圾总是用袋装的为 51.22%。农户对自家厕所收集的粪便进行堆肥后还田的为 78.05%，其他 12.20% 为制沼气，表明在调查区内农村生活垃圾为集中堆放，卫生状况较好，粪便也基本上得到了一定的利用。

表 4-10   生活垃圾排放及处置方式调查结果

村名		调查户数	垃圾丢弃方式（户数）		垃圾是否袋装（户数）			粪尿处理方式（户数）	
			指定地点丢弃	随处丢弃	偶尔	总是	从不	堆肥后还田	制沼气
晋宁县	沙堤村	6	6		1	5		4	1
	段七村	6	6		2	4		2	3
	乌龙村	5	5		2	3		3	
盘龙区	麦地冲村	6	5	1	5		1	6	
	小河村	6	6		3	3		5	1
官渡区	一朵云村	6	5	1	3	3		6	
西山区	西华村	6	6		1	3	2	6	
合计		41	39	2	17	21	3	32	5
所占比例/%			95.12	4.88	41.46	51.22	7.32	78.05	12.20

4.2.3   结论

通过以上调查结果分析，得出典型农户生活面源污染的相关结论如下。

(1)绝大多数农户用水来源于自来水，75.61%的农户家内有洗衣机且使用较频繁，65.85%的农户自家有淋浴设施且少部分有盆浴设施，46.34%的农户均选择自用旱厕。

(2)户均生活用水量由 11.19L/d 到 86.68L/d 不等；晋宁县新街乡沙堤村人均用水量最大，为 23.56L/d；盘龙区松华乡小河村最小，为 4.56L/d。

(3)人均生活污染负荷排放量情况：BOD_5 产生量为 7429.38mg/(d·人)，COD_{Cr} 产生量为 19 551.25mg/(d·人)，TP 产生量为 45.94mg/(d·人)，NH_3-N 产生量为 96.96mg/(d·人)，TN 产生量为 485.55mg/(d·人)。

(4)绝大多数农户的家庭生活污水是有组织排放。58.5%农户的污水是通过污水沟直接排入入滇河道。农户对生活用水部分进行回用，但回用比例较小。

(5)调查区内农户的户均生活垃圾产生量为 1.42kg/(户·d)，人均生活垃圾产生量为 0.40kg/(人·d)。农村生活垃圾以易腐的厨余垃圾及燃烧灰渣为主。农村生活垃圾为集中堆放，卫生状况较好，粪便也基本上得到了一定的利用。

4.3   种植业面源污染调查结果

4.3.1   种植业基本情况

本次调查的主要对象是晋宁县新街乡沙堤村、上蒜乡段七村、昆阳镇乌龙村，盘龙区滇源镇麦地冲村、松华乡小河村，官渡区大板桥镇一朵云村，西山区碧鸡镇西华村的村民。

调查区以种植蔬菜、花卉为主,调查范围内的 7 个村共有 4453 户,其中劳动人口为 10 138 人,其中从事第一产业人口为 8279 人(表 4-11)。

4.3.1.1　种植用地

被调查的 7 个村委会 2008 年常用耕地面积总计 14 764.1 亩,其中水田 7676 亩、旱地 7088.1 亩,各村委会种植用地具体情况见表 4-11。

表 4-11　各村委会基本情况

	村委会名称	水田(亩)	旱地(亩)	户数(户)	劳动人口(人)	从事第一产业人口(人)	农业人口(人)
晋宁县	新街乡沙堤村	2 695.5	144	1 196	2 489	1 904	3 632
	上蒜乡段七村	1 465.5	699	722	1 906	1 577	2 109
	昆阳镇乌龙村	2 562.6	737.4	1 115	2 588	2 118	3 215
盘龙区	滇源镇麦地冲村	0	2 880	366	927	825	1 372
	松华乡小河村	4 67.4	1 285.2	401	860	800	1 340
官渡区	大板桥镇一朵云村	0	1 327.5	353	807	755	1 284
西山区	碧鸡镇西华村	485	15	300	561	300	890
	合计	7 676	7 088.1	4 453	10 138	8 279	13 842

通过统计调查问卷,得出典型农户种植用地基本情况(表 4-12),调查的地块面积共计 396.23 亩,其中旱地 267.80 亩、果园 96.50 亩、水田 31.93 亩;29.26% 为平地,48.46% 为缓坡地(坡度 5°~15°),22.03% 为陡坡地(坡度>15°);调查地块中绝大多数为非梯田,种植方向基本为横向,种植模式主要为轮作;31.85% 农户的农田排水方式为外排至入滇河道,67.90% 为下渗。

表 4-12　典型农户种植用地基本情况统计表　　　(单位:亩)

	村名	地块面积/亩	种植模式		地块类型			坡度			农田排水去向	
			轮作	套作	水田	旱地	果园	平地	缓坡度	陡坡度	下渗	外排
晋宁县	沙堤村	16.60	15.60	1.00	0	16.60	0	16.60	0	0	3.70	12.90
	段七村	31.50	29.00	2.50	11.3	19.70	0.50	10.30	19.20	2.00	20.50	11.00
	乌龙村	21.00	14.50	6.50	7.50	9.00	4.50	10.50	5.00	5.50	12.70	8.30
盘龙区	麦地冲村	81.10	55.20	25.90	0	52.20	28.90	20.00	50.10	11.00	81.10	0
	小河村	79.20	65.20	14.00	0	34.60	44.60	17.00	62.20	0	79.20	0
官渡区	一朵云村	149.30	149.30	0	6.80	124.5	18.00	29.30	51.00	69.00	55.00	94.30
西山区	西华村	17.53	17.53	0	6.33	11.20	0	12.53	5.00	0	17.53	0
	合计	396.23	346.33	49.9	31.93	267.80	96.50	116.23	192.5	87.5	269.73	126.5
	所占比例/%		87.41	12.5	8.06	67.42	24.29	29.26	48.46	22.03	67.90	31.85

4.3.1.2 种植作物

通过对 41 户典型农户进行问卷调查，得出调查的所有地块中 67.22%种植蔬菜、粮食，29.38%种植经济果树及其他经济作物，3.40%种植花卉，具体如表 4-13 所示。

表 4-13 典型农户种植作物用地统计表

村名		调查户数	地块面积（亩）	蔬菜、粮食（亩）	花卉（亩）	经济果树及其他经济作物（亩）
晋宁县	沙堤村	6	16.60	13.6	3	0
	段七村	6	31.50	31	0	0.5
	乌龙村	5	21.00	6	10.5	4.5
盘龙区	麦地冲村	6	81.10	22.20	0	58.9
	小河村	6	79.20	43.20	0	36
官渡区	一朵云村	6	149.30	132.80	0	16.5
西山区	西华村	6	17.53	17.53	0	0
合计		41	396.23	266.33	13.5	116.4
所占比例(%)				67.22	3.40	29.38

典型农户的种植作物类型及其种植面积如表 4-14 所示，蔬菜有 26 种，以种植面积占比从大到小的排序为白菜、豌豆、苕菜、小瓜、西芹、莴笋、瓢菜、荷兰豆、西兰花、甜脆玉米、荚豆、菠菜、笋子芥、青花、刀豆、油麦菜、上海青、蚕豆、辣椒、板蓝根、芥蓝菜、香菜、空心菜、藏红花、洋葱、甘蓝；粮食有 6 种，以种植面积占比从大到小的排序为玉米、大豆、土豆、小麦、水稻、荞麦；花卉有 2 种，以种植面积占比从大到小的排序为玫瑰、黄英；果树有 9 种，以种植面积占比从大到小的排序为板栗、核桃、烤烟、雪莲果、桃子、梨、苹果、李子、樱桃。

表 4-14 典型农户种植作物基本情况统计表

蔬菜		粮食		花卉		果树	
名称	种植面积占比（%）	名称	种植面积占比（%）	名称	种植面积占比（%）	名称	种植面积占比（%）
白菜	14.91	玉米	91.57	玫瑰	91.15	板栗	32.35
豌豆	13.65	大豆	2.55	黄英	8.85	核桃	26.64
苕菜	12.83	土豆	2.36			烤烟	22.12
小瓜	9.32	小麦	1.28			雪莲果	5.53
西芹	6.74	水稻	1.28			桃子	4.61
莴笋	6.20	荞麦	0.96			梨	4.61
瓢菜	5.70					苹果	1.84
荷兰豆	4.21					李子	1.38

蔬菜		粮食		花卉		果树	
名称	种植面积占比(%)	名称	种植面积占比(%)	名称	种植面积占比(%)	名称	种植面积占比(%)
西兰花	3.72					樱桃	0.92
甜脆玉米	3.72						
荚豆	3.32						
菠菜	3.07						
笋子芥	2.58						
青花	2.23						
刀豆	1.98						
油麦菜	1.73						
上海青	1.04						
蚕豆	0.90						
辣椒	0.55						
板蓝根	0.52						
芥蓝菜	0.40						
香菜	0.30						
空心菜	0.15						
藏红花	0.10						
洋葱	0.10						
甘蓝	0.05						

4.3.1.3　种植耕作方式

近年来，随着科技的进步，农田机械化操作水平不断提高，同时农村劳动力大量向城市转移，原来的精耕细作型栽培不再成为农作物种植的主要生产方式，越来越多的新的种植模式逐渐出现在农作物的种植过程中。对典型农户进行调查发现，其蔬菜的耕作方式基本为常规翻耕，种植方式为大棚种植和大田种植，其中沙堤村、西华村为大棚种植，其他村为大田种植。花卉基本上为大棚种植，耕作方式为少耕或免耕。粮食几乎均采用大田种植方式，耕作方式采用常规翻耕或少耕(表 4-15)。

表 4-15　典型农户种植及耕作方式统计表

村名		调查户数	种植方式	耕作方式
晋宁县	沙堤村	6	大棚种植	蔬菜：常规翻耕 花卉：免耕
	段七村	6	大田种植	蔬菜：常规翻耕 粮食：少耕
	乌龙村	5	蔬菜、粮食：大田种植 花卉：大棚种植	花卉：少耕、免耕 粮食：常规翻耕、少耕

	村名	调查户数	种植方式	耕作方式
盘龙区	麦地冲村	6	大田种植	蔬菜、粮食、经济作物：常规翻耕 经济果树：免耕
	小河村	6	大田种植	蔬菜、粮食：常规翻耕 经济果树：免耕
官渡区	一朵云村	6	大田种植	常规翻耕
西山区	西华村	6	粮食：大田种植 蔬菜：大棚种植	常规翻耕、少耕

4.3.2 农田化肥使用

4.3.2.1 施用量

为缓解人多地少的矛盾,防止粮食紧缺,就需要不断提高单位面积耕地上的粮食产量。施用化肥成为作物增产、农民增收的手段之一。肥料施用量调查对象为沙堤村、段七村、乌龙村、麦地冲村、小河村、一朵云村和西华村的村民。调查由本专题组有关人员共同进行,通过现场走访村民(普查)、选择典型户专项调查及发放调查问卷等多种方式进行。

1. 按村委会进行调查

对沙堤村、段七村、乌龙村、麦地冲村、小河村、一朵云村和西华村 7 个村委会 41户典型农户的蔬菜、花卉、果树及其他经济作物的施肥量等进行了系统调查,调查结果如表 4-16 所示。

表 4-16   各村委会典型农户肥料施用量

村名		经济产量 (kg/亩)	肥料施用量(kg/亩)						施肥量 /产量
			氮肥	磷肥	钾肥	农家肥	复合肥	合计	
晋宁县	沙堤村	14 098.13	238.52	496.03	444.25	10 897.62	463.49	12 539.91	0.89
	段七村	4 871.61	151.56	60.57	22.19	2 451.77	238.93	2 925.02	0.60
	乌龙村	1 720.85	167.06	262.25	193.06	826.17	88.73	1 537.27	0.89
盘龙区	麦地冲村	1 169.36	10.82	14.27	0.18	341.00	16.55	382.82	0.33
	小河村	106.27	16.24	13.66	0.00	200.45	13.38	243.73	2.29
官渡区	一朵云村	1 872.87	45.89	98.68	11.01	27.48	157.21	340.27	0.18
西山区	西华村	2 015.23	29.11	6.09	26.65	33.32	342.26	437.43	0.22

对于每亩地肥料施用总量,沙堤村肥料施用量最多,为 12 539.91kg/亩;段七村肥料施用量为 2925.02kg/亩;乌龙村肥料施用量为 1537.27kg/亩;西华村肥料施用量为437.43kg/亩;其他 3 个村委会亩均肥料施用量相对较少。

对于施肥量与作物产量的比值,小河村最高,为 2.29,沙堤村和乌龙村均为 0.89,段七村为 0.60，其他 3 个村较低。

2. 按种植品种调查

对沙堤村、段七村、乌龙村、麦地冲村、小河村、一朵云村和西华村 7 个村委会 41
户典型农户发放了 41 份调查问卷，针对种植品种进行了调查。调查结果表明，蔬菜共 26
种，粮食共 6 种，花卉共 2 种，果树及其他经济作物共 9 种，各类作物的肥料施用情况具
体如表 4-17 所示。

表 4-17　典型农户各种植作物肥料施用量　　　　　　　（单位：kg/亩）

作物	肥料施用量					合计
	氮肥	磷肥	钾肥	农家肥	复合肥	
白菜	23.26	104.02	10.30	22.60	41.94	202.12
豌豆	111.03	123.01	27.93	53.26	132.07	447.30
苕菜	24.71	17.37	0.00	496.14	18.92	557.14
小瓜	24.20	13.30	3.72	560.37	18.35	619.94
西芹	75.00	500.00	93.38	1786.76	102.94	2558.08
莴笋	19.34	22.38	14.79	14.79	194.64	265.94
瓢菜	93.04	191.30	178.26	7478.26	230.43	8171.29
荷兰豆	21.76	14.71	5.29	235.29	41.18	318.23
西兰花	30.67	10.67	4.00	0.00	166.67	212.01
甜脆玉米	21.33	166.67	12.00	20.00	21.33	241.33
荚豆	81.34	35.82	20.15	447.76	292.54	877.61
菠菜	20.16	3.23	24.19	32.90	97.58	178.06
笋子芥	17.31	9.62	21.15	23.08	48.08	119.24
青花	28.89	11.11	1.11	733.33	23.33	797.77
刀豆	0.00	0.00	0.00	0.00	0.00	0.00
油麦菜	91.43	62.86	105.71	142.86	177.14	580.00
上海青	95.24	0.00	0.00	0.00	190.48	285.72
蚕豆	0.00	33.15	0.00	0.00	0.00	33.15
辣椒	0.00	0.00	0.00	454.55	90.91	545.46
板蓝根	133.33	0.00	161.90	176.19	666.67	1138.09
芥蓝菜	37.50	0.00	68.75	100.00	192.50	398.75
香菜	108.33	0.00	150.00	183.33	333.33	774.99
空心菜	0.00	0.00	266.67	300.00	333.33	900.00
藏红花	125.00	0.00	150.00	150.00	500.00	925.00
洋葱	20.00	0.00	0.00	45.00	9000.00	9065.00
甘蓝	150.00	0.00	200.00	200.00	1000.00	1550.00
玉米	26.95	37.52	1.71	190.15	69.78	326.11

作物	肥料施用量					合计
	氮肥	磷肥	钾肥	农家肥	复合肥	
大豆	15.00	15.00	5.00	912.50	18.75	966.25
土豆	5.41	27.03	5.41	772.97	27.03	837.85
小麦	25.00	25.00	25.00	500.00	25.00	600.00
水稻	15.00	15.00	25.00	250.00	0.00	305.00
荞麦	0.00	53.33	0.00	0.00	0.00	53.33
玫瑰	117.96	74.37	137.38	0.00	19.42	349.13
黄英	0.00	500.00	1500.00	5000.00	0.00	7000.00
板栗	10.54	0.00	1.42	113.96	4.84	130.76
核桃(幼苗)	0.00	0.00	0.00	51.90	0.00	51.90
烤烟	2.08	29.17	0.83	437.50	33.75	503.33
雪莲果	0.00	5.00	0.00	833.33	10.00	848.33
桃	4.00	0.00	0.00	504.00	13.00	521.00
梨	0.00	0.00	0.00	0.00	0.00	0.00
苹果	0.00	0.00	0.00	0.00	0.00	0.00
李子	0.00	0.00	0.00	0.00	0.00	0.00
樱桃	0.00	0.00	0.00	500.00	25.00	525.00

蔬菜中，洋葱、瓢菜的肥料施用量较多(图 4-1)，其次为西芹、青花、小瓜、油麦菜，而上海青、豌豆、荷兰豆、西兰花、笋子芥的肥料施用量较少。

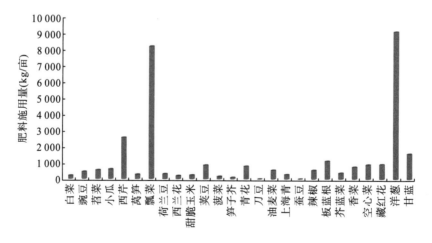

图 4-1　各蔬菜每亩肥料施用量

由图 4-2 可以看出，5 种粮食作物的肥料施用量顺序为：大豆＞土豆＞小麦＞水稻＞玉米。

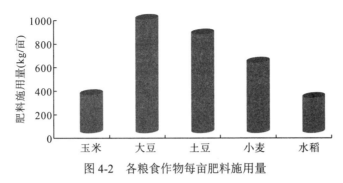

图 4-2   各粮食作物每亩肥料施用量

由图 4-3 可以看出，6 种经济果树及其他经济作物的肥料施用量较多，肥料施用量顺序为：雪莲果＞桃＞烤烟＞樱桃＞板栗＞核桃。其他 3 种果树即梨、苹果、李子基本不施用肥料。

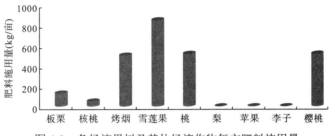

图 4-3   各经济果树及其他经济作物每亩肥料施用量

4.3.2.2   施肥种类

被调查典型农户施用的肥料种类主要有农家肥(有机肥)、复合肥、氮肥、磷肥、钾肥及其他肥料。其中农家肥主要是附近及周边农村的畜禽废弃物，主要有猪粪、牛粪、鸡粪等；复合肥主要是以氮、磷、钾 3 种元素按一定比例配制的化肥；氮肥中投入量最多的两个品种是碳铵、尿素，其次为氯化铵、硝酸铵、硝酸钙等；磷肥中投入量最多的是普钙，其次为钙镁磷肥、重钙、硝酸磷肥等；钾肥主要为氯化钾、硫酸钾、硝酸钾、磷酸二氢钾等。

从肥料施用量看，农家肥施用量最多，占 52.98%，复合肥次之，占 31.62%；钾肥占 7.19%；磷肥和氮肥较少，分别占 4.69% 和 3.52%。各类化肥施用比例具体见图 4-4。

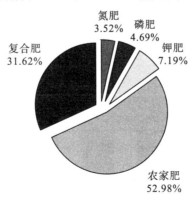

图 4-4   作物施用肥料种类及比例

4.3.3　种植业固废污染

4.3.3.1　产废环节

随着社会经济的快速发展，我国经济结构不断调整，农牧业开始朝集约化、规模化和专业化的方向发展。只重视产量与经济效益的养殖和种植方式，既会导致种植业同养殖业相脱离，又会严重污染环境。调查发现，种植业产生的固体废弃物主要包括作物固废和废弃地膜，而作物固废产生在收割与交易两个环节，在田间收割时产生的废弃物称初级固废，在交易过程中产生的固废称二级固废。

4.3.3.2　固废产量

本次调查主要采用发放调查问卷的方法进行调查，调查的种植业固废主要为初级固废和废弃地膜。

1. 按村委会调查

对沙堤村、段七村、乌龙村、麦地冲村、小河村、一朵云村和西华村 7 个村委会 41户典型农户蔬菜、花卉、果树及其他经济作物的秸秆产量、秸秆去向等进行了系统调查，调查结果见表 4-18，按数量大小，将秸秆去向进行排序，具体为饲料＞田间焚烧＞丢弃＞堆肥＞还田＞燃料。除沙堤村之外，其余村均使用地膜，其中段七村亩均地膜使用量最大。

表 4-18　被调查村委会户均种植业固废调查一览表　　　　　　　　（单位：kg/亩）

村名		经济产量	秸秆去向及数量						地膜用量
			丢弃	田间焚烧	还田	堆肥	饲料	燃料	
晋宁县	沙堤村	14 098.1	1 936.9	333.3	344.4	1 000.0	0.0	0.0	0.0
	段七村	4 871.6	69.4	1 811.1	389.1	55.8	3 053.4	336.7	20.0
	乌龙村	1 720.9	290.2	980.9	400.0	80.0	300.0	245.0	8.0
盘龙区	麦地冲村	1 169.4	9.1	39.2	43.2	0.0	161.4	112.3	2.5
	小河村	106.3	0.0	0.6	2.2	21.3	112.0	0.0	0.1
官渡区	一朵云村	1 872.9	35.7	167.4	23.3	27.9	40.3	0.0	2.3
西山区	西华村	2 015.2	13.1	12.8	12.4	72.6	144.7	0.0	1.1
合计		25 854.3	2 354.4	3 345.3	1 214.6	1 257.6	3 811.8	694.0	34.0

2. 按种植品种调查

典型农户种植作物产生的秸秆基本情况如表 4-19 所示。

表 4-19 典型农户不同种植作物固废统计表 （单位：kg/亩）

作物名称		经济产量	秸秆产量	秸秆去向及数量					
				丢弃	田间焚烧	还田	堆肥	饲料	燃料
蔬菜类	白菜	3 938.19	186.78	59.82	0.00	101.03	13.63	12.30	0.00
	豌豆	366.14	516.64	11.58	408.10	0.00	1.45	95.51	0.00
	苕菜	4 054.05	196.91	38.61	81.08	77.22	0.00	0.00	0.00
	小瓜	1 515.96	611.7	79.79	531.91	0.00	0.00	0.00	0.00
	西芹	3 602.94	922.8	540.44	0.00	14.71	367.65	0.00	0.00
	莴笋	1 770.58	346.13	41.17	201.84	19.98	23.98	43.17	15.99
	瓢菜	6 695.65	1 478.27	869.57	0.00	521.74	86.96	0.00	0.00
	荷兰豆	405.88	800.00	0.00	352.94	0.00	0.00	447.06	0.00
	西兰花	213.33	266.67	0.00	0.00	186.67	0.00	0.00	80.00
	甜脆玉米	1 066.67	600.00	0.00	266.67	0.00	0.00	333.33	0.00
	荚豆	600.00	1 268.66	74.63	0.00	0.00	0.00	1194.03	0.00
	菠菜	1 661.29	161.29	48.39	0.00	16.13	96.77	0.00	0.00
	笋子芥	2 788.46	79.92	0.00	0.00	19.23	57.69	0.00	0.00
	青花	455.56	1 000.00	0.00	200.00	0.00	0.00	800.00	0.00
	刀豆	32.50	25.00	0.00	25.00	0.00	0.00	0.00	0.00
	油麦菜	2 800.00	571.43	428.57	142.86	0.00	0.00	0.00	0.00
	上海青	9 523.81	952.38	952.38	0.00	0.00	0.00	0.00	0.00
	蚕豆	497.24	276.25	0.00	165.75	0.00	0.00	110.50	0.00
	辣椒	72.73	227.27	0.00	45.45	181.82	0.00	0.00	0.00
	板蓝根	5 904.76	523.81	0.00	0.00	0.00	523.81	0.00	0.00
	芥蓝菜	2 062.50	350.00	0.00	100.00	0.00	250.00	0.00	0.00
	香菜	3 750.00	500.00	0.00	0.00	0.00	500.00	0.00	0.00
	空心菜	10 000.00	333.33	0.00	0.00	0.00	333.33	0.00	0.00
	藏红花	5 000.00	500.00	0.00	0.00	0.00	500.00	0.00	0.00
	洋葱	3 000.00	1 000.00	0.00	0.00	1 000.00	0.00	0.00	0.00
	甘蓝	6 500.00	500.00	0.00	0.00	0.00	500.00	0.00	0.00
	合计	78 278.24	14 192.24	3 144.95	2 521.60	2 138.53	3 255.27	3 035.90	95.99
	所占比例(%)			22.16	17.76	15.07	22.94	21.39	0.68
粮食类	玉米	984.94	401.98	4.18	64.16	20.92	30.69	260.76	21.27
	大豆	325.00	1 250.00	0.00	125.00	0.00	250.00	875.00	0.00
	土豆	1 189.19	689.19	0.00	0.00	689.19	0.00	0.00	0.00
	小麦	400.00	1 000.00	150.00	750.00	100.00	0.00	0.00	0.00
	水稻	500.00	1 000.00	0.00	1 000.00	0.00	0.00	0.00	0.00
	荞麦	400.00	800.00	0.00	0.00	0.00	0.00	800.00	0.00
	合计	3 799.13	5 141.17	154.18	1 939.16	810.11	280.69	1 935.76	21.27
	所占比例(%)			3.00	37.72	15.75	5.46	37.65	0.41

续表

作物名称		经济产量	秸秆产量	秸秆去向及数量					
				丢弃	田间焚烧	还田	堆肥	饲料	燃料
花卉类	玫瑰	1 550.29	1 073.79	255.34	774.76	0.00	0.00	0.00	43.69
	黄英	30 000.00	1 000.00	1 000.00	0.00	0.00	0.00	0.00	0.00
	合计	31 550.29	2073.79	1 255.34	774.76	0.00	0.00	0.00	43.69
	所占比例(%)			60.53	37.36	0.00	0.00	0.00	2.11
经济林类	板栗	85.47	28.49	0.00	0.00	0.00	0.00	0.00	28.49
	核桃(幼苗)	0.00	0.00	0.00	0.00	0.00	0.00	0.00	0.00
	烤烟	164.58	504.17	0.00	0.00	0.00	0.00	0.00	504.17
	雪莲果	1 200.00	202.00	0.00	2.00	33.33	0.00	166.67	0.00
	桃	242.00	100.00	0.00	0.00	100.00	0.00	0.00	0.00
	梨	60.00	0.00	0.00	0.00	0.00	0.00	0.00	0.00
	苹果	300.00	100.00	0.00	0.00	0.00	0.00	0.00	100.00
	李子	666.67	0.00	0.00	0.00	0.00	0.00	0.00	0.00
	樱桃	200.00	0.00	0.00	0.00	0.00	0.00	0.00	0.00
	合计	2 918.72	934.66	0.00	2.00	133.33	0.00	166.67	632.66
	所占比例(%)			0.00	0.21	14.27	0.00	17.83	67.69

蔬菜产生的秸秆最多,其中22.94%的秸秆堆肥,22.16%丢弃,21.39%作为饲料,17.76%田间焚烧,15.07%还田,0.68%作为燃料;以秸秆产量从大到小的排序为瓢菜、荚豆、青花、洋葱、上海青、西芹、荷兰豆、小瓜、油麦菜、豌豆、西兰花。

粮食的秸秆产量为第二,其中37.72%的秸秆在田间焚烧,37.65%作为饲料,15.75%还田。

花卉的秸秆也较多,其中丢弃的秸秆为60.53%,在田间焚烧的为37.36%,作为燃料的为2.11%。经济林产生的秸秆较少,67.69%作为燃料,17.83%作为饲料,14.27%还田。

典型农户不同种植作物地膜用量基本情况如表4-20所示。

表4-20 典型农户不同种植作物地膜用量

作物	面积(亩)	是否覆盖地膜,是否回收	地膜用量(kg/亩)
白菜	30.09	否	0.00
豌豆	34.55	基本上为是,否	2.72
苕菜	25.90	是,否	1.83
小瓜	18.80	是,是	4.87
西芹	13.60	否	0.00
莴笋	12.51	是,是/否	0.28
瓢菜	11.50	否	0.00

续表

作物	面积(亩)	是否覆盖地膜，是否回收	地膜用量(kg/亩)
荷兰豆	8.50	是，是/否	1.18
西兰花	7.50	是，是	3.93
甜脆玉米	7.50	是，否	5.07
荚豆	6.70	是，否	8.51
菠菜	6.20	否	0.00
笋子芥	5.20	否	0.00
青花	4.50	是，是	5.11
刀豆	4.00	否	0.00
油麦菜	3.50	否	0.00
上海青	2.10	否	0.00
蚕豆	1.81	否	0.00
辣椒	1.10	是，否	2.38
板蓝根	1.05	否	0.00
芥蓝菜	0.80	否	0.00
香菜	0.60	否	0.00
空心菜	0.30	否	0.00
藏红花	0.20	否	0.00
洋葱	0.20	否	0.00
甘蓝	0.10	否	0.00
玉米	143.39	是，是	1.31
大豆	4.00	是，是	1.25
土豆	3.70	是，是	0.81
小麦	2.00	否	0.00
水稻	2.00	是，是	40.00
荞麦	1.50	否	0.00
玫瑰	10.30	否	0.00
黄英	1.00	否	0.00
板栗	35.10	否	0.00
核桃(幼苗)	28.90	否	0.87
烤烟	24.00	否	4.29
雪莲果	6.00	否	5.50
桃	5.00	否	0.00
梨	5.00	否	0.00
苹果	2.00	否	0.00

作物	面积(亩)	是否覆盖地膜，是否回收	地膜用量(kg/亩)
李子	1.50	否	0.00
樱桃	1.00	否	0.00

　　粮食种植过程中产生的地膜固废最多，主要在水稻种植时使用，此外部分农户种植玉米、大豆和土豆时也会使用少量的地膜，并且不进行回收的农户占多数；而小麦和荞麦的种植是基本不使用地膜的。

　　蔬菜种植过程中产生的地膜固废也较多，将各品种蔬菜按地膜用量由多到少进行排序：荚豆、青花、甜脆玉米、小瓜、西兰花、豌豆、辣椒、苕菜、荷兰豆、莴笋。而白菜、西芹、瓢菜、菠菜、笋子芥、刀豆、油麦菜、上海青、蚕豆、板蓝根、芥蓝菜、香菜、空心菜、藏红花、洋葱、甘蓝基本不使用地膜。

　　花卉和果树的种植都基本不需要使用地膜。

4.3.4　结论

　　通过对以上调查结果的分析，得出典型农户种植面源污染的相关结论如下。

　　(1)调查地块面积共计 396.23 亩，其中旱地 267.80 亩、果园 96.50 亩、水田 31.93 亩；29.26%为平地，48.46%为缓坡地；绝大多数为非梯田，种植方向基本为横向，种植模式主要为轮作；31.85%农户的农田排水方式为外排至入滇河道，67.9%为下渗；71.89%种植蔬菜和粮食，28.11%种植经济果树及其他经济作物，3.41%种植花卉，8.0%为果园。蔬菜的种植方式和耕作方式为大棚或大田种植、常规翻耕。花卉基本上为大棚种植、少耕或免耕，粮食几乎均采用大田种植方式、常规翻耕或少耕。

　　(2)对于每亩地肥料施用总量，排序为沙堤村＞段七村＞乌龙村＞西华村＞其他 3 个村委会。对于作物每千克经济产量的肥料施用量，排序为小河村＞沙堤村和乌龙村＞段七村＞其他 3 个村委会。蔬菜中洋葱、瓢菜的肥料施用量较多，其次为西芹、青花、小瓜、油麦菜。粮食作物的肥料施用量顺序为：大豆＞土豆＞小麦＞水稻＞玉米。经济果树及其他经济作物的肥料施用量顺序为：雪莲果＞桃＞烤烟＞樱桃＞板栗＞核桃＞其他 3 种果树。从不同种类肥料的施用量看，农家肥施用量最多，占 52.98%；复合肥次之，占 31.62%；钾肥占 7.19%；磷肥和氮肥较少。

　　(3)将秸秆去向按数量大小进行排序：作为饲料＞田间焚烧＞丢弃＞堆肥＞还田＞燃料。秸秆产量较多的村委会为段七村、沙堤村、乌龙村；秸秆产生量蔬菜＞粮食＞花卉＞果树；粮食种植使用地膜量＞蔬菜＞果树＞花卉。

4.4　养殖状况调查结果

在养殖状况调查方面，主要对农村家庭分散养殖进行调查，采取抽样调查方式，即在沙堤村、段七村、乌龙村、麦地冲村、小河村、一朵云村和西华村中选取 41 户典型农户进行入户调查，调查内容主要包括畜禽养殖类型及数量、畜禽粪尿处置方式和外排途径。

4.4.1　养殖数量

在被调查的 41 户典型农户中散养大牲畜存栏总数为 152 头（只、匹），其中猪存栏 83 头、牛存栏 34 头、羊存栏 23 只、马存栏 12 匹；家禽存栏数为 236 只，其中鸡 190 只、鸽 44 只、鹅 2 只；其他动物存栏数为 54 只，主要为狗、猫、兔，分别为 35 只、16 只、3 只。

4.4.2　粪尿处置情况

41 户被调查典型农户的畜禽养殖粪尿处置方式基本为施入农田和生产沼气；畜禽养殖粪尿排放方式除少部分经冲洗后进入污水处理设施外，其余均为无序排放，调查结果具体见表 4-21。

表 4-21　各村委会畜禽养殖情况

村名		大牲畜				家禽			其他			粪尿处置方式	粪尿外排方式
		猪(头)	牛(头)	羊(只)	马(匹)	鸡(只)	鹅(只)	鸽(只)	狗(只)	猫(只)	兔(只)		
晋宁县	新街乡沙堤村	0	0	3	0	9	0	41	5	0		施入农田、生产沼气	无序排放
	上蒜乡段七村	54	15	0	0	15	0	3	11	4		施入农田、生产沼气	经冲洗后进入污水处理设施
	昆阳镇乌龙村	0	0	0	0	13	0	0	5	1		施入农田	无序排放
盘龙区	滇源镇麦地冲村	17	8	20	8	8	0	0	5	5		施入农田	无序排放
	松华乡小河村	7	11	0	0	29	0	0	4	1		施入农田、生产沼气	无序排放
官渡区	大板桥镇一朵云村	4	0	0	4	63	0	0	2	4	3	施入农田、生产沼气	无序排放
西山区	碧鸡镇西华村	1	0	0	0	53	2	0	3	1	0	施入农田	无序排放
	合计	83	34	23	12	190	2	44	35	16	3		无序排放

4.4.3 结论

本章详细介绍了滇池流域面源污染入户调查的方法,包括监测项目和每个项目的监测指标等。调查的内容具体包括居民生活面源污染(如生活污水的产生量及污染负荷、生活垃圾的产生量及其成分等)、种植面源污染(如不同作物种植面积及化肥施用情况、种植业固体废弃物污染等)及养殖业面源污染(养殖粪尿污染)等。调查结果表明,滇池流域面源污染情况不容乐观,以居民生活污水为例,农户的污水是通过污水沟直接排入入滇河道,只有极少部分经过湿地或其他净化处理设施再排入滇池。同时农业化肥的施用量非常巨大,且施用量与作物品种直接相关,该监测结果可以用于农业土地利用类型的调整以减少面源污染提供的直接数据支撑。而农业固废的产生以地膜最为严重,产生的微塑料污染问题日趋严重。这些方法为后续从事面源污染研究的学者提供了一套较为系统的参考方案。同时,该研究暗示我们需要加强对农户的教育培训力度,强化农户的环保意识,引导农户合理使用化肥和农药,积极配合政府职能部门进行环境治理工作,鼓励农户综合利用生物资源。

第5章 滇池流域面源污染调查：
以行政区域为单元的面源污染研究

面源污染具有随机性大、分布范围广、形成机制复杂等特点，采用入户监测的结果具有代表性差、误差大的缺点，因此多作为辅助验证使用。而应用行政区域为单元对面源污染情况进行调查是当下最常用也最重要的手段。本章将对在滇池流域开展的以行政区域为单元的面源污染研究方法和具体数据进行介绍。

5.1 农村生活面源污染调查

人类的生活污染排放是造成环境污染的最重要来源之一，农村生活污染源主要是生活中使用的各种洗涤剂和污水、垃圾、粪便等，多为无毒的无机盐类。滇池流域大多数农村地区没有集中式污水收集和处理系统，生活固体废弃物的排放也没有做到定点、定时、集中收集处置，因此，农村村镇生活污水和生活固体废弃物(生活垃圾)的排放是流域农村面源污染的重要来源。以下将对这两类污染物污染现状进行详细介绍。

5.1.1 生活污水

5.1.1.1 用水基本情况

根据相关资料，滇池流域有 80.83%的农户主要用水来源于自来水，19.17%来源于井水，各区县自来水和井水用户数具体情况如图 5-1 所示。

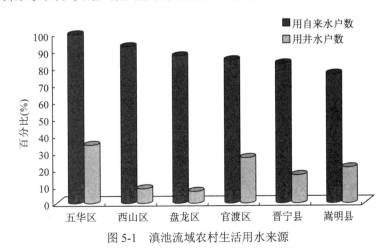

图 5-1 滇池流域农村生活用水来源

5.1.1.2　污水产排污系数

本研究主要对 2008 年滇池流域的农村生活污水情况进行调查。生活污水产污系数是指滇池流域农村人口日常生活产生直接排出的人均日产液体废弃物的量及其主要污染物含量。生活污水排污系数是指滇池流域农村人口日常生活产生直接排出户外且未经集中处理或资源化利用而进入环境的人均日排液体废弃物的量及其主要污染物含量。2008 年滇池流域农村生活污水产排污系数是在第一次全国污染源普查《农业污染源产排污系数测算实施方案》的基础上结合现场调查值得出的,具体如见表 5-1。

表 5-1　2008 年滇池流域农村生活污水产排污系数

名称	产污系数	排污系数
污水量[L/(d·人)]	30.6	24.48
污水含 COD_{Cr} 量[g/(d·人)]	24.6	19.68
污水含 TP 量[g/(d·人)]	0.28	0.22
污水含 TN 量[g/(d·人)]	0.505	0.40

5.1.1.3　污水排放情况

由滇池流域农村生活污水排污系数及乡村人口计算出滇池流域各区县 2008 年的生活污水产生量及排放量。

从图 5-2 可以看出,2008 年滇池流域各区县中晋宁县农村生活污水排放量最大,其次为呈贡县和嵩明县,主城四区的排放量较小,其中五华区排放量最小。

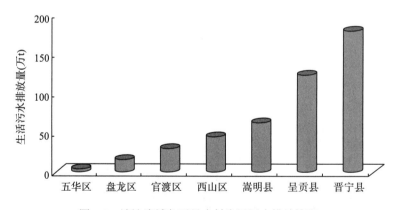

图 5-2　滇池流域各区县农村生活污水排放情况

2008 年滇池流域各区县单位土地面积农村生活污水排放量与农村人均收入基本呈现正相关性,表明农村生活污水排放量随着生活水平的提高而增加(图 5-3)。

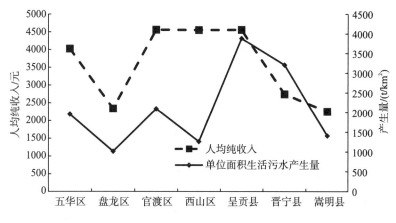

图 5-3　2008 年滇池流域生活污水产生量和农村人均纯收入

5.1.1.4　污水污染负荷分析

由滇池流域农村生活污水排放系数及乡村人口计算出滇池流域各区县生活污水 COD_{cr}、TP、TN 排放量。

滇池流域农村生活污水的污染负荷大小排序为 COD_{cr}＞TN＞TP＞氨氮,COD_{cr} 产生量为 463.07 万 t,排放量为 370.46 万 t;TN 产生量为 9.51 万 t,排放量为 7.53 万 t;TP 产生量为 5.27 万 t,排放量为 4.14 万 t;氨氮产生量为 1.94 万 t,排放量为 1.51 万 t。

由图 5-4 可知,各区县农村生活污水各污染物的排放量大小顺序为晋宁县＞呈贡县＞嵩明县＞西山区＞官渡区＞盘龙区＞五华区。

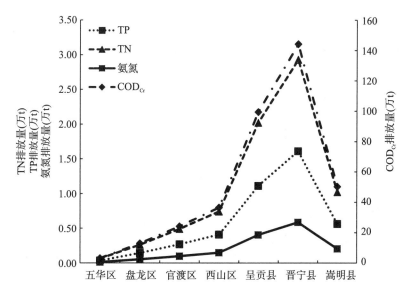

图 5-4　滇池流域各区县农村生活污水污染负荷排放情况

分析得出,2008 年滇池流域各区县单位土地面积农村生活污水的各污染物排放量与农村人均纯收入基本呈现正相关性,表明农村生活污水的污染物排放量随着生活水平的提高而增加，如图 5-5 所示。

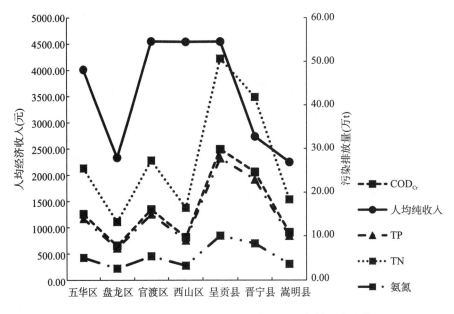

图 5-5　2008 年滇池流域生活污水污染负荷和农村人均纯收入

5.1.1.5　污水处置方式

根据《滇池流域水污染防治规划(2006—2010 年)》，昆明市滇池管理局于 2009 年 4
月 30 日前制定了《滇池流域集镇及村庄污水收集处理系统建设实施方案》。由云南数字
乡村数据可知，2008 年滇池流域的所有村委会中有 58.51% 的村委会建有规范的排水沟渠，
其中五华区的村委会均有规范的排水沟渠，西山区、呈贡县、官渡区、晋宁县建有规范的
排水沟渠的村委会均占 50% 以上，而盘龙区和嵩明县的比例较低，具体见图 5-6。

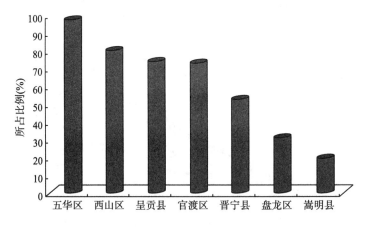

图 5-6　滇池流域农村规范排水沟渠的情况

5.1.2　生活垃圾

生活垃圾指人们在日常生活中或为日常生活提供服务的活动中产生的固体废物，以及法律、行政法规规定视为生活垃圾的固体废物。昆明市城市管理综合行政执法局提供的数据显示，滇池流域城市垃圾排放量逐年增加，2012 年年底为 2945t/d，2013 年为 3399t/d，较 2012 年增长 15.4%。随着基础设施的完善，环滇池新城将对人口有更大的聚集力，生活垃圾增长势头仍将持续。解决垃圾问题的目标是将垃圾减容、减量、资源化、能源化及无害化处理，目前在我国乃至世界范围内广泛使用的城市生活垃圾处理方式主要有填埋、焚烧、堆肥。流域内城市生活垃圾的收运处置，以及城市生活垃圾的减量化与资源化发展是滇池流域生态建设的必然要求。

5.1.2.1　垃圾产排污系数

2008 年滇池流域农村生活垃圾产排污系数是在第一次全国污染源普查《重点流域农村生活源产排污系数测算项目——滇池流域技术报告》(2009.11) 的基础上，结合本研究的现场调查值得出的，具体如表 5-2 所示。其中生活垃圾产污系数指滇池流域农村人口在日常生活过程中产生后直接排出户外的人均日产固体废弃物的量。生活垃圾排污系数指滇池流域农村人口在日常生活过程中产生后直接排出户外，未经集中处理或资源化利用而直接排入环境中的固体废弃物的量。

表 5-2　2008 年滇池流域农村生活垃圾产排污系数

名称	产污系数	排污系数
总垃圾量[kg/(d·人)]	0.42	0.048
有机垃圾含 TN 量[g/(d·人)]	0.77	0.09
有机垃圾含 TP 量[g/(d·人)]	0.13	0.015

5.1.2.2　垃圾排放情况

由上文的滇池流域农村生活垃圾排污系数，计算出滇池流域各区县生活垃圾排放量。2008 年滇池流域农村生活垃圾产生量 7.91 万 t/a，排放量 0.9 万 t/a，各区县中呈贡县农村生活垃圾排放总量最大，晋宁县的生活垃圾排放量次之，主城四区的排放量较小。2008 年滇池流域各区县单位土地面积农村生活垃圾排放量与农村人均纯收入基本呈现正相关性，表明农村生活垃圾排放量随着生活水平的提高而增加，具体见图 5-7。

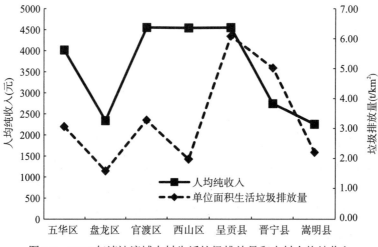

图 5-7 2008 年滇池流域农村生活垃圾排放量和农村人均纯收入

5.1.2.3 垃圾组成分析

农村生活垃圾的组成可能与农村经济收入和能源结构等相关。2008 年滇池流域农村生活垃圾总氮产生量 144.94t/a，排放量 16.94t/a，排放量占产生量的 11.69%；生活垃圾总磷产生量 24.46t/a，排放量 2.82t/a，排放量占产生量的 11.53%，具体见表 5-3。

表 5-3 2008 年滇池流域农村生活垃圾排污量

区县	有机垃圾 TN(t/a)		有机垃圾 TP(t/a)	
	产生量	排放量	产生量	排放量
五华区	1.20	0.14	0.20	0.02
盘龙区	5.04	0.59	0.85	0.10
官渡区	9.43	1.10	1.59	0.18
西山区	14.29	1.67	2.41	0.28
呈贡县	38.90	4.55	6.57	0.76
晋宁县	56.41	6.59	9.52	1.10
嵩明县	19.67	2.30	3.32	0.38
滇池流域	144.94	16.94	24.46	2.82

5.1.2.4 垃圾处置方式

根据《滇池流域水污染防治规划(2006—2010 年)——执行情况中期评估报告》，昆明市滇管局于 4 月 30 日前，结合滇池外海湖滨"四退三还"控制区域和"十五"期间对沿湖乡镇新建垃圾收集设施的实际情况，制定了《滇池流域农村生活垃圾收集处理设施建设及机制完善方案》。由云南数字乡村数据得出，2008 年滇池流域的所有村委会中有 75.89% 的村委会建有垃圾集中堆放场地，其中五华区和西山区的村委会均有垃圾集中堆放场地，盘龙区、呈贡县、官渡区、晋宁县建有垃圾集中堆放场地的村委会均占 60% 以上，而嵩明县建有垃圾集中堆放场地的村委会占比小于 50%，如图 5-8 所示。

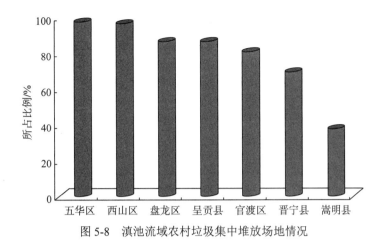

图 5-8　滇池流域农村垃圾集中堆放场地情况

可见，滇池流域水环境问题与垃圾处置的不彻底是有直接联系的。有效削减滇池流域城市生活垃圾，是滇池流域水污染防治的重要战略任务之一。生活垃圾处理收费、源头分类、发展废旧资源回收利用行业等工作，是滇池流域城市生活垃圾管理减量化与资源化的必然选择。而这是一项需要社会各界共同关注的公益事业，是一项由政府主导、各部门通力合作、全社会参与的社会系统工程，需要长期坚持十几年甚至几十年，才能彻底改变居民的"一包扔"等。

5.1.3　结论

通过以上分析得出滇池流域农村生活面源污染的相关结论如下。

(1)滇池流域绝大多数农户主要用水来源于自来水。2008 年滇池流域农村生活污水产生量为 576.02 万 t，排放量为 460.82 万 t，排放量占产生量的 80%。

(2)2008 年滇池流域农村生活污水污染负荷最高的是 COD_{Cr}，其次是 TN，污染物排放量最多的是晋宁县，最少的是五华区，流域中有 58.51% 的村委会建有规范的排水沟渠。

(3)2008 年滇池流域农村生活垃圾产生量 7.91 万 t/a，排放量 0.9 万 t/a，总氮、总磷的排放量很高。垃圾只是简单的堆放处置，缺少减量化和资源化处理。

(4)2008 年滇池流域各区县单位土地面积农村生活污水和生活垃圾排放量与农村人均收入基本呈现正相关性，表明农村生活污染物排放量随着生活水平的提高而增加。

5.2　农村种植业面源污染调查

农业生产是面源污染最主要的来源，农业生产的各个环节都可能影响农村面源污染的产生汇集和排放，影响范围从宏观的耕作方式到微观的土壤营养元素平衡，因此本次农村生产面源污染调查从农业生产的多个层面开展，从宏观统计层面核算或了解农业生产面源污染物量和排放规律。

5.2.1　农田化肥

随着农业的发展，农业产业结构的调整，特别是蔬菜、花卉等集约化农业生产的面积不断扩大，滇池流域农田化肥的施用量逐年增加。化肥的大量施用，在促进农业增产、推进我国农业现代化建设的同时也给生态环境带来了严重的负面影响。长期使用化肥会对土壤生态环境、水环境、大气环境、农作物品质及食物链造成严重危害。大量的化肥随着农田径流流入滇池，成为滇池水体富营养化的重要原因。为此，本节对滇池流域农田化肥使用情况进行了调查。

5.2.1.1　施肥种类

1. 调查涉及的化肥种类

本次调查的各类型化肥组成成分如表 5-4 所示。

表 5-4　涉及的化肥种类

肥料种类	肥料组成成分
氮肥	尿素、碳酸氢铵、硫酸铵、硝酸铵、氯化铵、缓释尿素
磷肥	普通过磷酸钙、钙镁磷肥、重过磷酸钙
钾肥	氯化钾、硫酸钾、硫酸钾镁
复合肥	磷酸二铵、磷酸一铵、磷酸二氢钾、硝酸钾、有机无机复合肥、其他二元或三元复合肥
有机肥	商品有机肥、鸡粪、猪粪、牛粪、其他禽粪、其他畜粪、其他有机肥

2. 各类型化肥所占比例

根据统计年鉴，滇池流域农村化肥施用量(折纯)为 47 021.6t，化肥施用量结构特征为：48%氮肥、22%复合肥、20%磷肥、10%钾肥，见图 5-9。这些肥料对环境质量有较大影响，其中以氮肥为主，氮肥的利用率低，损失量大，对环境的污染主要是硝酸盐对地下水、地表水、土壤和植物的污染，NO、N_2O(或 N_2) 等对大气的污染及 NH_4^+ 对土壤性质的影响，都给人类的生存带来一系列直接或间接的危害。

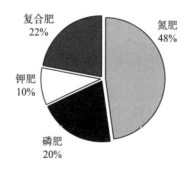

图 5-9　滇池流域化肥施用量结构特征

5.2.1.2　施肥情况

1. 不同区县的化肥施用情况

根据统计年鉴，获取滇池流域不同区县的化肥施用量，对比分析不同区县化肥施用量，按施用量排序为：晋宁县＞呈贡县＞官渡区＞嵩明县＞五华区＞西山区＞盘龙区，如图 5-10 所示。

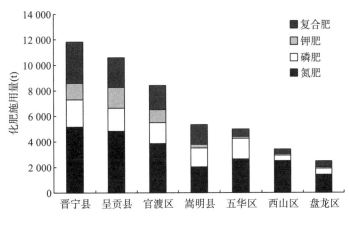

图 5-10　2008 年滇池流域各区县化肥施用情况

2. 不同作物类型的化肥施用情况

根据第一次全国污染源普查数据，按作物名称进行分类汇总，得出各作物类型的化肥施用情况。

按单位面积化肥施用量（折纯量）大小排序为：花卉＞蔬菜＞水果＞烤烟＞粮食。从各类化肥的施用量看，各类作物的氮肥施用量占比均较高，花卉和烤烟的钾肥施用量占比也较高，如图 5-11 所示。

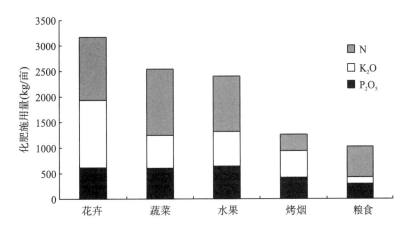

图 5-11　2008 年滇池流域各类作物化肥施用情况

5.2.2 种植业固废污染

农村固体废物是指农民在生产建设、日常生活和其他活动中产生的丧失原有利用价值或虽未丧失利用价值但被抛弃或被放弃的固态、半固态和置于容器中的气态物品、物质，以及法律、行政法规规定纳入固体废物管理的物品、物质，主要包括种植业产生的固体废物、畜禽粪便，以及乡镇企业产生的固体废物、农村生活垃圾、农村医疗垃圾等。

在滇池的面源污染负荷中，滇池沿岸的农村固体废物是一个不可忽视的重要组成部分。其污染途径主要是在雨季通过地表径流进入滇池，直接或间接地加剧滇池的富营养化。为了掌握滇池流域农村固废污染的来源、产生量及危害，本节对滇池流域两种主要固废污染物——秸秆和农膜的污染情况进行了调查，具体如下。

5.2.2.1 秸秆产量及处置方式

1. 不同区县的秸秆产量及处置方式

根据第一次全国污染源普查数据，滇池流域农村种植秸秆产量为89.25kg/亩，其处置方式为：51%作为饲料、21%田间焚烧、10%堆肥、8%作为燃料、5%作为原料、3%还田、1%丢弃及1%其他处置方式(图5-12)，表明滇池流域农村秸秆利用率较高。

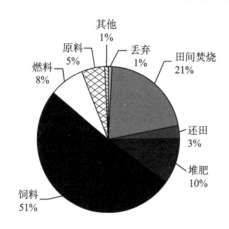

图5-12 滇池流域农村种植秸秆处置情况

对比分析不同区县的秸秆产量，按秸秆产量大小排序为：嵩明县＞呈贡县＞西山区＞官渡区＞晋宁县＞盘龙区＞五华区，具体见图5-13。

2. 不同作物类型的秸秆产量及处置方式

根据第一次全国污染源普查数据，对比分析不同作物类型的秸秆产量，按秸秆产量大小排序为：粮食作物＞蔬菜作物＞经济作物(图5-14)。

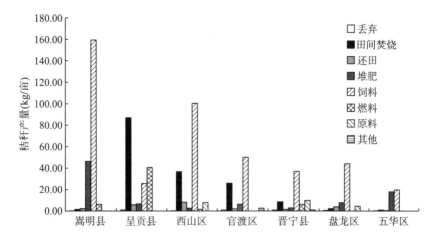

图 5-13　滇池流域不同区县秸秆产量及处置方式

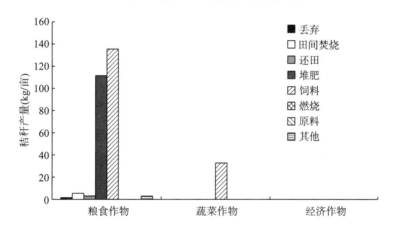

图 5-14　滇池流域不同作物类型秸秆产量及处置方式

调查的滇池流域内农村粮食作物主要为玉米、小麦、水稻等，其秸秆产量为 260.13kg/亩，95%的秸秆处置方式为堆肥和作为饲料。调查的蔬菜作物主要为白菜、花菜、蚕豆、苦菜、辣椒、萝卜、南瓜、茄子、豌豆、韭菜等，其秸秆产量为 32.76kg/亩，基本 100%的秸秆作为饲料。调查的经济作物主要为烤烟、梨、苹果、葡萄、桃等，基本无秸秆，具体见图 5-14。

5.2.2.2　农膜使用情况

农膜覆盖栽培是 1978 年自日本引进的一项成功的农业增产技术，是我国传统农业技术向现代化、集约化发展的重大技术改革，目前，已在全国大部分省区市的 40 多种农作物上大面积推广使用。农膜在我国温饱工程、菜篮子工程和现代化农业中发挥着极其重要的作用，被誉为农业生产中的"白色工程"。农膜技术的推广在实现了大幅度高产稳产的同时，也产生了大量不溶解、不腐烂的废旧、残留农膜。当土壤中含废农膜过多时，破坏耕作层土壤结构，使土壤孔隙减少，降低了土壤通气性和透水性，影响了水分和营养物质在土壤中的运输，使微生物和土壤动物的活力受到抑制，同时也阻碍了农作物种子发芽、出苗和根系生长，造成作物减产。因此，监测滇池流域农膜使用及污染现状非常必要，监测结果具体如下。

1. 不同区县的农膜使用情况

根据统计年鉴，获取不同区县的农膜使用情况，对比分析不同区县的农膜使用量。2008年滇池流域农用塑料薄膜使用总量为 7439.6t，其中地膜使用量为 2826.9t，占农膜使用总量的 38.00%。

对比分析不同区县的单位面积农膜使用情况，按用量大小排序为：五华区＞官渡区＞呈贡县＞晋宁县＞嵩明县＞西山区＞盘龙区，如图 5-15 所示。

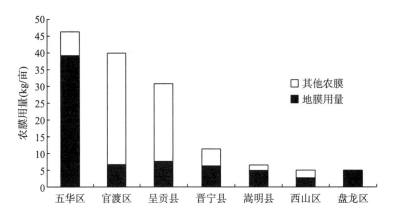

图 5-15   2008 年滇池流域各区县农膜使用情况

2. 不同作物类型的农膜使用情况

根据第一次全国污染源普查相关数据，对比分析不同作物类型的单位面积农膜使用情况，按用量大小排序为：蔬菜作物＞粮食作物＞经济作物（表 5-5）。

表 5-5   不同作物类型农膜使用情况

作物类型	单位面积农膜使用量(kg/亩)
蔬菜作物	1.70
粮食作物	0.21
经济作物	0.09

3. 全流域的农膜处置情况

根据第一次全国污染源普查相关数据，针对滇池流域的农膜是否回收等处置情况进行了相应调查，调查数据表明，只有极少数的农户将地膜进行回收，表明当地农民对农膜污染缺乏认识，急需对当地农民进行宣传提高。

5.2.3　结论

通过以上分析得出滇池流域农村种植业面源污染的相关结论如下。

(1)滇池流域农村化肥施用量(折纯)为 47 021.6t，其中以氮肥为主，各区县中晋宁县的化肥施用量最大，不同作物中花卉的化肥施用量最大。

(2)滇池流域农村秸秆利用率较高，主要的处置方式有：饲料、田间焚烧、堆肥、燃料、原料等。

(3)2008 年滇池流域农用塑料薄膜使用量为 7439.6t，其中以地膜为主，各区县中五华区农膜使用量最大，不同作物中蔬菜的农膜使用量最大，绝大部分农膜未被回收处理。

5.3　土壤污染调查

滇池流域地处低纬度高原地区，受山原地貌及亚热带季风条件下生物、气候的影响，土壤类型复杂多样，以红壤为主，还有冲积土、棕壤、黄棕壤、水稻土、沼泽土、紫色土等。近年来，随着社会经济的发展，人类活动影响了土壤的物理、化学性质，形成的土壤污染成为滇池流域面源污染的重要来源之一。

5.3.1　流域土壤底质(质地)调查

滇池流域湖滨区的土壤以冲积、湖积为主，岩性以砂、砾石、黏土、钙质黏土、淤泥及泥炭为主，土壤类型主要有红壤、水稻土、沼泽土、棕壤、冲积土、紫色土等，土壤肥力高，有机质和氮磷含量高，适于湿生植物生长。滇池西部湖滨邻西山山脉，无河流入湖，湖滨狭长；北部、东部及南部湖滨区接纳入湖河流输移的沉积物，在水深小于 1.5m 的湖滨带均以细砂螺壳沉积为主。沉积物主要是泥及粉砂，由大量挺水植物、沉水遗体聚集形成泥炭，有丰富的螺及介形虫等。草海各入湖口为岸线砾石带，粒径小于 2cm(局部 4～5cm)，圆度分选好。山地土壤类型以红壤为主，还有棕壤、水稻土、黄棕壤、冲积土等。

土壤养分是植物生长的必要物质基础，土壤养分含量状况是反映农田土壤肥力的重要标志，氮、磷是土壤养分中的大量元素，二者的含量均直接影响植物生长。滇池流域总氮平均含量为 0.421%，总磷平均含量为 0.150%。在流域内不同类型的土壤中，总氮含量最高的土壤是沼泽土，冲积土的总氮含量最低，二者相差约 14 倍；总磷含量以红棕壤最高，紫色土的含量最低，二者相差约 3.4 倍(表 5-6)。

表 5-6　滇池流域不同土壤类型 TN、TP 含量

序号	土壤名称	TN 含量(%)	TP 含量(%)
1	棕壤	0.516	0.180
2	黄棕壤	0.498	0.107

序号	土壤名称	TN 含量(%)	TP 含量(%)
3	红棕壤	0.359	0.195
4	紫色土	0.135	0.044
5	水稻土	0.174	0.178
6	冲积土	0.080	0.186
7	沼泽土	1.183	0.163
	平均值	0.421	0.150

对滇池流域土壤总氮含量与我国部分地区林地进行对比分析得出,冲积土的含氮水平属于立地条件较差的荒山水平;沼泽土、棕壤、黄棕壤、红棕壤的含氮水平达到或超出天然林地表层土壤含氮水平;紫色土和水稻土的含氮量略低于天然林土壤(表 5-7)。

表 5-7 滇池流域与我国部分地区林地土壤总氮含量对比

区域名称	土壤名称	TN 含量(%)
滇池流域	棕壤	0.516
	黄棕壤	0.498
	红棕壤	0.359
	紫色土	0.135
	水稻土	0.174
	冲积土	0.080
	沼泽土	1.183
	平均值	0.421
	范围值	0.08~1.18
云南勐海雨林	砖红壤	0.35
福建针阔叶林	山地红壤	0.1~0.3
江西庐山	黄壤	0.2~0.3
东北大兴安岭、长白山针阔混交林	暗棕壤	0.3
一般立地条件较差的荒山		≤0.1

造成这种氮含量差异较大的原因有:立地条件不同,属于立地条件较差的冲积土氮含量较低,而棕壤、黄棕壤、红棕壤主要分布于流域内山地,该区森林覆盖率较好,有机质含量较高,土壤氮含量也较高;沼泽土富含腐殖质,有机质含量较高,土壤氮含量也随之较高。人为活动对这种差异也起到很大影响,随着人类不断扩大的耕地面积,施肥也影响土壤氮的含量。

对滇池流域土壤总磷含量与我国部分地区林地进行对比分析得出,紫色土的含磷水平最低;红棕壤、冲积土、棕壤、水稻土、沼泽土、黄棕壤的总磷含量处于全国中等水平(表 5-8)。

表5-8　滇池流域与我国部分地区林地土壤总磷含量对比

区域名称	土壤名称	TP 含量(%)
滇池流域	棕壤	0.180
	黄棕壤	0.107
	红棕壤	0.195
	紫色土	0.044
	水稻土	0.178
	冲积土	0.186
	沼泽土	0.163
平均值		0.150
范围值		0.044～0.195
云贵川	红壤、黄壤	0.1～0.2
江淮丘陵平原区	黄棕壤	0.05～0.12
华北黄土高原	黑垆土、黄绵土	0.11～0.18
东北大兴安岭	暗棕壤	0.26
内蒙古、宁夏	栗钙土、灰钙土、黄绵土	0.16～0.30

造成流域土壤总磷含量差异较大的原因有：土壤母质(基岩)对土壤磷含量水平影响较大，不同母质发育的土壤总磷含量不同；土壤总磷含量与土壤有机质含量呈正相关，有机质含量高的红棕壤、棕壤、沼泽土、黄棕壤，其总磷含量也高；人工施肥仍是影响土壤总磷含量的重要因素。

5.3.2　土壤营养物质污染

5.3.2.1　土壤营养物质现状

土壤营养是土壤中能直接或经转化后被植物根系吸收的矿质营养成分，包括氮、磷、钾、钙、镁、硫、铁、硼、钼、锌、锰、铜和氯等 13 种元素。根据对流域内 116 个样点土壤样品的检测，经分析得出：滇池流域土壤有机质平均值为 34.8g/kg，总氮平均值为 1.525g/kg，总磷平均值为 6.25g/kg(表 5-9)。

表5-9　不同土地利用类型的土壤营养物质情况

序号	利用类型	有机质(g/kg)	TN(g/kg)	TP(g/kg)
1	大棚区	39.1	2	6.6
2	大棚拆除区	41.3	1.85	10.2
3	坝平地	39.6	2	7.8
4	台地	28.9	1.2	7
5	坡地	30.3	1.2	2.7
6	林地	29.6	0.9	3.2
平均值		34.8	1.525	6.25

土地利用和土壤营养有着密切的联系。对不同土地利用类型下土壤营养物质进行对比分析，发现大棚拆除区的土壤营养物质水平优于其他土地利用类型下的土壤；人为活动干扰较大的几种土地利用类型下土壤营养物质较多，同时这几种土地利用类型可能属于靠近滇池水体区域(大棚区、大棚拆除区、坝平地)，也可能是易产生水土流失区域(坡地)。该类区域的营养物质会通过地下径流、暴雨径流、水土流失等途径进入滇池水体，对滇池水体造成污染，加重滇池水体富营养化程度。

5.3.2.2 土壤营养物质对比

将本次调查结果与历史土壤底质进行对比，发现滇池流域 2008 年的土壤总氮平均值比 1988 年平均值降低了 63.78%(表 5-10)，总磷比 1988 年平均值增加了 3.17 倍。这是由于各种形态的氮肥施入土壤后，通过化学和微生物过程，转化为硝态氮，硝态氮不宜被土壤颗粒吸附，容易被淋洗进入水体导致水体富营养化，而 $NH_4\text{-}N$ 容易被土壤胶体所吸附，但是当土壤对其吸附饱和时，同样会被淋洗而进入水体。土壤对磷有较强的固定能力，一般认为仅有少量的磷会通过渗漏淋失，但随着磷肥施入量、灌溉水量和灌水强度的加大，土壤中的磷素会达到吸附饱和而发生淋溶。因此，土壤营养物质中氮流失量较大，而磷则富集在土壤中。

表 5-10 土壤营养物质对比

类型	TN(g/kg)	TP(g/kg)
2008 年平均值	1.525	6.25
1988 年平均值	4.21	1.50
2008 年范围值	0.9~2.0	2.7~10.2
1988 年范围值	0.8~11.83	0.44~1.95

5.3.3 结论及建议

(1)滇池流域湖滨区的土壤类型主要有红壤、水稻土、沼泽土、棕壤、冲积土、紫色土等；山地土壤类型以红壤为主，还有棕壤、水稻土、黄棕壤、冲积土等。

(2)流域内不同类型的土壤总氮、总磷含量差异较大，总氮含量最高的土壤是沼泽土，总氮含量最低的是冲积土，二者相差 14 倍；总磷含量最高的红棕壤与总磷含量最低的紫色土相差约 3.4 倍。

(3)大棚区、大棚拆除区、坝平地、坡地的土壤营养物质较多，这是由于该类区域为农业生产区，人为活动干扰较大，施肥强度较高。因此，建议在该类区域合理施肥，提高肥料利用率，减少肥料施用量。

(4)属于靠近滇池水体区域的大棚区、大棚拆除区、坝平地和易产生水土流失区域的坡地，该类区域的营养物质会通过地下径流、暴雨径流、水土流失等进入滇池水体，对滇池水体造成污染，加重滇池水体富营养化程度。因此，在滇池面源污染防治工作中应将该类区域纳入重点监控范围。

（5）由于氮、磷不同的理化性质及土壤对其固定作用的不同，经过多年的淋溶后，滇池流域土壤总氮含量降低，而土壤总磷含量升高。

5.4　农村散户畜禽养殖面源污染调查

5.4.1　畜禽养殖产排污量计算方法

农业面源污染已经成为我国的主要污染源，畜禽养殖业化学需氧量、总氮和总磷是农业面源污染的重要组成部分。当前我国在宏观层面上进行畜禽养殖业污染物产排量核算时主要采取的是产排污系数法。

本次调查以 2008 年滇池流域各区县环境统计年鉴数据和污染源普查数据为基础，选取污染源普查畜禽养殖业产污系数（表 5-11），经过修正校核，最终确定排污系数，其方法如下。

（1）畜禽养殖污染物产生量计算公式：

$$A_n=(T_n\times N_n\times \alpha_n)\div 1000 \tag{5-1}$$

$$W=\Sigma A_n \tag{5-2}$$

式中，A_n 为第 n 类畜禽废水污染物产生量，单位：t/a；T_n 为第 n 类畜禽的养殖天数，单位：d；N_n 为第 n 类畜禽数量，单位：头（只）；α_n 为第 n 类畜禽废水污染物产生系数，单位：kg/（只·d）、g/（只·d）；W 为 n 类畜禽养殖污染物产生总量，单位：t/a。

表 5-11　滇池流域畜禽养殖产污系数

指标	粪便 [kg/（只·d）]	尿液 [kg/（只·d）]	COD [kg/（只·d）]	TP [g/（只·d）]	TN [g/（只·d）]	氨氮 [g/（只·d）]	养殖时间(d)
猪	1.34	3.08	403.67	4.84	19.74	7.24	180
肉牛	12.1	8.32	2235.21	10.17	104.1	2.28	366
奶牛	31.6	15.24	5731.7	38.47	214.51	10.73	366
肉鸡	0.06	—	13.05	0.06	0.71	—	60
蛋鸡	0.12	—	20.5	0.23	1.16	—	366

（2）引入排污折算系数，校核污染物排污系数（表 5-12）。

$$\beta_n =\alpha_n\times \gamma \tag{5-3}$$

$$P_n=(T_n\times N_n\times \beta_n)\div 1000（或 10^6） \tag{5-4}$$

$$P=\Sigma P_n \tag{5-5}$$

式中，β_n 为第 n 类畜禽废水污染物排放系数，单位：kg/（只·d）、g/（只·d）；γ 为排污系数经验折算系数，为 0.12（全国水环境容量核定技术指南）；P_n 为第 n 类畜禽养殖污染物排放量，单位：t/a；P 为 n 类畜禽养殖污染物排放总量，单位：t/a；T_n、N_n、α_n 同式（5-1）、式（5-2）。

表 5-12   滇池流域畜禽养殖排污系数

指标	粪便 [kg/(只·d)]	尿液 [kg/(只·d)]	COD [g/(只·d)]	TP [g/(只·d)]	TN [g/(只·d)]	氨氮 [g/(只·d)]
猪	0.16	0.37	48.44	0.58	2.37	0.87
肉牛	1.45	1.00	268.23	1.22	12.49	0.27
奶牛	3.79	1.83	687.80	4.62	25.74	1.29
肉鸡	0.01	—	1.57	0.01	0.09	—
蛋鸡	0.01	—	2.46	0.03	0.14	—

（3）由于仅有 5 类畜禽的产排污系数，其他畜禽则根据《畜禽养殖业污染物排放标准》（GB 18596—2001）的折算方法核定，规定中可将鸡、牛的养殖量换算成猪的养殖量，换算比例为：30 只蛋鸡折算成 1 头猪，60 只肉鸡折算成 1 头猪，1 头奶牛折算成 10 头猪，1 头肉牛折算成 5 头猪，3 只羊折算成 1 头猪。

根据滇池流域主要牲畜出栏量和排污系数，可计算出滇池流域畜禽散养排放粪尿所产生的污染物排放量。

5.4.2   养殖基本情况

根据昆明市政府颁布的《昆明市人民政府关于在 "一湖两江" 流域禁止畜禽养殖的规定》，规模化畜禽养殖场（户）、小区的畜禽养殖规模为：能繁母猪存栏 50 头以上或生猪常年存栏 200 头以上；肉鸡、蛋鸡常年存栏 5000 只以上；牛（包括奶牛）常年存栏 50 头以上；羊常年存栏 200 只以上；鹅常年存栏 500 只以上；鸭常年存栏 5000 只以上；兔常年存栏 500 只以上。另外，污染源普查的畜禽养殖也要求普查达到一定规模，根据现场调查结果，滇池流域农村散养规模均小于以上要求。因此，以 2008 年统计年鉴和污染源普查结果为基础，将污染源普查结果从统计年鉴的结果中扣除，得到滇池流域农村散养情况。

调查结果表明，2008 年滇池流域农村养殖散户为 221 915 户，牛出栏 16 638 头，马出栏 242 匹，猪出栏 640 893 头，羊出栏 57 324 只，鸡出栏 9 094 465 只。根据出栏量，计算得出粪尿产生量为 96.91 万 t，排放量为 10.77 万 t；污染物 COD、TN、TP、氨氮排放量分别为 1.37 万 t、693.41t、142.53t、109.59t。

从养殖数量上看，晋宁县的农村散户养殖数量最多（图 5-16），其次是官渡区，这两个区县养殖数量共占全流域的 50.23%。从养殖结构来看，所有区县均以养殖猪和鸡为主，这两种畜禽养殖数量占总数的 97.69%；大型牲畜的养殖主要集中在嵩明县、晋宁县、西山区（图

5-17)，这 3 个区县的大型牲畜养殖数占全流域大型牲畜养殖总数的 70.53%；小型牲畜的养殖主要集中在晋宁县、西山区、官渡区、嵩明县(图 5-18)，这 4 个区县的小型牲畜养殖数占全流域小型牲畜养殖总数的 85.08%；鸡养殖主要集中在晋宁县、官渡区、呈贡县(图 5-19)，其养殖数量占全流域的 83.72%。养殖结构的不同，将导致污染负荷不同。

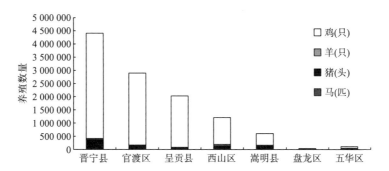

图 5-16　滇池流域各区县养殖数量情况

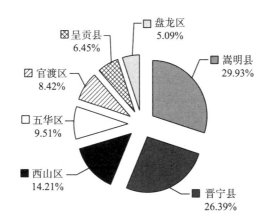

图 5-17　滇池流域各区县大型牲畜养殖情况

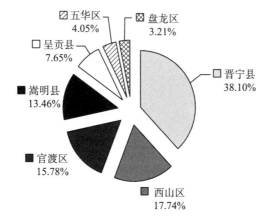

图 5-18　滇池流域各区县小型牲畜养殖情况

注：因数据修约，加和不为 100%。

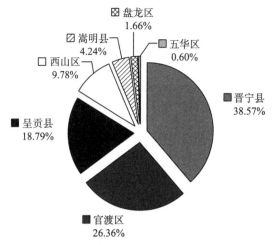

图 5-19 滇池流域各区县鸡养殖情况

5.4.3 养殖污水排放

农村地区畜禽养殖都是以农户为单位分散养殖的，养殖规模小，经济能力十分有限，没有足够的资金兴建各种污染防治设施或引进先进的技术，废水处理效果不佳。

2008 年滇池流域农村畜禽散户养殖共产生污水 167.38 万 t，排放 117.68 万 t（表 5-13），污水处理率平均为 31.35%，主要处理方式有灌溉农田、无处理/无利用。在各区县中，晋宁县的污水排放量最大，其次是官渡区，这两个区县的污水排放量占全流域的 62.94%。从各区县的污水利用情况来看，五华区的污水处理利用率最高，但从总体情况来看，各区县的污水处理效率均偏低，这是由于散养一般就地排放污水，较少收集处理。另外，由于清粪方式主要为干清，用水较少。

表 5-13 滇池流域各区县污水排放及处理情况

区县名称	污水产生量(万 t)	污水排放量(万 t)	污水处理利用率(%)	主要处理方式
五华区	2.41	1.51	37.60	无处理/无利用、灌溉农田
盘龙区	4.95	3.38	32.00	无处理/无利用、灌溉农田、生产沼气
官渡区	34.58	23.24	32.98	无处理/无利用、灌溉农田
西山区	29.82	19.50	34.77	无处理/无利用、灌溉农田
呈贡县	14.41	10.54	27.05	无处理/无利用、灌溉农田
晋宁县	69.13	50.83	26.67	无处理/无利用、灌溉农田、生产沼气
嵩明县	12.08	8.68	28.35	无处理/无利用、灌溉农田
合计	167.38	117.68		

5.4.4 养殖污染状况

2008 年滇池流域农村畜禽散户养殖共产生粪尿 96.91 万 t，排放 10.78 万 t（表 5-14），流域平均处理利用率为 88.70%，主要处理方式有施入农田、销售等。粪尿排放量较大的县区是晋宁县和官渡区，占全流域的 57.9%。

表 5-14　滇池流域各区县粪尿产生及排放情况

区县名称	粪尿产生量(万 t)	粪尿排放量(万 t)	粪尿处理利用率(%)	主要处理方式
五华区	0.91	0.11	88.33	施入农田、销售
盘龙区	3.14	0.37	88.20	施入农田、销售
官渡区	19.26	2.09	89.16	施入农田、销售
西山区	13.66	1.56	88.55	施入农田、销售
呈贡县	12.28	1.33	89.19	施入农田、销售
晋宁县	37.68	4.15	88.99	施入农田、销售
嵩明县	9.98	1.17	88.30	施入农田、销售
合计	96.91	10.78	88.70(平均值)	

从粪尿处理情况来看，各区县的处理利用率均高于 88%；从处理方式来看，主要以施入农田、销售的方式进行处理。各区县的粪尿处理率较污水处理率要高，这是由于粪尿较污水更容易集中收集，可用作农田肥料，还可以销售。

根据产排污系数计算得出滇池流域农村畜禽散户养殖污染物排放情况，具体为：化学需氧量 1.37 万 t、总磷 142.53t、总氮 693.41t、氨氮 109.59t。以上几种污染物排放量最大的区县均为晋宁县，最小的是五华区(图 5-20，图 5-21)。

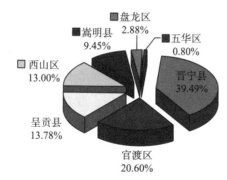

图 5-20　滇池流域各区县农村散养 COD 排放情况

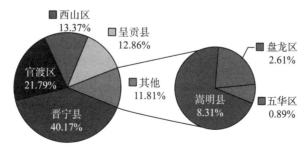

图 5-21　滇池流域各区县农村散养总磷排放情况

结果显示，在滇池流域几个区县中，农村散养污染负荷最重的区县是晋宁县(图 5-22)，其次是官渡区、呈贡县、西山区，这几个区县的污染负荷占全流域污染负荷的 87.75%，成为今后农村面源污染防治重点区域。

图 5-22　滇池流域各区县农村散养污染负荷情况

注：因数据修约，加和不为100%。

5.4.5　结论及建议

(1)由于对农村散养排污情况的研究较少，本次调查均采用规模养殖的污染排放系数，与散养可能存在差异；另外，由于对养殖种类的排污系数的研究较少，在本研究中马、羊的排污系数均折算为猪计算，也会存在差异。

(2)所有区县均以养殖猪和鸡为主，大型牲畜的养殖主要集中在嵩明县、晋宁县、西山区；小型牲畜的养殖主要集中在晋宁县、西山区、官渡区、嵩明县。

(3)从污染排放情况看，污水、粪尿及污染物均主要集中在晋宁县和官渡区排放，这两个区县的污染负荷占全流域的 61.33%，是今后农村散养污染治理的重点区域。

(4)各区县的污水处理效率均偏低，这是由于散养一般就地排放污水，较少收集处理。各区县的粪尿处理率较污水处理率要高，主要以施入农田、销售的方式进行处理。

5.5　本 章 结 论

由本章调查的数据可知，滇池流域农村生活污水、种植业、养殖业产生的污染物仍然非常严重，尤其是滇池流域散户养殖业由于集中处理困难，污染问题尤其突出。针对这种情况，研究如何相对集中地发展养殖业、提高养殖效率并集中处理养殖污水势在必行。

第6章 滇池流域面源污染产生过程与机理：定点研究与定位观测

根据流域不同面源污染的类型区的特点，选择典型小流域/汇水区进行定位观测，系统分析典型小流域/汇水区输入-输出节点面源污染的动态变化及控制特征参量。具体观测土壤侵蚀强度，C、N、P 的输入通量、输出通量、迁移动力过程、富集削减关键节点，同时准确记录观测区内各种自然、经济、社会等影响面源污染发生的相关因素，通过数据集成、归纳和挖掘，深入分析不同类型区面源污染产生和输移的规律，为构建和校验面源污染估算与预测模型提供数据支持，也为说明和验证研究试验区与工程示范区的效果建立实时数据档案。

6.1 滇池流域表土营养特征及其面源污染源强分析

6.1.1 采样布点

众所周知，不适当的土地利用方式和农田管理模式会导致土壤侵蚀与土壤营养元素随地表径流流失。面源污染物由于受土壤水分运动的限制，除了在雨季可以随地下水位的变化向下运动外，很少向下运动。因此，地表径流是土壤污染物输移的主要形式，可以用有效径流深度(E)描述降雨-地表径流-土壤之间的关系。E 值越大，径流量越大，径流污染越大。

根据 2008 年昆明市面源污染调查的信息可知，滇池流域施肥量与种植方式有关。大棚区最多，露地蔬菜其次，大田作物最少。此外，盆地区作为主要经济活动区，其施肥强度明显高于山地区。从污染影响来讲，山地区主要集中在滇池盆地区外围，距离滇池较远，而且通常有水库控制，对滇池的影响较小。城市区面源污染暂不列入调查重点范围。滇池流域降雨存在地区差异，总体上说北部多，南部、东部少。

根据上述情况，流域土壤养分水平调查作为农业面源污染调查的重要基础，以土地利用方式为主要布点依据，兼顾区域、土壤背景等因素，开展一个降雨周年的持续调查，每个月开展一次。调查 0～20cm 表土层的养分水平变化情况，确定含量水平，月际变化情况，具体采样布点如图 6-1 所示。

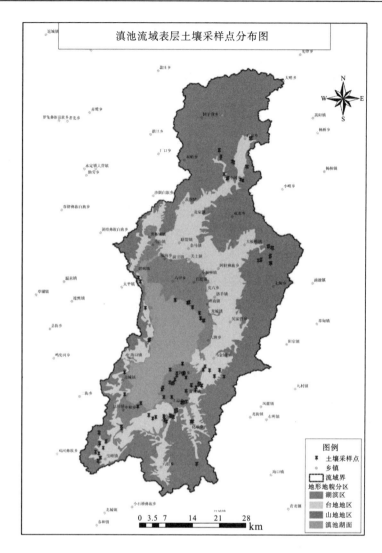

图 6-1 滇池流域表层土壤采样点分布图

6.1.2 调查结果

对滇池流域表层土壤有机质氮磷含量进行一月一次的监测，连续一年的研究结果如下。

1. 不同土地利用类型下土壤理化性质的差异

不同土地利用类型下土壤养分含量见表 6-1。

表 6-1 不同土地利用类型下的土壤养分含量

土地利用类型	项目	pH	水分含量(%)	有机质含量(g/kg)	总氮含量(g/kg)	总磷含量(g/kg)
坝平地	平均值	6.81b	14.04a	32.92a	1.92b	2.59a
	范围	4.29～8.40	0.05～59.00	8.96～83.64	0.35～4.09	0.49～11.16

续表

土地利用 类型	项目	pH	水分含量(%)	有机质含量 (g/kg)	总氮含量(g/kg)	总磷含量(g/kg)
大棚拆除区	平均值	7.58a	14.8a	33.67a	1.92b	1.63c
	范围	4.92～8.45	0.55～67.91	2.99～82.46	0.47～4.27	0.28～3.14
大棚种植区	平均值	6.73b	14.27a	32.75a	2.18a	1.92b
	范围	3.76～8.02	0.20～57.69	13.51～59.27	0.61～3.95	0.34～5.96
林地	平均值	5.46c	14.68a	25.98b	1.11c	0.99c
	范围	4.16～8.31	0.35～37.64	5.22～120.56	0.12～4.18	0.15～13.17
坡地	平均值	5.59c	14.52a	26.65b	1.38c	1.24c
	范围	4.11～8.25	0.20～84.37	6.28～73.45	0.24～3.36	0.28～8.20
台地	平均值	5.63c	14.29a	22.94b	1.32c	1.14c
	范围	4.22～7.82	0.20～52.67	4.95～51.80	0.22～2.77	0.25～5.06

注：同列中不同小写字母表示差异显著（$P<0.05$）。

1）有机质

土壤有机质具有矿化作用、腐殖化作用，是土壤肥力的基础，是衡量土壤肥力的重要指标之一。

大棚拆除区的有机质平均值高达 33.67g/kg，坝平地 32.92g/kg，大棚种植区 32.75g/kg，林地 25.98g/kg，坡地 26.65g/kg，台地 22.94g/kg。含量水平可大致分为两个台阶：第一台阶为坝平地、大棚种植区、大棚拆除区，平均含量为 32.75～33.67g/kg；第二台阶为林地、坡地和台地，平均含量为 22.94～26.65g/kg，两个台阶之间差异约为 30%。以一般土壤有机质含量 15.00g/kg 作为丰缺指标，可以看出，滇池流域 6 种土地利用类型的土壤有机质含量普遍较高。

有机质含量最大值出现在林地，达 120.56g/kg，变化范围为林地、大棚拆除区最大，最高值相当于最低值的 20 倍以上。林地的变化范围大，可能与群落构成不同、凋落物的转化和积累量差异较大有关。而大棚拆除区的变化范围大，可能与耕作历史有关。大棚种植区有机质含量变化范围最小，最大值约为最小值的 4.4 倍，可能与施肥习惯较接近有关。

在各种土地利用方式条件下，有机质水平含量月际变化基本在 2.0%、4.0%附近波动，最高值约为最低值的 2 倍。低值出现在 12、2、3、4 月；高值出现在 1、5、7、8 月。其中 7、8 月处于夏季，高值与降雨高值重合，容易造成流失，详见图 6-2。

季节性含量变化范围约为 2 倍，而同一种利用方式下土壤有机质含量变化范围超过 5 倍，不同土地利用方式有机质浓度均值之间的差异约为 30%。

可见，相同利用方式条件下有机质含量差异大，不同土地利用方式之间有机质含量差异反而小，这可能与耕种历史、施肥习惯有较大关系。7、8 月土壤有机质含量高，与降雨高峰重合是滇池流域土壤有机质含量的重要特征。

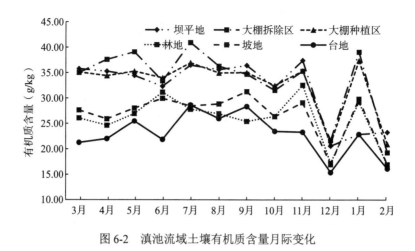

图6-2 滇池流域土壤有机质含量月际变化

2）总氮

土壤总氮量通常用于衡量土壤氮素的基础肥力，指导施肥。

土壤总氮含量平均值可分为4个台阶，以大棚种植区为最高，达2.18g/kg；其次坝平地露地种植区和大棚拆除区的含量稍低，为1.92g/kg；再次为坡地和台地，分别为1.38g/kg和1.32g/kg；林地的最低，仅为1.11g/kg。最高值约为最低值的2倍，其结果与当地施肥习惯一致。以土壤总氮含量1.00g/kg作为丰缺指标，可知滇池流域除林地外，其余利用类型的土壤总氮含量均较高。

变化范围最大的是林地区，最高值是最低值的30倍以上，可能与群落结构有关。变化幅度最小的是大棚种植区，最高值约为最低值的6.57倍，其余利用类型的最高值约为最低值的10倍。

总氮的月际变化幅度的最大值为最小值的1.25～1.3倍，变化范围较有机质小。其低值出现在4、7、11、12、1月，高值出现在2、3、5、6、8、9、10月。详见图6-3。8、9、10月与雨季降雨高值重叠，易造成流失。总氮含量的月际变化与有机质不尽一致。

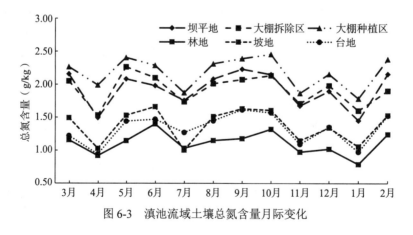

图6-3 滇池流域土壤总氮含量月际变化

相同土地利用类型，表土中总氮的含量水平差异很大（10～30倍），不同土地利用类型之间的含量水平差异(最大值为最小值的 20 倍)也较大，月际变化较小(不超过 30%)是滇池流域表土总氮分布的基本特征。

3) 总磷

总磷指的是土壤磷的总储量，包括有机磷和无机磷两大类。

土壤总磷含量平均值可分为两个台阶，1.63~2.59g/kg 和 0.99~1.24g/kg。以坝平地露地种植区为最高，达 2.59g/kg；其次为大棚种植区，1.93g/kg；再次为大棚拆除区，1.63g/kg。该区域集中在坝平地等耕作历史长、利用强度高的区域。较低的区域为坡地、台地和林地，分别为 1.24g/kg、1.14g/kg 和 0.99g/kg。高值区与低值区相比，高值区约为低值区的 2 倍。磷酸盐容易沉积，因此这种差异可能主要由施肥导致。

表土含磷量的最高值分别出现在林地和坝平地，含量分别达到 13.17g/kg 和 11.16g/kg，出现在流域南部，与滇池流域的磷矿分布有关。变化范围最大的是林地，最高值接近最低值的 88 倍，表明林地与不同地点土壤含磷量差异极大，非磷矿区土壤含磷量并不一定高。其他耕作区(台地、坡地、坝平地、大棚区)每一种土地利用类型内部表土含磷量都存在 20 倍左右的变化幅度。这种差异可能来自施肥习惯、耕作历史，也可能来自土壤背景的影响。

表土含磷量也存在月际变化，4、7、11、1 月较高，其余月份均较低。详见图 6-4。由于 7 月与雨季降雨高峰重合，因此流失可能较突出。

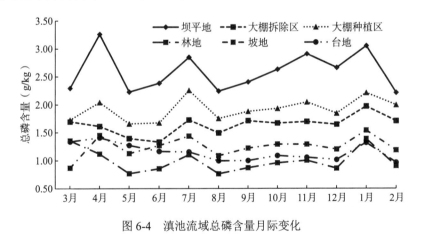

图 6-4　滇池流域总磷含量月际变化

4) 指标之间关系

以土壤 pH 为因变量，土壤含水量、有机质、总氮、总磷为自变量；以有机质为因变量，土壤 pH、含水量、总氮、总磷为自变量，做多元逐步线性回归(向后削去法)。从表 6-2 和表 6-3 可以显示，以土壤 pH 为因变量，有机质和 pH 存在显著线性相关，土壤含水量、总氮和总磷被移出线性回归方程；而以总氮为因变量，与有机质存在显著线性相关，土壤 pH、含水量和总磷被移出线性回归方程。

表 6-2　以 pH 为因变量，有机质为自变量的多元线性回归

项目	相关系数	系数	T	P
	R	B		
常量	—	1.22	1.07	0.35
有机质含量(g/kg)	0.912a	0.17	4.46	0.01

表 6-3　以总氮为因变量，有机质为自变量的多元线性回归

项目	相关系数	系数	T	P
	R	B		
常量	—	−0.81	−1.30	0.26
有机质含量(g/kg)	0.893a	0.08	3.98	0.02

上述结果表明，表层土壤中有机质含量对土壤 pH、总氮的含量有重要影响。

2. 区域分布与土壤理化性质的差异关系

1) 土壤有机质

滇池流域有机质的空间分布，以西山片区土壤有机质的含量最高，平均值为 $(37.79\pm14.89)\,g/kg$，以上蒜片区有机质含量最低，为 $(26.07\pm11.26)\,g/kg$，详见图 6-5。滇池流域土壤有机质含量的空间分布为：西山＞斗南＞松华坝＞马金铺＞宝象河＞晋城新街＞东大河＞上蒜。由此可以看出西山、松华坝片区机有质含量都处于较高水平，可能是这两个片区植被较好，长期积累的原因；斗南片区的有机质含量也同样处于相对高的水平，斗南片区是滇池流域较早的蔬菜和花卉基地，土地利用强度最大，高有机质含量可能与农田的过度利用中大量的施肥有关。而东大河片区和上蒜片区大部分土地都还处于传统的利用方式，施肥量相对较小是导致有机质含量低的主因。

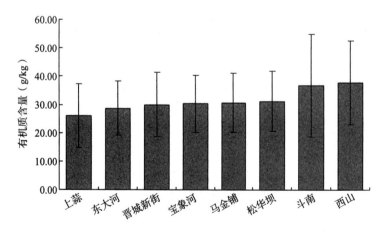

图 6-5　滇池流域土壤有机质含量空间分布

2) 总氮

滇池流域非点源污染物氮的空间分布，以斗南片区土壤氮的含量最高，平均值为 (0.221±0.091)%，以宝象河片区总氮含量最低，为(0.132±0.048)%，详见图 6-6。滇池流域土壤总氮的空间分布为：斗南＞西山＞马金铺＞晋城新街＞东大河＞上蒜＞松华坝＞宝象河。由此可以看出，人为干扰的强度与氮的空间分布有着较大的相关性，斗南、西山、马金铺和晋城新街片区属于高强度利用的农田与人为干扰较小的森林植被，土壤总氮的含量相对较高，这些较高含量氮的存在成为滇池面源污染中氮的主要潜在来源，而松华坝、宝象河片区多为山地，土地利用强度相对较小，氮的积累也就处于较低的水平。

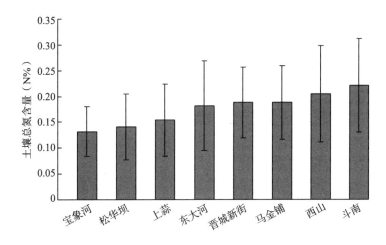

图 6-6　滇池流域土壤总氮含量空间分布

3) 总磷

研究土壤养分的空间变异对于加强土壤养分管理和非点源污染控制都具有重要的意义。在滇池流域所研究的样地中，土壤总磷含量以上蒜片区最高，为(0.221±0.195)%，以宝象河片区最低，详见图 6-7。总磷空间分布为：上蒜＞马金铺＞斗南＞晋城新街＞西山＞东大河＞松华坝＞宝象河。由此可以看出，上蒜片区为滇池流域富磷区，分布有几大磷矿山且均在开采中，土壤磷的背景成为高磷区的主要因素。而斗南、马金铺片区可能是由于大棚种植时间较长，大量的化肥施用增加了土壤中总磷的含量。松华坝、宝象河、东大河片区主要为山地，相比较下化肥施用量较低，样地区域设施农业少或建设时间不长，土壤总磷的含量也相对低。坡地不同利用方式磷素流失的差异除了与土壤侵蚀量密切相关，磷肥的施用量和土壤磷的含量是主要的影响因素，竹园的施磷量和土壤磷素的含量明显高于其他利用方式，因而虽然新果园的土壤侵蚀量高于竹园，但磷素的流失量低于竹园。从以上可以看出，滇池东岸和东南区的上蒜、马金铺、斗南为滇池流域磷素高含量区，这些区域中较高的磷含量存在向水体流失的风险，因此这些区域可能成为滇池非点源污染磷的高潜力区，需要引起重视。

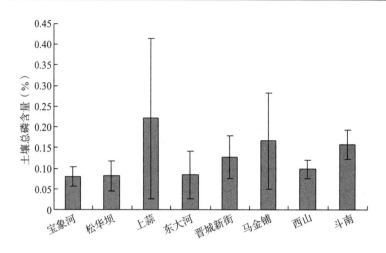

图 6-7　滇池流域土壤总磷含量空间分布

综上所述，调查结果表明如下。

表层土壤中不同利用类型之间、相同利用方式不同样点之间的含量差异很大，相对而言，季节性变化的影响要小得多，充分反映了面源污染的特点及其复杂性。

土壤总氮含量平均值以大棚种植区为最高，其次坝平地露地种植区和大棚拆除区的含量稍低，林地的最低(表 6-1)。

土壤总磷含量平均值以坝平地露地种植区为最高，其次为大棚种植区，较低的是坡地、台地和林地(表 6-1)。除了滇池流域含磷背景的影响，表层土壤氮磷有机质含量明显具有区域特征，主要可能是与土地利用历史有关。

西山片区土壤有机质的含量最高，上蒜片区有机质含量最低；斗南片区土壤总氮的含量最高，宝象河片区总氮含量最低；上蒜片区土壤总磷含量最高，宝象河片区最低。

6.2　滇池柴河流域土壤氮磷的垂直分布特征

对柴河流域 50 个土壤样点，按 5 个土层(0～20cm、20～40cm、40～60cm、60～80cm、80～100cm)进行分层采样，涉及 5 种土地利用方式，其中，设施农业采样点 5 个，传统农业采样点 7 个，坡台地采样点 19 个，落荒地采样点 4 个，林地采样点 15 个，分层采样共 6 次，分别为 2010 年的 7 月、11 月和 2011 年的 2 月、6 月、9 月、12 月，并进行了系统研究。

6.2.1　土壤总氮的垂直分布特征

土壤是植物生长繁育和生物生存的基地，作为人类各种土地利用活动的综合反映，土地利用方式与土壤中的氮、磷养分关系密切。

1. 不同土地利用方式土壤总氮的差异

分别对 2010 年 7 月、2010 年 11 月、2011 年 2 月、2011 年 6 月、2011 年 9 月和 2011 年 12 月等 6 个月的土壤样点监测数据进行方差分析，发现不同月份下的土壤 TN 含量在不同土地利用方式间的显著性差异不完全相同（表 6-4），这表明使用不同月份的土样监测数据进行分析时，其分析结果可能不同，这可能与不同土地利用方式土壤 TN 随月变化规律不完全一致有关。同时可以发现，设施农业与坡台地和林地大多表现出显著性差异。

表 6-4　不同月份各土层土壤 TN 在不同土地利用方式间的显著性差异

年月	土层深度(cm)					
	0~20	20~40	40~60	60~80	80~100	0~100
2010 年 7 月	设～传坡林	设～传坡落林 传～林	设～坡林 传～林	传～林	无	设～坡林
2010 年 11 月	设～传坡落林	设～坡落林 传～坡林	设～坡落林 传～林	传～坡林	设～坡林 传～坡林	设～坡落林 传～坡林
2011 年 2 月	设～传坡林 坡～落 落～林	设～传坡落林 传～坡林 落～林	设～传坡落林 传～坡林	设～传坡落林 传～坡林	设～坡林	设～传坡落林 传～坡林 落～林
2011 年 6 月	设～传坡林	设～传坡落林 坡～落 落～林	设～传坡落林	设～传坡落林	设～坡林 传～坡	设～传坡落林
2011 年 9 月	设～坡落林 传～坡林 落～林	设～坡林 传～坡林	设～坡林	设～坡林	无	设～坡林 传～坡林
2011 年 12 月	设～传坡落林 传～林	设～坡落林 传～坡林	设传坡～林	无	设～林 传～坡落林	设～坡落林 传～坡林
6 个月平均	设～传坡落林 传～坡林 落～林	设～传坡落林 传～坡林	设～传坡林 传～林	设～传坡林 传～坡林	设～传坡林 传～坡林	设～传坡林 传～林

注："设""传""坡""落""林"分别代表"设施农业""传统农业""坡台地""落荒地""林地"方式。"～"表示不同土地利用方式之间存在显著性差异(P＜0.05)，"无"表示未达到显著性差异，表 6-6、表 6-8 同。

将各个采样点 6 个月的土壤 TN 监测值平均后进行分析，以研究其平均规律。由表 6-4 中的方差分析可知，设施农业土壤 TN 在 5 个土层内均显著高于坡台地和林地，但设施农业与传统农业土壤 TN 含量只在 0～20cm 和 20～40cm 土层达到显著性差异；从 6 个月平均数据可以看出，除 40～60cm 土层外，其他 4 个土层中传统农业土壤 TN 含量均显著高于坡台地和林地。这是因为，平耕地(设施农业和传统农业)大量施肥导致 N 累积于土壤中，从而使其土壤 TN 含量显著高于坡台地和林地，而设施农业比传统农业施肥更多则导致设施农业与传统农业 0～20cm 土层土壤 TN 含量达到显著性差异。由图 6-8 可知,在 5 个土层内,设施农业土壤 TN 含量均高于其他 4 种土地利用方式;传统农业在 5 个土层中的含量均高于坡台地、落荒地和林地,为土壤 TN 含量次高的土地利用方式。

2. 不同土层土壤总氮的差异

由表 6-5 可知,不同月份下的土壤 TN 在不同土层间的显著性差异也不完全相同。除少数月份的少数土地利用方式外,各种土地利用方式土壤表层(0～20cm)与底层(80～100cm)间存在显著性差异,并且总体看来,层距越大,土层间的土壤 TN 含量越易达到显著性差异。

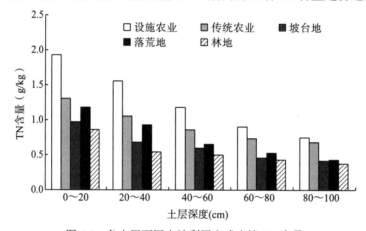

图 6-8　各土层不同土地利用方式土壤 TN 含量

表 6-5　不同月份各土地利用方式土壤 TN 在各土层间的显著性差异

年月	土地利用方式				
	设施农业	传统农业	坡台地	落荒地	林地
2010 年 7 月	①～⑤⑦⑨ ③～⑦⑨	①～⑨	①～③⑤⑦⑨ ③～⑦⑨	①～⑦⑨	①～③⑤⑦⑨
2010 年 11 月	①～③⑤⑦⑨ ③～⑦⑨ ⑤～⑦⑨	①～⑦⑨ ③～⑨	①～③⑤⑦⑨ ③～⑦⑨ ⑤～⑨	①～⑤⑦⑨	①～③⑤⑦⑨
2011 年 2 月	①～⑤⑦⑨ ③～⑦⑨	①～⑦⑨	①～③⑤⑦⑨ ③～⑦⑨	①～⑤⑦⑨	①～③⑤⑦⑨
2011 年 6 月	③～⑨	无	①～⑤⑦⑨ ③～⑦⑨	无	无
2011 年 9 月	①～⑤⑦⑨ ③～⑨	①～③⑤⑦⑨	①～③⑤⑦⑨	①～⑨	无
2011 年 12 月	①～③⑤⑦⑨ ③～⑦⑨	①～③⑤⑦⑨ ③～⑤⑦⑨	①～③⑤⑦⑨ ③～⑨ ⑤～⑨	①～⑦⑨	①～③⑤⑦⑨
6 个月平均	①～⑤⑦⑨ ③～⑦⑨	①～⑤⑦⑨ ③～⑦⑨	①～③⑤⑦⑨ ③～⑦⑨ ⑤～⑨	①～⑦⑨	①～③⑤⑦⑨

注:"①""③""⑤""⑦""⑨"分别代表"0～20cm""20～40cm""40～60cm""60～80cm""80～100cm"土层,表 6-7、表 6-9 同(除 2010 年 7 月外)。

将各个采样点 6 个月土壤 TN 的监测值平均后进行分析。由表 6-5 的方差分析结果可知，各种土地利用方式土壤 0～20cm 土层土壤 TN 含量均显著高于 60～80cm 和 80～100cm 土层(除 2010 年 7 月外)；设施农业、坡台地、林地土壤 TN 含量在 0～20cm 土层与 40～60cm 土层间则达到显著性差异，坡台地、林地土壤 TN 含量甚至在 0～20cm 土层与 20～40cm 土层间达到显著性差异，设施农业、传统农业、坡台地土壤 TN 含量还在 20～40cm 土层与 60～80cm、80～100cm 土层间达到显著性差异。由图 6-9 可知，5 种土地利用方式除传统农业和坡台地外土壤 TN 含量沿土层自上而下逐层降低；设施农业和传统农业在各土层间的最大递减幅度点在 20～40cm 土层，落荒地在各土层间的最大递减幅度点在 40～60cm 土层，而坡台地和林地在各土层间的最大递减幅度点在 20～40cm 土层。这说明了人类土地利用活动对土壤 TN 含量的影响：农民对设施农业、传统农业和落荒地长期施用 N 肥，导致其不断向下层淋溶；而坡台地和林地则只施用少量或不施肥料，致使 N 在表层积累，从而使 0～20cm 土层土壤 TN 含量明显高于下层。

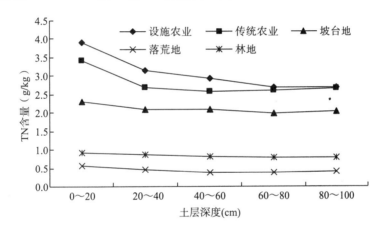

图 6-9　不同土地利用方式下不同土层土壤 TN 含量

6.2.2　土壤总磷的垂直分布特征

1. 不同土地利用方式土壤总磷的差异

分别对 2010 年 7 月、2010 年 11 月、2011 年 2 月、2011 年 6 月、2011 年 9 月和 2011 年 12 月等 6 个月的土壤样点监测数据进行方差分析，发现不同月份下的土壤 TP 在不同土地利用方式间的显著性差异不完全相同(表 6-6)。除 2011 年 2 月各个土层不同土地利用方式间土壤 TP 存在一定的显著性差异外，其他月份各个土层不同土地利用方式间土壤 TP 均未达到显著性差异。

表 6-6　不同月份各土层土壤 TP 在不同土地利用方式间的显著性差异

年月	土层深度(cm)					
	0~20	20~40	40~60	60~80	80~100	0~100
2010 年 7 月	无	无	无	无	无	无
2010 年 11 月	无	无	无	无	无	无
2011 年 2 月	设~坡落林 传~林	设~林 传~林	设~林 传~林	传~林	传~林	设~林 传~林
2011 年 6 月	无	无	无	无	无	无
2011 年 9 月	无	无	无	无	无	无
2011 年 12 月	无	无	无	无	无	无
6 个月平均	无	无	无	无	无	无

　　将各个采样点 6 个月的土壤 TP 监测值平均后进行分析。由表 6-6 的方差分析可知，在对各样点 6 个月的监测值进行平均后发现，0~100cm 5 个土层土壤 TP 均无显著性差异。同时由图 6-10 可以看出，0~100cm 5 个土层土壤 TP 含量排序均表现为：设施农业＞坡台地＞林地＞传统农业＞落荒地。由此可见，不同土地利用方式土壤 TP 含量存在差异，并且耕地(设施农业、传统农业、坡台地)土壤 TP 含量均要高于非耕地。但方差分析显示，在各个土层内，不同土地利用方式之间土壤 TP 含量均未达到显著性差异。

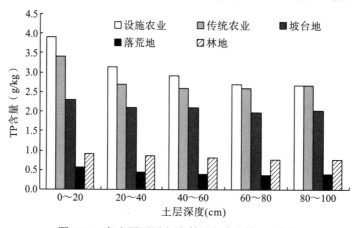

图 6-10　各土层不同土地利用方式土壤 TP 含量

2. 不同土层土壤总磷的差异

　　由表 6-7 可知,不同月份下的土壤 TP 在不同土层间的显著性差异不完全相同。除 2010 年 7 月的设施农业、2010 年 11 月和 2011 年 2 月的落荒地土壤 TP 含量在不同土层间存在一定的显著性差异外，其他月份各种土地利用方式下不同土层间土壤 TP 含量均未达到显著性差异。

表 6-7 不同月份各土地利用方式土壤 TP 在各土层间的显著性差异

年月	土地利用方式				
	设施农业	传统农业	坡台地	落荒地	林地
2010 年 7 月	①~⑤⑦⑨	无	无	无	无
2010 年 11 月	无	无	无	①~⑤⑦⑨	无
2011 年 2 月	无	无	无	①~⑦	无
2011 年 6 月	无	无	无	无	无
2011 年 9 月	无	无	无	无	无
2011 年 12 月	无	无	无	无	无
6 个月平均	无	无	无	无	无

　　将各个采样点 6 个月土壤 TP 的监测值平均后进行分析发现，5 种土地利用方式土壤 TP 含量在不同土层间均无显著性差异(表 6-7)，但不同土地利用方式土壤 TP 含量随土层的变化趋势大体一致。总体上随着土层深度的增加而呈下降趋势，但下降的趋势随深度增加不断减缓，并最终趋于稳定(图 6-11)。

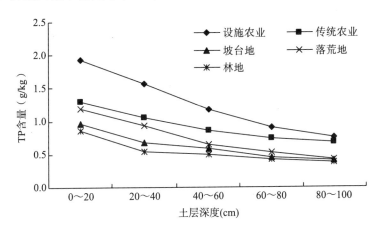

图 6-11 不同土地利用方式下不同土层土壤 TP 含量

6.2.3 土壤有机质的垂直分布特征

　　土壤有机质是土壤的重要组成部分，是植物的养分来源和土壤微生物生命活动的能量来源，是土壤肥力的重要标志之一。土壤有机质不仅能为植物生长提供养分，而且是影响土壤结构形成、土壤养分生物有效性及土壤生物多样性的重要因素。

1. 不同土地利用方式土壤有机质含量的差异

　　分别对 2010 年 7 月、2010 年 11 月、2011 年 2 月、2011 年 6 月、2011 年 9 月和 2011 年 12 月等 6 个月的土壤样点监测数据进行方差分析，发现不同月份下的土壤有机质含量在不同土地利用方式间的显著性差异不完全相同（表6-8），这可能与土壤有机质含量随月份变化不一致有关。

表6-8　不同月份各土层土壤有机质含量在不同土地利用方式间的显著性差异

年月	土层深度(cm)					
	0～20	20～40	40～60	60～80	80～100	0～100
2010 年 7 月	无	设～坡林	无	无	无	设～坡林
2010 年 11 月	设～坡	设～坡林	设～坡落林	设～林	设～林	设～坡林
2011 年 2 月	设～坡	无	设～林 传～林	设～坡林	设～坡林	设～坡林
2011 年 6 月	无	设～传坡林	设～传坡林	设～坡林	设～坡林	设～传坡林
2011 年 9 月	设～坡林 传～林	设～坡林 传～林	设～坡林 传～林	设～林	无	设～坡林 传～林
2011 年 12 月	设～坡林 传～林	设传坡～林	设传坡～林	传～林	传～坡落林	设传坡～林
6 个月平均	设～坡林	设～坡林 传～林	设～坡落林 传～林	设～坡林 传～林	设～坡林 传～林	设～坡林 传～林

　　将各个采样点6个月的土壤有机质监测值平均后进行分析。由表6-8可知，在5个土层内，设施农业土壤有机质含量最高，除了少数几个土层内无差异，基本上都达到显著水平；传统农业土壤有机质含量均与林地存在显著性差异。由图6-12可以看出，在0～20cm土层，设施农业＞落荒地＞传统农业＞林地＞坡台地；在20～40cm土层，设施农业＞传统农业＞落荒地＞坡台地＞林地；在40～100cm土层，设施农业＞传统农业＞落荒地＞坡台地＞林地。由此可见，设施农业土壤有机质含量均大于其他土地利用方式。方差分析显示，在5个土层内，设施农业土壤有机质含量均显著高于坡台地和林地，但与传统农业方式的差异并不显著。这是因为设施农业大量施肥导致有机质累积并吸附于土壤中，而传统农业却因缺少管护导致其土壤有机质并未大量增加，甚至不及落荒地和林地。

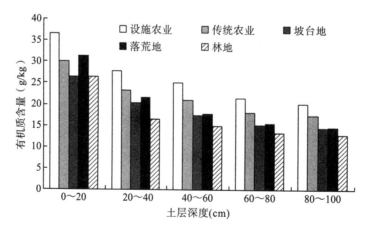

图6-12　各土层不同土地利用方式土壤有机质含量

2. 不同土层土壤有机质含量的差异

由表6-9可知,不同月份下的土壤有机质含量在不同土层间的显著性差异不完全相同。除少数月份的少数土地利用方式外,各种土地利用方式土壤表层(0～20cm)与底层(80～100cm)间存在显著性差异,并且总体看来,层距越大,土层间的土壤有机质含量越易达到显著性差异。

表 6-9　不同月份各土地利用方式土壤有机质含量在各土层间的显著性差异

年月	土地利用方式				
	设施农业	传统农业	坡台地	落荒地	林地
2010 年 7 月	①～⑦⑨ ③～⑦⑨	①～⑨ ③～⑨ ⑤～⑨	①～③⑤⑦⑨ ③～⑦⑨	①～⑤⑦⑨	①～③⑤⑦⑨ ③～⑨
2010 年 11 月	①～⑦⑨ ③～⑦⑨ ⑤～⑦⑨	①～⑨ ③～⑨	①～⑦⑨ ③～⑦⑨	①～③⑤⑦⑨	①～③⑤⑦⑨ ③～⑨
2011 年 2 月	①～③⑤⑦⑨	①～③⑤⑦⑨ ③～⑨	①～③⑤⑦⑨	①～③⑤⑦⑨	①～③⑤⑦⑨ ③～⑦⑨
2011 年 6 月	无	①～⑤	①～⑤⑦⑨ ③～⑦	无	①～③⑤⑦⑨
2011 年 9 月	①～③⑤⑦⑨ ③～⑨	①～③⑤⑦⑨ ③～⑦⑨ ⑤～⑦	①～③⑤⑦⑨	无	①～③⑤⑦⑨
2011 年 12 月	①～③⑤⑦⑨	①～⑤⑦⑨	①～③⑤⑦⑨	①～⑦⑨	①～③⑤⑦⑨
6 个月平均	①～③⑤⑦⑨ ③～⑦⑨	①～③⑤⑦⑨ ③～⑦⑨ ⑤～⑨	①～③⑤⑦⑨ ③～⑦⑨	①～⑤⑦⑨	①　③⑤⑦⑨

将各个采样点 6 个月土壤有机质的监测值平均后进行分析。之前的数据结果显示,基本上土壤 0～20cm 土层有机质含量均显著高于 20～100cm 各土层;同时,耕地(设施农业、传统农业和坡台地)土壤 20～40cm 土层有机质含量均显著高于 60～80cm 和 80～100cm 土层。这表明,不管是何种土地利用方式,人类种植活动对土壤有机质含量的影响主要在表层的 0～20cm 土层,其次为 20～40cm 土层,而对更深土层的影响则较小。由图 6-13 可知,5 种土地利用方式土壤有机质含量均沿土层自上而下逐层降低,并且相邻土层间递减幅度的最大点在 20～40cm 土层,这表明人类土地利用活动对土壤有机质含量的影响主要在表层(0～20cm)。同时可以看出,不同土地利用方式土壤有机质含量随土层变化曲线存在相似性;受人类土地利用干扰大的设施农业、传统农业和坡台地等耕地的变化趋势较为一致;受人类土地利用干扰小的落荒地与林地变化趋势则较为一致。这也从另一角度反映出人类土地利用活动对土壤有机质含量的影响。

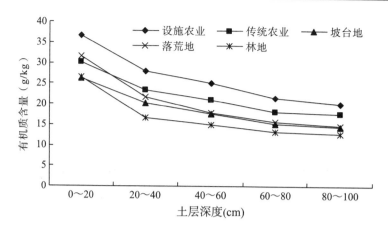

图 6-13   不同土地利用方式下不同土层土壤有机质含量

6.2.4   小结

1. 不同土地利用方式间的显著性差异

在分别监测的 6 个月中，各土层土壤 TP 含量在不同土地利用方式间绝大部分无显著性差异，而各土层土壤 TN 和有机质含量在不同土地利用方式间绝大部分达到显著性差异，但不同月份下的土壤 TN 含量在不同土地利用方式间的显著性差异不完全相同。

将各个采样点 6 个月的土壤 TN、TP 和有机质监测值平均后进行分析发现，设施农业与传统农业土壤 TN 和有机质含量大多显著高于其他土地利用方式，但设施农业与传统农业之间大多未达到显著性差异；不同土地利用方式间的土壤 TP 均无显著性差异。

2. 不同土层间的显著性差异

在分别监测的 6 个月中，各土地利用方式土壤 TP 含量在不同土层间绝大部分无显著性差异，而各土地利用方式土壤 TN 和有机质含量在不同土层间则大部分达到一定的显著性差异，但不同月份下的土壤 TN 含量在不同土地利用方式间的显著性差异不完全相同。总体来看，层距越大，土层间的土壤 TN 含量越易达到显著性差异。

将各个采样点 6 个月的土壤 TN、TP 和有机质监测值平均后进行分析发现：①各种土地利用方式土壤 0～20cm 土层 TN 含量均显著高于 60～80cm 和 80～100cm 土层；5 种土地利用方式土壤 TN 含量均沿土层自上而下逐层降低，但不同土地利用方式土壤在各土层间的最大递减幅度点不同。②5 种土地利用方式土壤 TP 含量在不同土层间均无显著性差异，但基本上呈现随深度增加而下降的趋势。③在不同土地利用方式下，土壤 0～20cm 土层有机质含量基本上高于 20～100cm；各土层 5 种土地利用方式土壤有机质含量均沿土层自上而下逐层降低，并且相邻土层间递减幅度的最大点在 20～40cm 土层，污染物主要集中分布在 0～20cm 土层。

根据不同土地利用类型的面积，核算了土壤总氮、总磷和有机含量，示范区与滇池流域详见表 6-10 和表 6-11。从表 6-10 可以看出，示范区 0～20cm 耕作层土壤总氮、总磷和有机质含量分别为 1972.3t、6802.4t、25 346.4t，其中林地总氮、有机质含量最大，富磷山区总磷含量最大。从表 6-11 可以看出，滇池流域 0～20cm 耕作层土壤总氮、总磷和有机质含量分别为 774 757 t、781 871t、83 123 922t，其中林地总氮、总磷含量最大，平耕地有机质含量最大。

表 6-10　示范区 0～20cm 耕作层中污染物含量

土地利用类型	面积(hm^2)	总氮(t)	总磷(t)	有机质(t)
传统农业	100	308.3	874.9	3 746.8
林地	213	656.7	1863.5	7 980.7
坡耕地	150	407.4	965.3	5 878.7
大棚种植区	50	248.0	515.3	2 423.7
富磷山区	60	351.9	2583.4	5 316.5
合计	573	1972.3	6802.4	25 346.4

表 6-11　滇池流域 0～20cm 耕作层中污染物储存量

地类	面积(hm^2)	有机质(t)	总氮(t)	总磷(t)
大棚种植区	14 297	13 084 858	81 037	71 372
平耕地	36 231	37 404 688	201 733	272 130
台地	5 213	3 527 998	18 992	16 403
坡耕地	20 571	16 379 688	78 350	70 401
果园	4 038	3 057 198	14 711	12 705
林地	127 718	9 669 492	379 934	338 860
合计	208 068	83 123 922	774 757	781 871

6.3　滇池流域不同土壤的面源污染潜力分析

相对于点源污染而言，面源污染没有固定的排污口，也没有稳定的污染物输送通道。面源污染物主要来源于土壤侵蚀、化肥与农药的过量使用、城市和公路径流、畜禽养殖和农村废弃物等。面源污染物输出方式有两种：一种为溶解进入径流中，实现土相向水相的转移；另一种为直接以颗粒态被径流冲刷进入水体，实现土相向水相的转移。通过研究溶解潜力，可以判断流域土壤作为污染物库，其以溶解方式进入水体的总体潜力，同时可根据不同利用类型之间的差异，用于建模过程的指导。

6.3.1　氮溶解潜力

土壤中氮素形态可分为无机态和有机态两大类，未与碳结合的含氮化合物一般多指氨氮和硝态氮。

通过配制一定的水土比例(20∶1),研究静态条件下,滇池流域不同类型土壤中 3 种形态的氮素(总氮、氨氮及硝态氮)从固相进入液相的比例及溶液达到平衡浓度所需要的时间,从而得出不同土壤的氮素溶解特性、易流失特征。研究结果表明如下。

(1)滇池流域土壤氮素的溶出在 60min 内可以达到平衡,在前 40min 内,氮素的溶出速度较快,而后随着溶液氮素浓度的升高,氮素的溶出速度逐渐减慢并达到平衡状态,详见图 6-14。在 2 号、3 号林地中,在 3 种形态的氮素中,溶出量大小排序为总氮>硝态氮>氨氮(图 6-14)。

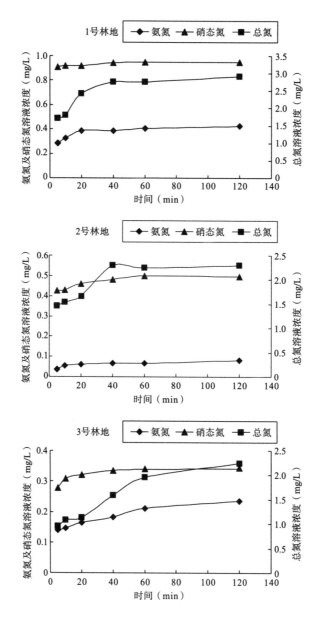

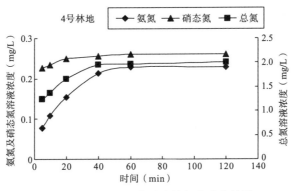

图 6-14　滇池流域林地土壤氮素溶出特性

（2）林地土壤中硝态氮的溶出速率比较快，在较短的时间内就能够达到比较高的浓度。4 个林地土壤氮素溶出达到平衡后总氮的平均值为 2.365mg/L，硝态氮的平均值为 0.512mg/L，氨氮的平均值为 0.242mg/L。

（3）3 个大棚土壤氮素溶出达到平衡后，总氮的平均值为 13.19mg/L，硝态氮的平均值为 6.41mg/L，氨氮的平均值为 0.69mg/L，详见图 6-15。相比于林地土壤，大棚土壤氮素的溶出有了较大幅度的增长，其中增长最为明显的是硝态氮，达到了林地土壤硝态氮溶出量的 12 倍，总氮的量也达到了 5 倍，可以看出大棚土壤氮素比林地土壤更加易于流失。

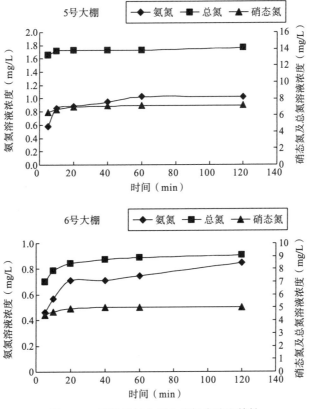

图 6-15　滇池流域大棚土壤氮素溶出特性

（4）梯地土壤氮素溶出达到平衡后，总氮的平均值为 4.71mg/L，硝态氮的平均值为 1.67mg/L，氨氮的平均值为 1.135mg/L，详见图 6-16。

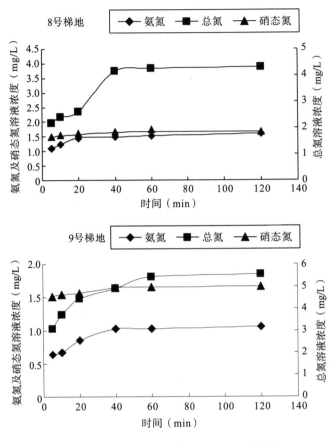

图 6-16　滇池流域梯地土壤氮素溶出特性

（5）坡地土壤中硝态氮的溶出速率比较快，在较短的时间内就能够达到比较高的浓度。4 个坡地土壤氮素溶出达到平衡后，总氮的平均值为 6.19mg/L，硝态氮的平均值为 3.72mg/L，氨氮的平均值为 1.03mg/L，详见图 6-17。

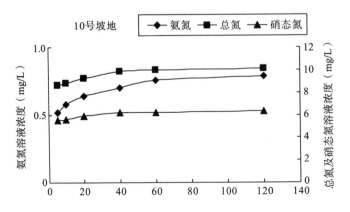

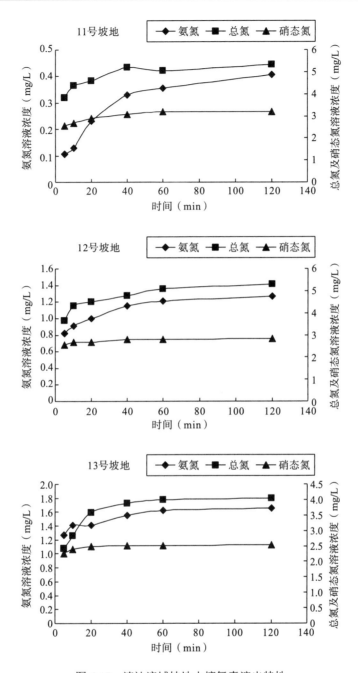

图 6-17 滇池流域坡地土壤氮素溶出特性

(6)坝平地土壤氮素溶出达到平衡后，总氮的平均值为 4.40mg/L，硝态氮的平均值为 1.41mg/L，氨氮的平均值为 1.13mg/L，详见图 6-18。4 个坝平地氮素的溶出特性比较接近，氨氮和硝态氮的差异较小。

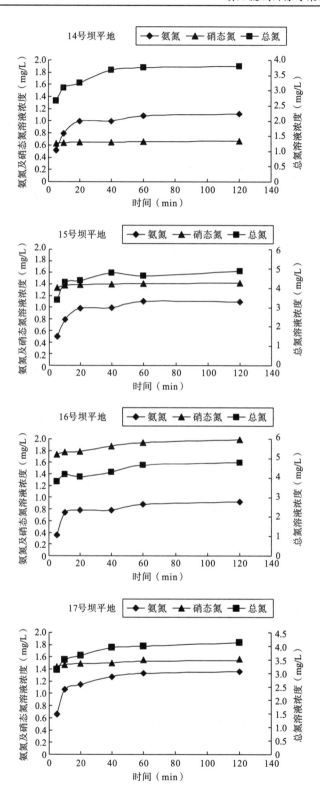

图 6-18　滇池流域坝平地土壤氮素溶出特性

（7）19 号、20 号湖滨拆除区土壤氨氮的溶出量超过了硝态氮，而 18 号湖滨拆除区土壤硝态氮的溶出量大于氨氮，详见图 6-19。土壤氮素溶出达到平衡后，总氮的平均值为 6.78mg/L，硝态氮的平均值为 0.53mg/L，氨氮的平均值为 1.11mg/L。

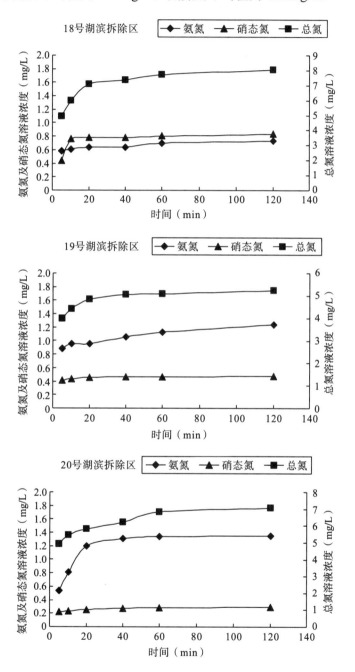

图 6-19　滇池流域湖滨拆除区土壤氮素溶出特性

(8) 各种土地利用类型的氮在固液相中的分配比例不考虑土地利用方式、土壤类型、地形等因素,只考虑土壤中含氮量与溶出浓度之间的平衡关系。水相中的氨氮浓度与土壤中氨氮的含量呈指数(大于零,小于 1)函数关系,硝酸盐氮呈线性关系,总氮呈自然对数的指数(大于零,小于 1)函数关系,详见表 6-12。

表 6-12   氨氮、硝态氮和总氮在土壤和水相之间的平衡关系

氨氮	$y = 0.1642x^{0.7928}$	$R^2 = 0.6625$
硝酸盐氮	$y = 0.138x-0.5124$	$R^2 = 0.9053$
总氮	$y = 1.2192e^{0.8336x}$	$R^2 = 0.8103$

注:x 为土壤中的含量,单位:g/kg;y 为水相中的浓度,单位:mg/L。

6.3.2   有机质溶解潜力

选取滇池流域典型土地利用类型、土壤质地、土壤作物种类进行选点,选点力求能够有较强的代表性,共计 61 个土样样品进行静态实验。溶解有机碳(dissolved organic carbon,DOC)是指在一定的时空条件下,受植物和微生物影响强烈,具有一定溶解性,在土壤中移动比较快、不稳定、易氧化、易分解、易矿化,其形态、空间位置对植物、微生物来说活性比较高的那一部分土壤碳素。其不是一种单纯的化合物,而是土壤有机碳的组成部分之一。DOC 完全被氧化后将转化为 CO_2,根据 C/O_2 的式量比(为 0.375),测定出 COD 值(O_2 的含量浓度),从而计算出 DOC 的含量。

对滇池流域选取的 130 个土壤样品进行了土壤理化性质分析(表 6-13),结果表明:滇池流域土壤有机碳含量分布为 4.91~47.83g/kg,平均值为 18.05g/kg。根据第二次全国土壤普查资料中对土壤有机碳的分级标准,滇池流域土壤有机碳含量主要集中在高级(17.4~23.2g/kg)和中级(11.6~17.4g/kg)之间,分别占 30.00 和 30.77%;极高级(>23.2g/kg)和偏低级(5.8~11.6g/kg)次之,含量水平分别是 20.77%和 17.69%;低级(3.48~5.8g/kg)和极低级(<3.48g/kg)几乎没有分布,可见滇池流域有机碳含量在全国处于中上水平。

表 6-13   滇池流域土壤有机碳分级分布

级别	水平	有机碳含量 (g/kg)	样品数量	比例(%)	有机碳的平均含量(g/kg)
1	极高	>23.2	27.00	20.77	27.82
2	高	17.4~23.2	39.00	30.00	20.17
3	中	11.6~17.4	40.00	30.77	14.49
4	偏低	5.8~11.6	23.00	17.69	9.76
5	低	3.48~5.8	1.00	0.77	4.91
6	极低	<3.48	—	—	—

1. 不同有机碳含量对 DOC 流失特征的影响和相关关系

不同土地利用方式对其 DOC 的溶出量有一定的差异性。为了分析不同土壤有机碳含量下 DOC 的溶出特征，按照全国第二次土壤调查结果中有机碳的分级标准，把土壤有机碳分为 6 级（极高、高、中、偏低、低、极低），见表 6-13。由于第 5 级数量较少、第 6 级没有样点，不符合统计学要求，因此没有对第 5 和第 6 级进行统计分析，最终处理结果见图 6-20。

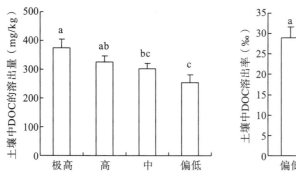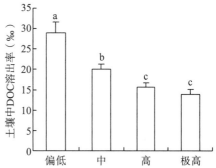

图 6-20　不同有机碳土壤中 DOC 的溶出特征

注：图中小写字母表示在 $p = 0.05$ 水平上存在显著性差异。图 6-21～图 6-25 同。

从图 6-20 我们可以看出，极高级、高级、中级、偏低级土壤中 DOC 的溶出量依次为：374mg/kg、325mg/kg、301mg/kg、254mg/kg，可以看出土壤中 DOC 的溶出量随着有机碳含量的增高而增高，这与倪进治等（2003）得出的结果一致。从相关性分析得出，有机碳含量在相邻级别（极高级与高级、高级与中级、中级与偏低级）之间土壤的 DOC 溶出量没有显著性差异，在其他级别（极高级与中级或偏低级、高级与偏低级、极高级和偏低级）之间形成了显著性差异。据分析可知，随土壤中有机碳含量的增高，其 DOC 溶出量增加的速度不大，所以相邻级别之间的差异性不大。

从 DOC 溶出率（DOC/TOC）来看，随着土壤有机碳含量的增高而降低［极高（28.97‰）＞高（20.10‰）＞中（15.71‰）＞偏低（13.81‰）］。土壤有机碳含量越低，不同级别之间 DOC 的溶出率的差异越显著，当有机碳含量大于 17.4mg/kg（高级）后，DOC 的溶出率之间不显著。据分析，可能是有机碳的含量大于高级这一级别后，其能溶出的 DOC 的量不再明显地增加。

2. 不同土壤质地对 DOC 流失特征的影响和相关关系

从图 6-21 可以看出，不同土壤质地类型之间土壤有机碳的含量为黏土（18.12g/kg）＞壤土（17.8g/kg）＞黏壤土（17.3g/kg），但无显著差异；DOC 的溶解平衡时间为黏土（2.5h）＞黏壤土（2h）＞壤土（1.5h）；DOC 的溶出量为黏壤土（325.9mg/kg）＞黏土（310.2mg/kg）＞壤土（292.3mg/kg），无显著性差异；DOC 的溶出率为黏土（17.8‰）＞黏壤土（15.7‰）＞壤土（14.3‰），没有显著性差异性（$P > 0.05$）。总的从数据大小之间的差异来看，不同土壤质地下对土壤中有机碳、DOC 的含量是有影响的，但是影响不显著。统计数据的分析表明，同一级别的有机碳含量、DOC 的溶出量及溶出率之间没有显著性差异。

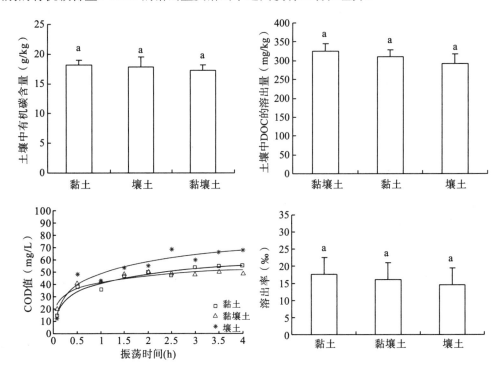

图 6-21　不同土壤质地下 DOC 的溶出特征和相关关系

3. 不同土地利用方式对 DOC 流失特征的影响和相关关系

从图 6-22 可以看出，土壤在不同土地利用方式下，土壤有机碳的含量、DOC 的溶出量、DOC 的溶出率随土地利用方式的不同而不同，但滇池流域的土壤中 DOC 的溶解平衡时间为 1.5～2.5h，基本无差别。

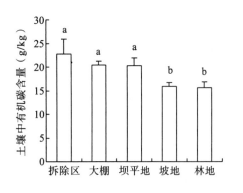
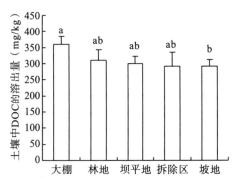

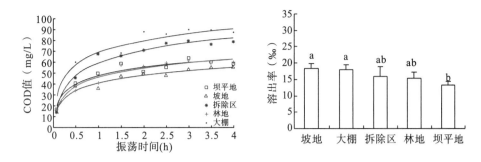

图 6-22　不同土地利用方式下 DOC 的溶出特征和相关关系

从图 6-22 中我们还可以看出，不同土地利用方式下，DOC 溶出量的高低依次为：大棚（360.5mg/kg）＞林地（310.1mg/kg）＞坝平地（300.7mg/kg）＞拆除区（292.7mg/kg）＞坡地（291.2mg/kg），方差分析显示，大棚与坡地之间形成了显著性差异，其余各土地利用方式之间没有形成显著性差异。

从 DOC 溶出率来看，不同土地利用方式下 DOC 的溶出率高低依次为：坡地（18.35‰）、大棚（18.05‰）、拆除区（15.89）、林地（15.29‰）、坝平地（13.33‰）。其中坝平地与坡地、大棚具有显著性差异（$P<0.05$）；坡地、林地、拆除区、大棚相互之间没有显著性差异，DOC 的溶出率为 15.29‰～18.35‰。

4. 不同作物类型有机碳积累及对 DOC 流失特征的影响和相关关系

1）坝平地不同作物类型下 DOC 的溶出特点

从图 6-23 可以看出，在土壤有机碳的含量上，粮食（24.83g/kg，极高级）＞蔬菜（17.39g/kg，高级），但没有显著性差异。在 DOC 的溶出量上粮食（330.48mg/kg）＞蔬菜（269.39mg/kg），二者之间也没有显著性差异。在溶出率上，蔬菜（16.5‰）＞粮食（13‰），二者之间也没有显著性差异。对于平衡时间，粮食和蔬菜均在 1.5h 达到平衡，可见种植蔬菜和粮食在 DOC 的平衡时间上没有显著性差异。分析蔬菜和粮食在种植的周期上有一定的差别，但差别不显著。

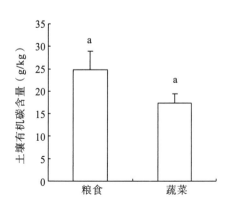

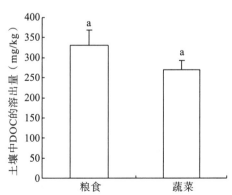

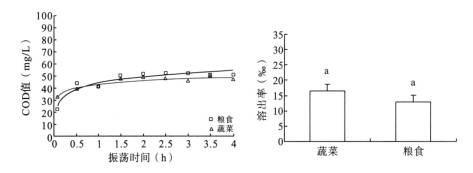

图 6-23　坝平地不同作物类型下 DOC 的溶出特征和相关关系

2）坡地不同作物类型下 DOC 的溶出特点

从图 6-24 可以看出，在土壤类型为坡地时，不同作物 DOC 的溶出特点有一定的差异，但是差异性不显著。从有机碳含量看，蔬菜（14.59g/kg，中级）＞ 经果 （14.42g/kg，中级）＞粮食（14.38g/kg，中级），不同作物之间没有显著性差异，特别是经果和粮食差异特别小。从 DOC 的溶出量看出，蔬菜（297.72mg/kg）＞粮食（292.66mg/kg）＞经果（224.24mg/kg），经方差分析，发现不同作物之间仍没有显著性差异，但种植粮食的较种植经果的溶出量大，原因可能是粮食的耕作频率较大，更新的速度快，使其内部的 DOC 相对经果类、蔬菜类较活跃，易溶出，从而溶出量较大。在平衡时间上，不同作物结果显示蔬菜（3h）＞粮食（2.5h）＞经果（1.5h），可见坡地平衡时间主要为 1.5～3h。

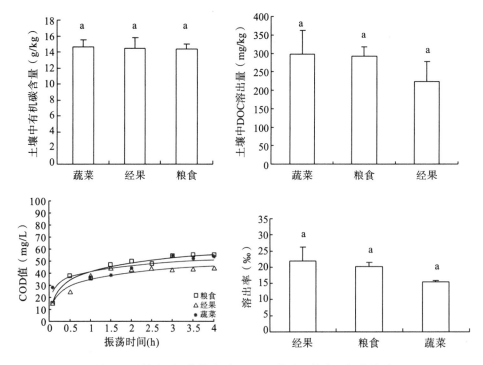

图 6-24　坡地不同作物类型下 DOC 的溶出特点和相关关系

　　3）大棚不同作物类型下 DOC 的溶出特点

　　从图 6-25 可以看出，在土地利用类型为大棚时，不同的农作物类型下，土壤中有机碳含量、DOC 的溶出量、平衡时间、DOC 溶出率之间没有形成显著相关（$P>0.05$）。从有机碳含量上看，果菜地（23.48g/kg，极高）>茎叶菜地（20.27g/kg，高）>花卉地（19.01g/kg，高）；从 DOC 溶出量看，果菜地（430.72mg/kg）>花卉地（391.38mg/kg）>茎叶菜地（331.37mg/kg）。从数据上看，花卉的 DOC 含量大于茎叶菜的，原因可能是凋落物中含有大量碳（王磊等，2010）。此外，研究得出，花卉秸秆的碳含量大于蔬菜的碳含量；从溶出率看，DOC 溶出率都在 22‰左右，之间没有显著性差异，而平衡时间主要为 1.5～2h。

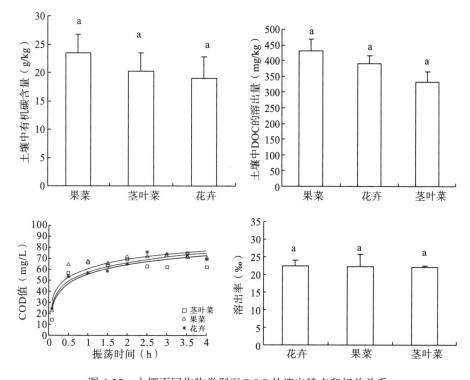

图 6-25　大棚不同作物类型下 DOC 的溶出特点和相关关系

　　排除其他表面因素，只考虑有机碳含量，发现其在与水充分接触的情况下，液相（水）与固相（土）的平衡关系有良好的线性关系。

6.3.3　磷溶解潜力

　　根据总磷的含量及土壤类型、土地利用方式，最终选择了 17 个点并进行了解析实验。土层为表层（0～20cm），采样时间为 2010 年 5 月 15 日。土壤采回以后风干，过 2mm 筛，测定溶解性总磷、溶解性磷酸盐；过 0.25mm 筛测定总磷。

1. 不同土壤类型、不同土地利用方式下总磷、溶解性总磷、溶解性磷酸盐

表 6-14 罗列了典型样地 17 个点的总磷、溶解性总磷和溶解性磷酸盐含量。其中，云南松林和坝平地玉米青花种植区两个点位的总磷含量达到 7.86g/kg 和 8.43g/kg，原因为这两处位于磷矿区的出口处，自然土本身就含有大量的磷。其余总磷的含量从高到低依次为拆除区＞大棚＞坝平地＞坡地＞林地。拆除区位于斗南，以前主要是种植花卉，全为大棚，并且具有长久的种植历史。大棚主要种植的为花卉、蔬菜，使用了大量的化肥与农药，并且全年都在使用，使土壤中滞留了大量营养元素。

表 6-14　不同土壤类型、不同土地利用方式下总磷、溶解性总磷、溶解性磷酸盐的含量

编号	土地利用方式	土壤类型	植被类型	总磷 (g/kg)	速效磷 (mg/kg)	溶解性总磷 (g/kg)	溶解性磷酸盐 (g/kg)
1	林地	黏土	云南松	7.86	80.67	0.0095	0.0026
2		黏土	云南松	0.40	0.31	0.0011	0.0003
3		黏壤土	银荆	0.14	5.26	0.0007	0.0002
4		壤土	云南松、滇油杉	1.12	0.48	0.0011	0.0004
5	坡地	黏土	玉米	0.57	4.57	0.0015	0.0004
6		黏土	玉米	1.09	15.23	0.0022	0.0019
7		黏壤土	玉米	1.09	13.56	0.0020	0.0012
8		壤土	玉米	0.61	11.82	0.0029	0.0020
9	大棚	黏土	生菜	2.94	96.24	0.0067	0.0052
10		黏壤土	小白菜、油麦菜	1.26	25.35	0.0038	0.0024
11		壤土	月季	1.61	70.99	0.0047	0.0020
12	坝平地	黏土	玉米、青花	8.43	95.35	0.0079	0.0070
13		黏土	蚕豆	1.25	30.73	0.0012	0.0008
14		黏壤土	玉米	0.84	40.60	0.0027	0.0013
15		壤土	蚕豆	1.50	12.60	0.0026	0.0006
16	拆除区	黏壤土	河草	1.93	71.77	0.0086	0.0078
17		壤土	河草	2.46	89.93	0.0078	0.0065

溶解性总磷含量为 0.0007～0.0095g/kg。溶解性磷酸盐含量较低，随溶解性总磷含量增加而增加。

2. 不同土地利用类型、不同土壤类型下溶解性总磷的含量

图 6-26 表示的是在不同土壤类型、不同土地利用条件下，溶解性总磷的含量分布。由图可见，溶解性总磷的含量与土壤类型关系不明显，而与土地利用类型具有显著性差异。溶解性总磷的析出主要受土地利用类型的影响。溶解性总磷含量最高的为拆除区，然后依

次为大棚、坝平地或坡地，然后为林地，与总磷规律保持一致。

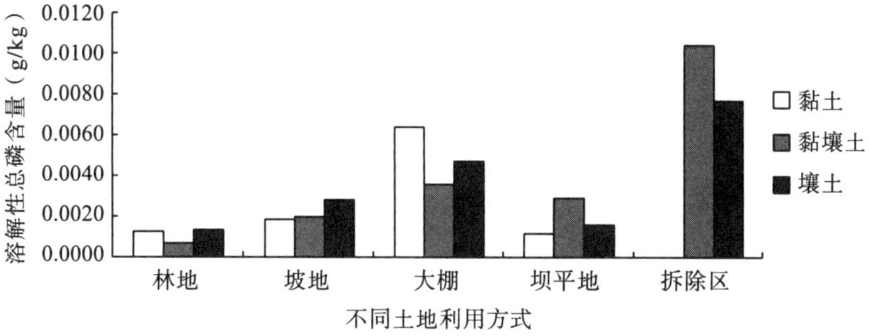

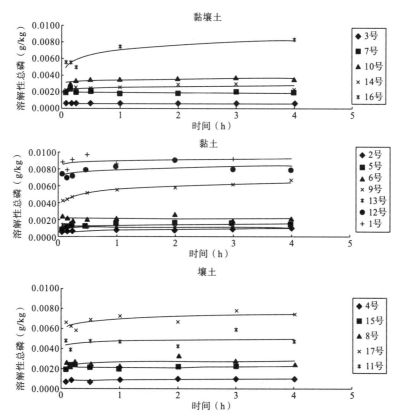

图 6-26　不同土地利用方式、不同土壤类型溶解性总磷含量的分布(除磷矿区外)

3. 溶解性总磷的解析平衡时间

不同土地利用方式下，黏壤土、壤土、黏土的土壤溶解性总磷的解析平衡时间全部在 1h 左右达到平衡(图 6-27)。磷素的解析平衡时间短，表示在降雨或地下水冲刷和淋溶时，1h 内就能达到平衡；溶解浓度低，说明与降雨、地下水接触过程中，溶解性总磷可能在很短时间内就达到平衡。

图 6-27　不同土壤类型在不同土地利用方式下溶解性总磷的解析平衡时间

4. 溶解性总磷与溶解性磷酸盐的关系

图 6-28 表明，溶解性总磷实质主要是溶解性磷酸盐，两者之间呈现显著的正相关关系。

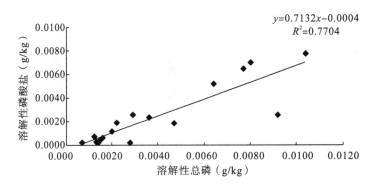

$$y = 0.7132x - 0.0004$$
$$R^2 = 0.7704$$

图 6-28　溶解性总磷与溶解性磷酸盐的关系

5. 土壤总磷与水相中总磷之间的平衡关系

如果不考虑土地利用方式、土壤类型等因素的影响，只考虑土壤中总磷含量与水相中总磷含量的平衡关系，土壤中含磷量达到一定水平时，总磷的溶出水平就逐步趋于恒定值（表 6-15）。水相中的总磷含量与土壤中的溶解性总磷含量的相关性大于与土壤中总磷含量的关系。

表 6-15　土壤中 TP 含量与液相中 TP 含量的关系

关系式	$y = 0.044 \mathrm{Ln}(x_1) + 0.0798$	$R^2 = 0.4155$
	$y = 0.0703 \mathrm{Ln}(x_2) + 0.5014$	$R^2 = 0.7262$

注：x_1 为土壤中的总磷含量，x_2 为土壤中的溶解性总磷含量，二者单位为 g/kg；y 为水相中的浓度，单位为 mg/L

6.4　污染物溶解进入地下水的能力

滇池流域浅层地下水存在季节性的变化特征。浅层地下水是指地表以下 60m 内的含水层。未经深层岩石过滤，水体极易被工厂排放的污水和农田残留的农药污染。在湖滨区，随滇池水位的变化而变化，滇池水位变化范围为 1885.2～1887.4m，落差 2m 左右。在晋宁县上蒜乡段七村柴河两岸，雨旱季地下水位落差也可达到 2m 左右。

经过对上蒜乡大棚种植区地下水的水质监测表明，大棚区地下水污染是非常严重的（表 6-16）。

表 6-16　大棚区地下水污染物浓度

指标	COD	TN	NH_3-N	$NO_3^- - N$	TP
平均浓度(mg/L)	19.6	11.3	0.32	8.8	0.23

根据上述特征，在示范区存在耕作层季节性地下水浸泡的区域。选择示范区露地种植、使用 5 年的大棚、使用 10 年的大棚 3 种用地类型，采集了土壤剖面，装填土柱，进行地下水浸泡模拟实验，并通过分层采集孔隙水，进行污染物浓度和析出量的分析。结果见表 6-17。模拟结果显示，地下水污染水平不低，但其溶出比例均在十万分之几的水平，表明农业种植区地下水污染将是一个长期存在的问题。

表 6-17　模拟地下水污染水平

指标	用地类型	露地	5 年大棚	10 年大棚
TN	地下水浓度 (mg/L)	2.23	1.98	2.11
	溶出比例 (‰)	2.72	0.02	0.02
COD	地下水浓度 (mg/L)	130	135	140
	溶出比例 (‰)	0.06	0.05	0.50
TP	地下水浓度 (mg/L)	0.38	0.42	0.70
	溶出比例 (‰)	0.08	0.06	0.04

6.5　污染物随地表径流流失潜力

为了解污染物随地表径流流失潜力，采集宝象河小流域林地、灌木林地、旱地、水浇地土样，进行径流模拟静态实验。其水样中液态 COD、TN、TP 浓度分别为 17.2mg/L、0.293mg/L、0.245mg/L。4 种土地利用类型径流模拟水样颗粒态 COD、TN、TP 浓度分别为 67.7mg/L、1.798mg/L、1.09mg/L。不同土地利用类型径流模拟水样颗粒态所占比例如表 6-18 所示，4 种土地利用类型径流模拟水样中颗粒态所占比例几乎大于都 70%，颗粒态 COD、TN、TP 所占平均比例分别为 74%、84%、75%，与窦培谦等 (2006) 在密云石匣小区氮磷坡面流失特征研究结果 (土壤氮、磷的流失以颗粒态为主，分别占总氮、总磷的 72.3%、74.8%) 类似。

表 6-18　不同土地类型径流模拟水样颗粒态所占比例 (%)

土地类型	林地	灌木林地	旱地	水浇地	平均比例
COD	71	78	76	70	74
TN	82	85	84	87	84
TP	74	68	78	80	75

宝象河小流域不同土地利用类型下径流模拟水样静置沉淀后监测 COD 浓度变化结果表明，不同土地利用类型径流模拟水样 COD 浓度差异比较大，林地、灌木林地、旱地、水浇地径流模拟水样 COD 平均浓度分别为 53.2mg/L、51.2mg/L、83.5mg/L、82.3mg/L。林地与灌木林地、旱地与水浇地径流模拟水样 COD 平均浓度相差不大。

林地：中游林地径流模拟水样 COD 浓度比较大，达到 78mg/L、96.1mg/L，上游林地径流模拟水样 COD 浓度相对较小，均小于 40mg/L。水样静置 8h 后，COD 浓度降幅在 23%～76%范围内波动，平均降幅为 46%。灌木林地：中游灌木林地径流模拟水样 COD 浓度比较大，达到 107.9mg/L，上游灌木林地径流模拟水样 COD 浓度相对较小，均小于 45mg/L。水样静置 8h 后，COD 浓度降幅在 36%～74%范围内波动，平均降幅为 61%。旱地：中游旱地径流模拟水样 COD 浓度很大，达到 100.8mg/L、100.8mg/L、167.3mg/L，上游旱地径流模拟水样 COD 浓度相对较小，均小于 50mg/L。水样静置 8h 后，COD 浓度降幅在 41%～87%范围内波动，平均降幅为 59%。水浇地：中游水浇地径流模拟水样 COD 浓度很大，达到 135.5mg/L，上游水浇地径流模拟水样 COD 浓度相对较小，为 74.2mg/L。水样静置 8h 后，COD 浓度降幅在 42%～57%范围内波动，平均降幅为 47%。

4 种土地利用类型径流模拟水样静置 8h 后，COD 浓度平均降幅大小排列顺序为：灌木林地＞旱地＞水浇地＞林地，COD 浓度总平均降幅为 53%。

6.6 滇池流域面源污染动力条件

昆明市干湿季分明，雨季主要集中在 5 月下旬至 10 月上旬，详见表 6-19。该区域多年平均降雨量为 19.7 亿 m³，相应径流量为 9.7 亿 m³，平均径流系数为 0.49。

表 6-19 昆明市近 30 年月降雨量统计表 （单位：mm）

	1 月	2 月	3 月	4 月	5 月	6 月	7 月	8 月	9 月	10 月	11 月	12 月	年值
降雨	15.8	15.8	19.6	23.5	97.4	180.9	202.2	204.0	119.2	79.1	42.4	11.3	1011.2
蒸发	127.4	156.5	223.6	244.7	219.5	154.4	138.8	141.7	120.0	110.9	99.3	101.5	1838.3

由于受局部地形的影响，滇池流域降雨分布不均匀，主要集中在流域东北部，位于东部和南部的呈贡、晋宁的降雨量较小。

由于降雨分布不均匀，在其他影响面源污染的指标相同的情况下，面源污染物产生量可能并不一致。除了空间和年内季度造成的降雨差异，降雨在年际间差异也非常大。2009～2011 年，滇池流域处于连续三年的大旱期。2009 年、2010 年、2011 年平均降雨量分别为 571mm、830mm、590mm，均低于多年平均降雨量(978mm)。

2010 年，柴河水库降雨量为 801mm，宝象河水库的降雨量为 775.5mm。柴河示范区自 2010 年 7 月开始观测，降雨量明显偏少。以 2011 年为例，全年降雨量仅为 456.6mm，为多年平均降雨量的 46.7%。2010 年，共观测到两场较大的降雨，7 月 22 日降雨量为 22mm，8 月 16～17 日降雨量为 17.2mm。2011 年也观测到两场较大降雨，7 月 17～18 日降雨量为 30.2mm，9 月 16 日降雨量为 21mm。

2011 年 1 月 1 日至 9 月 27 日松华坝水库降雨量为 622.3mm，较历史同期多年均值 833.4mm 减少 211.1mm，减小幅度为 25.3%。其中 7 月 21 日至 9 月 27 日降雨量为 151.6mm，较历史同期 363.0mm 减少 211.4mm，减小幅度为 58.2%，比历史上最枯的 1992 年的同期值 202.1mm 还少 50.5mm，为 1953 年有资料以来的最小值。

2011 年 1 月 1 日至 9 月 27 日宝象河水库降雨量为 632.3mm，较历史同期 739.4mm 减少 107.1mm，减少幅度为 14.5%。其中 7 月 21 日至 9 月 27 日两个月总降雨量为 114.4mm，较历史同期 298.2mm 减少 183.8mm，减小幅度为 61.6%，比 1992 年的同期值 179.4mm 少 65mm。

总之，本章节采用点位调查的方法，对滇池流域不同土地类型土壤营养物质污染情况和溶出动力情况进行了研究，并分析了这些特征与土层深度、降雨等环境因素的关系，为滇池工作者提供了良好的方法示范和有用的背景数据，可以为制定合理的土地利用类型提供依据。

第7章　滇池流域面源污染输移过程
与机理：定点研究与定位观测

控制农业面源污染是当今地表水环境保护研究领域的热点之一。减少农村和农田径流的营养物质输移是防治农业面源污染的主要途径。本章立足于水环境保护的角度，选取滇池流域典型地段，采用野外定位采样和观测与化学分析相结合的方法，探讨了降雨侵蚀下，不同地域、不同土地利用类型、不同河流等条件下径流对营养物质输移的影响，分析了降雨径流的营养流失过程，为控制营养物质流失提供了有效依据；对于防治面源污染及其地表水环境的保护具有重要的理论与实践意义。

7.1　地表径流中污染物的赋存方式

暴雨径流中的污染物以悬浊液的方式赋存于不同粒径大小的颗粒物中，随暴雨径流向下游水体迁移。颗粒物是城市不透水表面污染物的主要载体，如大气沉降、汽车尾气、轮胎磨损、融雪剂、建筑工地上的沉积物、固体垃圾及渗滤液等颗粒物含有的大量污染物（COD、营养物、有机物、重金属、病原体等），最终都将在雨水淋洗、冲刷作用下迁移至受纳水体中，并对其生态环境产生严重危害。雨水径流中的颗粒物还会导致受纳水体浊度升高，因此，通常认为颗粒物是构成环境水体水质恶化的潜在组分。利用 Stokes 方程确定沉降时间、高度与粒径范围的关系（表 7-1），可以分析其水体中污染物含量与径流中颗粒物粒径之间的关系。水样静置沉淀，分时段测定水样的污染指标，可以确定水样中污染物的混合浓度。假设水样中溶解组分已达到平衡，各时段溶解物浓度为恒定值，则前后时段污染物浓度相减，即可得到水样中两时段之间以悬浮态存在的污染物浓度。逐次测定，逐次相减，即可获得污染物在不同粒径范围的浓度分布（以悬浊液浓度方式表述）。

表 7-1　沉降时间与土壤颗粒粒径的关系（气温 20℃，沉降高度 8.3cm）

沉降时间	0min	5min	30min	4h	8h	24h	48h
土壤颗粒 粒径范围(mm)	<0.05	<0.02	<0.008	<0.003	<0.002	<0.001	<0.0008

通过对示范区晋宁县上蒜乡段七村委会东面山地、坡台地、冲沟至柴河整个过程暴雨径流过程跟踪采样，样点是根据污染物的来源、迁移过程和汇入的河流位点这一过程来确定的，在此过程中选取有代表性的 7 个点，根据其迁移过程分为：输出源强测定 3 个（山

地富磷区 1 个、非富磷区坡地 1 个、台地 1 个)、输移过程测定 2 个(山地或坡台地天然冲沟 1 个、土路排水冲沟 1 个)、河道汇集过程测定 2 个(柴河上游 1 个、柴河下游 1 个)。山地富磷区、非富磷区坡地位于半山腰，其中富磷区采样点的顶上有废弃的一个磷矿开采场，有一条天然冲沟与其相连，两侧为耕地和荒草地；而非富磷区坡地采样点最顶端为云南松林地，中间为农耕地，主要种植青花、豌豆等作物，采样点在农耕地下端。台地位于山地富磷区右侧，所处高度为富磷区高度的 1/2，主要种植青花、玉米、豌豆等作物。

本研究选取 2011 年两场不同条件下的降雨为例进行研究，其降雨特征见表 7-2。7 月 18 日的降雨为当年第一场暴雨，下午 6∶40 左右发生，降雨量为 89mm，最大降雨强度约 40mm/h，历时约 4h，此次暴雨降雨时间短，降雨强度大；8 月 15 日降雨量为 61mm，最大降雨强度约 36mm/h，此次暴雨发生前几天研究区一直有小雨。

表 7-2　降雨特征

监测日期	降雨量(mm)	降雨历时(h)	最大降雨强度 (mm/h)	平均降雨强度 (mm/h)	前期无雨时间 (d)
2011 年 7 月 18 日	89.00	4.00	40.00	22.00	3.00
2011 年 8 月 15 日	61.00	3.00	36.00	20.00	1.00

注：2011 年 7 月 18 日降雨为磷矿开采后首场暴雨，2011 年 8 月 15 日降雨为第二场暴雨。

样品分别于 2011 年 5 月 16 日、7 月 17 日和 8 月 12 日采集。其中，5 月 16 日只采集柴河上下游水样，为枯水期样品；7 月 17 日和 8 月 12 日采集全部样点水样，为暴雨期样品。样品带回实验室后，将样品倒入 1000mL 的量筒中，分成 42 筒。每个样品分别沉降 0min、5min、30min、4h、8h、24h、48h，并分别取出这 7 个时间点沉降后样品的上清液进行分析。

7.1.1　地表径流中氨氮的赋存方式

暴雨期间氨氮浓度与颗粒物之间关系的研究结果表明，氨氮浓度与沉降时间呈显著负相关。其中在第一场暴雨中，以富磷区的变化幅度最大，在沉降 5min 时其浓度为 25.03mg/L，沉降 30min 时即降为 9.03mg/L，之后其变化不大，其他样点的变化幅度均较为平缓(图 7-1)。在第二场暴雨中，富磷区的变化幅度依旧最大，由 5min 的 13.61mg/L 突降至 30min 时的 3.45mg/L(图 7-2)。

将柴河河道枯水期(2011 年 5 月 17 日)、雨季非暴雨期(2011 年 8 月 12 日)水样分析结果进行对比，结果表明暴雨期间水样中含有大量颗粒态氨氮，而雨季非暴雨期颗粒物很少，枯水期在非降雨天气几乎完全是溶解态的氨氮，不具有可沉淀性。

此外，枯水期未经沉降的上游水样浓度为 0.47mg/L，下游水样浓度为 0.53mg/L；雨季非暴雨期(8 月 12 日)水样浓度分别为上游 1.39mg/L，下游 1.69mg/L；而暴雨期(7 月 17 日)水样浓度分别为上游 4.23mg/L，下游 4.62mg/L。雨旱季水样浓度相差 9~10 倍，暴雨径流导致了大量颗粒态氨氮进入水体，而且溶解态污染物也有增加(图 7-3)。

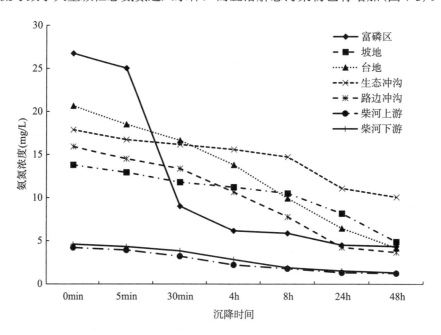

图 7-1　2011 年 7 月 17 日氨氮浓度随沉降时间的变化曲线

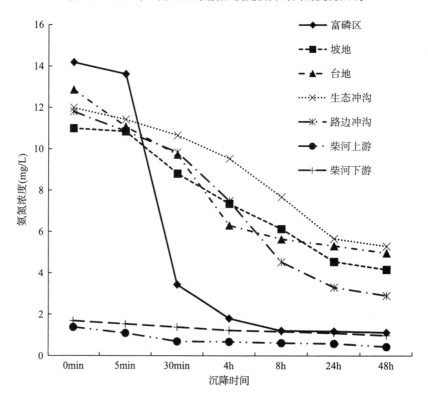

图 7-2　2011 年 8 月 12 日氨氮浓度随沉降时间的变化曲线

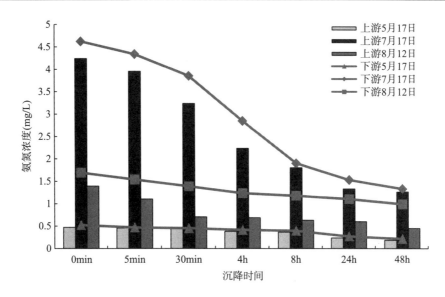

图 7-3　暴雨期和枯水期氨氮浓度随沉降时间的变化曲线

利用沉淀法去除暴雨径流中的氨氮，对源区径流，停留时间不宜低于 8h，去除率不低于 50%。对河道暴雨径流，停留时间不宜低于 8h，去除率不低于 30%。对于非暴雨期间，沉淀法去除氨氮基本无效。

土壤粒径分布(particle size distribution，PSD)作为重要的土壤物理属性，是表征土壤物理性质的重要参数之一。其对土壤肥力状况及土壤持水力等有着显著的影响。表 7-3 为两场暴雨的氨氮浓度与土壤粒径之间的关系，可以用于描述土壤中污染物质流失的微观过程。

表 7-3　径流中氨氮的粒径分布特征

区域	含量及所占比例	粒径范围(mm)							
		>0.02	0.008~0.02	0.003~0.008	0.002~0.003	0.001~0.002	0.0008~0.001	<0.0008	总量
磷矿区	含量(mg/L)	1.14	13.08	2.25	0.44	0.70	0.10	2.75	20.46
	占总量的比例(%)	5.59	63.93	10.99	2.14	3.42	0.49	13.44	100.00
林地	含量(mg/L)	0.50	1.59	1.01	0.97	1.95	1.83	4.53	12.38
	占总量的比例(%)	4.07	12.83	8.14	7.80	15.78	14.79	36.59	100.00
台地	含量(mg/L)	1.97	1.11	3.13	2.26	1.90	1.31	4.58	16.26
	占总量的比例(%)	12.10	6.82	19.27	13.91	11.67	8.08	28.15	100.00
路边冲沟	含量(mg/L)	1.19	1.08	2.53	2.90	2.38	0.49	3.30	13.87

续表

区域	含量及所占比例	粒径范围(mm)							
		>0.02	0.008~0.02	0.003~0.008	0.002~0.003	0.001~0.002	0.0008~0.001	<0.0008	总量
路边冲沟	占总量的比例(%)	8.58	7.80	18.23	20.94	17.17	3.50	23.78	100.00
生态冲沟	含量(mg/L)	0.86	0.57	0.67	1.35	2.84	0.68	7.69	14.66
	占总量的比例(%)	5.87	3.89	4.57	9.21	19.37	4.64	52.45	100.00
大棚区	含量(mg/L)	0.60	0.29	2.14	0.09	0.69	0.03	1.45	5.29
	占总量的比例(%)	11.38	5.41	40.62	1.63	13.01	0.54	27.41	100.00
柴河上游	含量(mg/L)	0.29	0.56	0.51	0.24	0.25	0.11	0.85	2.81
	占总量的比例(%)	10.17	19.83	18.13	8.65	8.91	3.99	30.32	100.00
柴河下游	含量(mg/L)	0.22	0.32	0.58	0.50	0.22	0.16	1.16	3.16
	占总量的比例(%)	6.94	10.13	18.23	15.83	7.08	4.98	36.72	100

　　常规上将土壤颗粒分为：砂粒（>0.05mm）、粉砂粒（0.002~0.05mm）、粗粉砂粒（0.005~0.05mm）、细粉砂粒（0.002~0.005mm）、粗黏粒（0.0002~0.002mm）、细黏粒（<0.0002mm）。

　　表 7-3 数据表明,磷矿区径流中氨氮呈双峰分布,氨氮主要分布在粒径 0.008~0.02mm 的粗粉粒中，占了氨氮的 63.93%，其次为小于 0.0008mm 的黏粒中，比例为 13.44%。大于 0.0008mm 的颗粒中，比例为 86.56%，说明该区氨氮输移以颗粒态（大于 0.00045mm）为主。

　　林地径流中氨氮分布呈单峰分布，分布较分散。粒径小于 0.0008mm 的黏粒中的氨氮占了总氮的 36.59%，粒径大于 0.0008mm 的颗粒中的氨氮占了 63.41%，说明该区径流中氨氮输移颗粒态（大于 0.000 45mm）的比例占 2/3 左右，溶解态占了 1/3 左右，各粒径范围分布较均匀。

　　台地区径流中氨氮分布呈双峰分布，但起伏不大。粒径小于 0.0008mm 的黏粒中所含氨氮占 28.15%，另一次峰出现在 0.003~0.008mm 的粉粒中，占 19.27%，粒径大于 0.0008mm 的颗粒中所含氨氮占 71.85%，说明该区氨氮以颗粒态为主的方式输移，溶解态比例低于 1/3，各粒径范围分布较均匀。台地区的氨氮粒径分布特征与林地类似。

　　大棚区径流中氨氮呈双峰分布。其中最多部分出现在 0.003~0.008mm 的粉粒中，占 40.62%。另一峰值的氨氮赋存于小于 0.0008mm 的黏粒中，占 27.41%。大于 0.0008mm 的颗粒中所含氨氮为 72.59%，说明大棚区径流中的氨氮以颗粒态为主输移，与台地区等接近。

路边冲沟径流中氨氮呈双峰分布，但起伏不大。分布在粒径小于 0.0008mm 的氨氮占了总氨氮的 23.78%，介于 0.002～0.003mm 粉粒中所含氨氮占了 20.94%，大于 0.0008mm 的氨氮占了总氨氮 76.22%，说明该区输移的氨氮以颗粒态为主，溶解态比例超过了 1/5，各粒径范围分布较均匀，路边冲沟径流中氨氮粒径分布特征与台地、林地类似。

生态冲沟径流中小于 0.0008mm 的颗粒中所含氨氮占了总氨氮的 52.45%，介于 0.001～0.002mm 的粉粒中所含氨氮占了 19.37%。大于 0.0008mm 的颗粒中所含的氨氮占了总氨氮的 47.55%，说明颗粒态氨氮与溶解态氨氮基本上各占一半。由于生态冲沟采样点设在下游，因此说明前三个源点径流中的大部分颗粒态氨氮在生态冲沟中植被、河床的作用下，在输移过程中被沉淀截留，且其截留作用显著高于路边冲沟(无植被)。

柴河上游径流中的氨氮呈双峰分布，各粒径范围分配较接近。30.32%的氨氮赋存于粒径小于 0.0008mm 的颗粒中，介于 0.003～0.02mm 粉粒的氨氮比例为 37.96%。大于 0.0008mm 的颗粒中赋存的氨氮比例为 69.68%，说明柴河河道示范区上游径流中的氨氮主要以颗粒态为主输移，与示范区沟渠的情况类似。

柴河下游径流中的总氮呈双峰分布，其中 36.72%的氨氮赋存于小于 0.0008mm 的颗粒中，44.19%赋存于 0.002～0.02mm 的粉粒中。大于 0.0008mm 的颗粒中赋存的氨氮为 63.28%，说明示范区进入河道的氨氮以颗粒态为主，与示范区沟渠、示范区上游的情况类似。经过示范区以后，河道中颗粒态氨氮的比例有所下降，说明示范区溶解态氨氮的输入比例可能高于上游地区，但不排除沿途溶解态氨氮转化降解的影响。

不同的用地类型产生的径流氨氮浓度有差异。总体上浓度都不低，源区浓度都高于 5mg/L，为河道浓度的 20 倍。其中废磷矿区、林地、台地都超过 10mg/L。径流中氨氮浓度较高，面源污染的影响需引起足够重视。同时，数据显示超过 8h 的沉淀对源区氨氮可以取得较好的截留效果。

在示范区内输移过程中，总体上氨氮从源区经沟渠进入河道，各粒径范围的氨氮均呈下降趋势。其中下降幅度最大的为 0.008～0.02mm 粉粒中包含的氨氮，说明有沉淀的作用。小于 0.0008mm 黏粒中包含的氨氮下降幅度也较可观，说明沿途还存在吸附转化等作用。大于 0.02mm，介于 0.0008～0.001mm 细粉粒包含的氨氮降解作用相对较小。由于该部分颗粒中所含氨氮也低，在氨氮输移和降解过程中基本不起显著作用。

污染物是从源区通过沟渠进入河道的。第一场暴雨氨氮的平均浓度为 16.91mg/L，第二场为 11.89mg/L。第一场暴雨沟渠中的浓度为源区平均浓度的 83%，第二场为 93%，两场平均 90%。而第一场暴雨期间示范区出口河道断面的浓度仅为源区平均浓度的 22%，第二场为 12%，两场平均为 20%。结合示范区上下游河道断面氨氮浓度变化很小的情况，说明示范区对河道氨氮有贡献，但贡献十分有限。进入河道的氨氮以小粒径颗粒物为主要方式存在，沉淀法去除基本无效。

7.1.2 地表径流中总氮与径流中颗粒物粒径分布的关系

对暴雨径流总氮与径流中颗粒物粒径之间的关系的研究结果表明,总氮浓度跟沉降时间呈显著负相关。废矿区暴雨径流中总氮沉降去除率最高,在 8h 后变化趋于平缓,显示出该区域总氮以易沉淀的颗粒态为主。台地和生态冲沟的总氮沉降趋势相似,24h 后趋于平缓,同样显示该区域总氮的赋存方式以颗粒态居多。路边冲沟在 0~4h 和 8~24h 两个时间段有显著降低趋势,在 0~24h 总氮浓度显著降低,显示了路边冲沟径流中总氮以颗粒态为主;林地表现出缓慢下降趋势,最终浓度接近初始浓度的一半,总氮的赋存方式偏重于颗粒态(图 7-4)。

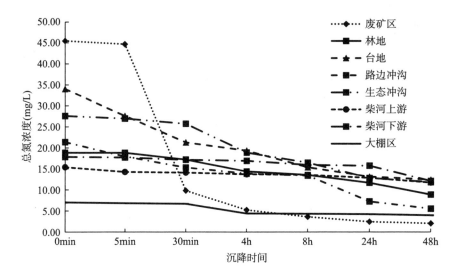

图 7-4 各个样点总氮重力沉降后变化趋势

磷矿区的暴雨径流,经 0.5h 的沉淀,即可取得 70%以上的总氮去除率,经 4h 的沉淀,可以取得 88%的去除率。经 8h 的沉淀,源区径流普遍可以达到 35%以上的去除率,沟渠径流可以获得 30%的去除率,但对柴河河道径流,仅能获得 6%左右的去除率。

表 7-4 数据表明,废矿区径流中总氮主要分布在粒径 0.008~0.02mm,占了总氮 76.69%,呈单峰分布,说明该区总氮输移以颗粒态为主。

表 7-4 各个样点总氮在各个粒径段所占比例

区域	含量及所占比例	粒径范围(mm)							
		>0.02	0.008~0.02	0.003~0.008	0.002~0.003	0.001~0.002	0.0008~0.001	<0.0008	总量
废矿区	含量(mg/L)	0.78	34.81	4.57	1.63	1.16	0.39	2.05	45.39
	占总量的比例(%)	1.71	76.69	10.08	3.59	2.56	0.85	4.53	100
林地	含量(mg/L)	0.04	1.59	2.83	0.85	1.86	2.79	8.88	18.84

续表

区域	含量及所占比例	粒径范围(mm)							
		>0.02	0.008~0.02	0.003~0.008	0.002~0.003	0.001~0.002	0.0008~0.001	<0.0008	总量
台地	占总量的比例(%)	0.21	8.44	15.02	4.51	9.87	14.81	47.13	100.00
	含量(mg/L)	6.43	6.28	1.94	3.95	2.25	0.70	12.44	33.99
	占总量的比例(%)	18.93	18.47	5.70	11.63	6.61	2.05	36.60	100
路边冲沟	含量(mg/L)	3.40	2.64	1.47	0.47	6.12	1.71	5.54	21.35
	占总量的比例(%)	15.97	12.34	6.90	2.18	28.67	7.99	25.95	100.00
生态冲沟	含量(mg/L)	0.62	1.24	6.82	2.40	3.64	1.01	11.82	27.55
	占总量的比例(%)	2.25	4.50	24.75	8.72	13.22	3.66	42.90	100.00
大棚区	含量(mg/L)	0.19	0.14	2.29	0.07	0.10	0.25	3.98	7.02
	占总量的比例(%)	2.65	1.99	32.69	0.99	1.44	3.53	56.71	100.00
柴河上游	含量(mg/L)	1.13	0.16	0.40	0.14	0.71	1.10	11.73	15.37
	占总量的比例(%)	7.36	1.01	2.57	0.91	4.64	7.16	76.34	99.99
柴河下游	含量(mg/L)	0.14	0.54	0.24	0.97	0.20	3.64	12.10	17.83
	占总量的比例(%)	0.78	3.04	1.35	5.43	1.13	20.42	67.85	100.00

　　林地径流中总氮分布呈双峰分布。粒径小于 0.0008mm 的颗粒中的氮占了总氮的 47.12%，另一次峰出现在 0.003~0.008mm，占 15.02%。大于 0.0008mm 的颗粒中的氮占了总氮的 52.88%，说明该区径流中总氮输移颗粒态(大于 0.00045mm)的比例占一半多，溶解态的总氮比例高于废矿区。

　　台地径流中总氮呈双峰分布。粒径小于 0.0008mm 的颗粒中所含总氮占 36.6%，另一次峰出现在大于 0.003~0.02mm，占 43.1%。粒径大于 0.0008mm 的颗粒中所含总氮占 63.4%，说明该区总氮以颗粒态为主的方式输移，溶解态的总氮比例低于林地，高于废矿区。

　　路边冲沟径流中总氮呈三峰分布。分布在粒径小于 0.0008mm 的占了总氮的 25.95%，大于 0.0008mm 的占了总氮的 74.05%，大于 0.008mm 的占了总氮的 28.31%，0.002~0.0001mm 的颗粒中占了总氮的 28.67%，说明输移的总氮以颗粒态为主，溶解态的总氮比例低于台地。

　　生态冲沟径流小于 0.0008mm 的颗粒中所含总氮占 42.90%，大于 0.0008mm 的颗粒中所含总氮占 57.10%，溶解态的总氮比例与林地接近，高于台地和废矿区。虽然颗粒态总氮多于溶解态总氮，但是溶解态总氮在其中仍占了较多部分，说明前三个源点径流中的大部分颗粒态氮在生态冲沟中植被、河床的作用下，在输移过程中被沉淀截留，其截留作用显著高于路边冲沟(无植被)。

大棚区径流中总氮呈双峰分布。其中 56.71%的总氮赋存于小于 0.0008mm 的颗粒中，大于 0.0008mm 的颗粒中所含总氮仅达到 43.39%，另一峰值出现在 0.008～0.003mm，占 32.69%，说明大棚区径流中的溶解态总氮约占一半。溶解态总氮的比例高于林地、台地和废矿区，可能与化肥施用有关。

柴河上游径流中的总氮呈单峰分布。76.34%的总氮赋存于粒径小于 0.0008mm 的颗粒中，大于 0.0008mm 的颗粒中赋存的总氮仅为 23.66%，说明柴河河道径流中的总氮主要以溶解态的方式输移。示范区上游流失的总氮中颗粒态仅占 20%左右，其余皆为溶解态。

柴河下游径流中的总氮呈单峰分布。其中 67.85%的总氮赋存于小于 0.0008mm 的颗粒中，大于 0.0008mm 的颗粒中赋存的总氮仅为 32.15%，说明柴河河道径流中的总氮以溶解态为主输移。经过示范区以后，河道中颗粒态总氮的比例有所升高，但与沟渠相比，颗粒态总氮的比例明显低，说明示范区对河道径流总磷的贡献值较小。小于 0.0008mm 粒径颗粒物中包含的总氮，无论示范区上游还是下游，柴河径流中小于 0.0008mm 粒径颗粒物中包含的总氮均占据主导地位，且其浓度与台地径流、生态冲沟径流中所包含的总氮浓度相当。说明粒径小于 0.0008mm 颗粒中所包含的总氮是面源污染中输出率最高、最难控制的部分。

从不同粒径中总氮沿示范区径流过程的变化看，0.008～0.02mm 粉粒中所包含的总氮下降最显著，而小于 0.0008mm 的黏粒中所包含的总氮上下游持平。说明沿途总氮的下降主要是沉淀作用。

通过计算，沟渠径流中总氮平均浓度为源区的 75%，河道径流中的总氮浓度为源区的 51%。说明总氮的流失率明显高于氨氮，相对而言，氨氮较其他形式的氮难流失。此外，不同样点水样中总氮在不同粒径范围的分布差异主要集中在 0.008～0.02mm 的粉粒中，其余粒径范围均较接近，该问题值得深究。

综上所述，总氮的流失特征与氨氮接近，但更易流失，源区输出浓度在 18mg/L 以上，即使在河道中，浓度也高达 15mg/L 以上，接近于常规城市生活污水。面源氮污染需引起高度重视。同时，源区的沉淀措施对控制流失具有重要作用。

7.1.3　地表径流中 COD 与径流中颗粒物粒径分布的关系

对暴雨径流中 COD_{Cr}(以下简称 COD)与颗粒物之间的关系进行监测，结果表明，随着沉降时间的增长，COD 的含量逐渐降低，其中变化最明显的是富磷区径流。0min 时 COD 含量最高，两场暴雨分别为：381.6mg/L、285.84mg/L，之后迅速下降，沉降 30min 时下降幅度最大，此后随时间增长下降平缓，表明受降雨冲刷，形成径流的起始浓度(0min 时样品)中，大部分以颗粒态形式存在，这些污染成分经适当沉淀(0.5h 以上)，可以被有效去除。河道中的 COD 浓度远较源区产生浓度低，沉淀效果也比源区差，说明大部分颗粒态形式存在的 COD 可能并未输移到达河道。通过 SPSS 做相关性系数检验，COD 的浓度变化与沉降时间的 Pearson 相关性均在-0.865（$P<0.05$）之上，呈显著负相关。通过沉淀，源区径流中 COD 在 4h 内可达到 50%以上，河道径流中 COD 可达到 30%以上。

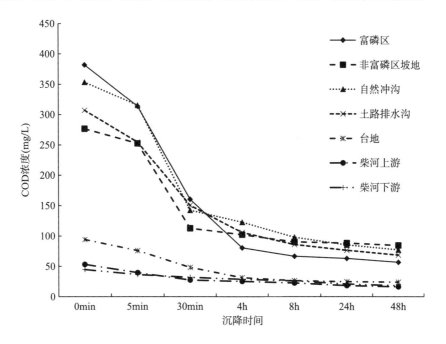

图 7-5　2011 年 7 月 18 日第一场暴雨 COD 浓度随沉降时间变化曲线

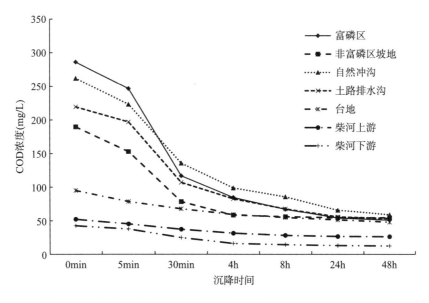

图 7-6　2011 年 8 月 12 日第一场暴雨 COD 浓度随沉降时间变化曲线

虽然两场暴雨径流水样中，数据显示在不同土地利用方式条件下输出及沟渠、河道中输移的径流中，COD 在不同粒径颗粒物中比例分配具有高度的相似性。这一点与总氮和氨氮的分布明显不同。此外，在大于 0.02mm 的颗粒中，也包含了相对较高比例的 COD，这也是一个不同于总氮和氨氮的特点。径流中 COD 主要分布在 0.008～0.02mm 和小于 0.0008mm 的颗粒中，呈双峰分布特征（表 7-5）。

表 7-5　各个样点 COD 在各个粒径段所占比例

区域	含量及比例	粒径范围(mm)							
		>0.02	0.008～0.02	0.003～0.008	0.002～0.003	0.001～0.002	0.0008～0.001	<0.0008	总量
废矿区	含量(mg/L)	53.72	141.44	56.04	15.54	8.44	4.68	53.00	332.86
	占总量的比例(%)	16.10	42.38	16.79	4.66	2.53	1.40	16.14	100.00
林地	含量(mg/L)	30.40	106.96	15.48	7.00	1.77	1.97	69.42	233.00
	占总量的比例(%)	13.05	45.91	6.64	3.00	0.76	0.85	29.79	100.00
台地	含量(mg/L)	30.40	19.16	12.55	4.69	2.65	2.00	36.13	107.58
	占总量的比例(%)	28.26	17.81	11.67	4.36	2.46	18.6	33.58	100.00
路边冲沟	含量(mg/L)	35.36	87.16	26.34	21.56	14.38	2.20	52.00	239.00
	占总量的比例(%)	15.00	36.00	11.00	9.00	6.00	1.00	22.00	100.00
生态冲沟	含量(mg/L)	38.32	130.16	28.16	18.96	16.30	7.45	68.09	307.44
	占总量的比例(%)	12.46	42.34	9.16	6.17	5.30	2.42	22.15	100.00
大棚区	含量(mg/L)	4.32	16.00	10.88	1.76	1.60	0.88	17.04	52.48
	占总量的比例(%)	8.23	30.49	20.73	3.35	3.05	1.68	32.47	100.00
柴河上游	含量(mg/L)	10.32	10.08	3.98	2.80	2.92	1.12	21.54	52.76
	占总量的比例(%)	19.56	19.11	7.54	5.31	5.53	2.12	40.83	100.00
柴河下游	含量(mg/L)	6.48	8.64	5.92	2.06	3.31	1.58	15.57	43.56
	占总量的比例(%)	14.88	19.83	13.59	4.73	7.60	3.63	35.74	100.00

　　废矿区径流中 COD 呈双峰分布，主要分布在粒径为 0.02～0.008mm 的颗粒中，占了总 COD 的 42.38%，大于 0.003mm 的颗粒中包含的 COD 为 75.27%。另一峰值为小于

0.0008mm 的颗粒中所含 COD，为 16.14%，大于 0.0008mm 的颗粒中占了总 COD 的 83.86%，说明该区 COD 输移以颗粒态为主。

林地径流中 COD 呈双峰分布。0.008～0.02mm 颗粒中所含 COD 占了 45.91%，大于 0.008mm 的颗粒中所含 COD 占了 58.96%。另一次峰出现在小于 0.0008mm 的颗粒中，其中所含的 COD 为 29.79%，大于 0.0008mm 颗粒中所含 COD 占了 70.21%，说明该区径流中 COD 输移以颗粒态（大于 0.00045mm）为主，溶解态 COD 低于 30%。

台地径流中 COD 呈双峰分布。粒径大于 0.003mm 的颗粒中所含 COD 占了 51.87%，粒径小于 0.0008mm 的颗粒中所含 COD 占了 38.24%，大于 0.0008mm 的颗粒物中所含 COD 占了 61.76%，说明该区径流中 COD 以颗粒态为主的方式输移，溶解态 COD 约占 40%。

公路边沟径流中 COD 呈双峰分布。粒径介于 0.008～0.02mm 的颗粒中所含 COD 占了 33.14%，大于 0.003mm 的颗粒物中所含 COD 占了 56.60%。分布在粒径小于 0.0008mm 的颗粒所含 COD 占了 19.77%，大于 0.0008mm 的占了 COD 的 80.23%，说明输移的 COD 以颗粒态为主。

生态冲沟径流中 COD 呈双峰分布。粒径介于 0.008～0.02mm 的颗粒中所含 COD 占了 42.34%，大于 0.003mm 的颗粒物中所含 COD 占了 63.96%。小于 0.0008mm 的颗粒中所含 COD 占了 22.15%，大于 0.0008mm 的颗粒中所含 COD 占了 77.85%，说明该区 COD 输移以颗粒态为主，同时说明对不同粒径范围 COD 的去除比例基本差不多，与路边冲沟相比也无明显差异，说明在输移过程中对 COD 去除主要是降解而不是沉淀。

大棚区径流中 COD 呈双峰分布。粒径介于 0.008～0.02mm 的颗粒中所含 COD 占了 30.49%，大于 0.003mm 的颗粒物中所含 COD 占了 59.45%，小于 0.0008mm 的颗粒中所含 COD 占了 32.47%，大于 0.0008mm 的颗粒中所含 COD 为 67.53%，说明大棚区径流中的 COD 以颗粒态为主，溶解态仅占约 30%。

柴河上游径流中的 COD 呈双峰分布。40.83% 的 COD 赋存于粒径小于 0.0008mm 的颗粒中，大于 0.0008mm 的颗粒中赋存的 COD 为 59.17%，小于 0.008mm 的颗粒物中包含的 COD 占了 61.33%，大于 0.003mm 的颗粒物中所含 COD 占了 46.21%，说明柴河河道径流中的 COD 主要以颗粒态存在。示范区上游流失的 COD 以颗粒态为主，溶解态约 40%。

柴河下游径流中的 COD 呈双峰分布。其中 35.74% 的 COD 赋存于小于 0.0008mm 的颗粒中，大于 0.0008mm 的颗粒中赋存的 COD 为 64.26%，粒径介于 0.008～0.02mm 的颗粒中所含 COD 占了 19.83%，大于 0.003mm 的颗粒物中所含 COD 占了 48.30%，该区 COD 输移以颗粒态为主。与沟渠、源区相比，经过示范区以后，河道中 COD 的比例差不多，说明其中的 COD 基本以颗粒态为主的形式进行输移，示范区径流中 COD 的粒径分布特征与上游相似。

从不同粒径范围中所含 COD 沿径流过程变化看，不同粒径范围中包含的 COD 均表现出较接近的下降特征，说明 COD 的下降不仅是沉淀过程，降解也可能在其中发挥着更重要的作用。

两次暴雨中位于源区的 3 个样点 COD 的含量都较高，COD 含量最高的均是富磷区，台地输出的 COD 浓度不是很高，在两次降雨中无太大明显变化，分别为 94mg/L、95mg/L。两次暴雨径流中输出源强的 COD 平均浓度分别为 251mg/L、190mg/L。源区径流中 COD 浓度不低于 100mg/L，与城市污水接近，需引起足够重视。而河道中 COD 的浓度达到 50mg/L 左右，为台地径流中的一半，但也不容忽视。此外，沉淀停留（可能兼有降解）是面源污染控制的重要措施。沉淀措施不仅对源区径流有效，对河道径流也有作用，这一点与氨氮、总氮有区别。

根据计算，两场暴雨沟渠径流中的 COD 平均浓度为源区的 86%。河道下游断面暴雨径流中的 COD 浓度为源区浓度的 8%。河道上下游 COD 浓度变化不大，还略有下降，说明示范区对河道暴雨径流中 COD 的贡献值很小，且存在明显的降解现象。不同来源的径流及其输移过程中，赋存于不同粒径范围的 COD 浓度的差异主要集中在 0.008~0.02mm 的粉粒和小于 0.0008mm 的黏粒中，与总氮、氨氮类似，其原因值得深究。

7.1.4 地表径流中 TP 与径流中颗粒物粒径分布的关系

对相应的暴雨径流中总磷与径流中颗粒物粒径分布之间的关系进行监测，结果表明，TP 浓度与沉降时间呈显著负相关。其中，以路边冲沟的变化幅度最大，在沉降 5min 后 TP 浓度就从 347.22mg/L 减小到 272.66mg/L，沉降 4h 降至 12mg/L，之后基本不再变化，去除率达到 97% 左右。磷矿开采区也有很大的变化幅度，沉降 30min 后 TP 浓度就大幅度从 280.99mg/L 降至 70.84mg/L，沉降 8h 降至 13mg/L，之后变化趋于平缓，去除率达 95%（图 7-7）。

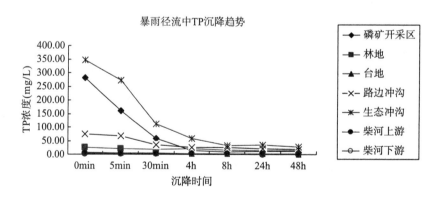

图 7-7 各个断面 TP 浓度随沉降时间的变化规律

源区径流水样沉降到约 8h 后，径流中 TP 浓度基本就趋于稳定，不再有太大变化，去除率不低于 85%。沟渠径流水样沉降到约 8h 后，径流中 TP 浓度基本就趋于稳定，去除率不低于 60%。河道径流水样沉降到约 8h 后，径流中 TP 浓度基本就趋于稳定，去除率不低于 30%。详见表 7-6。

暴雨径流中，各颗粒粒径中总磷的百分比分配呈两头高中间低的态势(表 7-6)。大于 0.008mm 的粉粒和小于 0.0008mm 的黏粒中所包含的总量比例较高。较大颗粒中总磷高，可能说明总磷在大颗粒中赋存的比例高，而黏粒中含量高可能意味着黏粒态总磷的流失在总磷流失中占有较高比例。

表 7-6　各个样点总磷在各个粒径段所占比例

区域	含量及所占比例	粒径范围(mm)							
		>0.02	0.008~0.02	0.003~0.008	0.002~0.003	0.001~0.002	0.0008~0.001	<0.0008	总量
废矿区	含量(mg/L)	121.20	100.94	44.07	4.91	0.13	0.99	11.16	283.40
	占总量的比例(%)	42.77	35.62	15.55	1.73	0.04	0.35	3.94	100.00
林地	含量(mg/L)	2.68	2.42	0.22	4.77	3.46	0.16	12.81	26.52
	占总量的比例(%)	10.11	9.13	0.83	17.99	13.05	0.60	48.30	100.00
台地	含量(mg/L)	0.82	1.32	1.40	0.12	0.52	1.01	1.07	6.26
	占总量的比例(%)	13.03	21.15	22.33	1.89	8.33	16.19	17.08	100.00
路边冲沟	含量(mg/L)	6.76	33.25	8.09	1.30	6.01	1.34	18.51	75.26
	占总量的比例(%)	8.98	44.18	10.75	1.73	7.99	1.78	24.59	100.00
生态冲沟	含量(mg/L)	74.64	160.90	53.04	25.72	0.52	5.34	27.53	347.69
	占总量的比例(%)	21.47	46.28	15.25	7.40	0.15	1.54	7.92	100.00
柴河上游	含量(mg/L)	0.17	0.08	0.05	0.21	0.40	0.06	0.75	1.72
	占总量的比例(%)	9.88	4.65	2.91	12.21	23.26	3.49	43.60	100.00
柴河下游	含量(mg/L)	0.27	0.23	0.07	0.25	0.27	0.13	2.71	3.93
	占总量的比例(%)	6.93	5.78	1.79	6.47	6.90	3.20	68.93	100.00

废矿区径流中总磷呈单峰分布，主要分布在粒径大于 0.003mm 的范围，占了总磷的 93.94%，小于 0.0008mm 的颗粒中所含总磷为 3.94%，大于 0.0008mm 的颗粒中所含总磷占 96.06%，说明该区总磷输移以颗粒态为主。

林地径流中总磷分布呈双峰分布，小于 0.0008mm 的黏粒中所含总磷占 48.29%，另一次峰出现在 0.002~0.003mm 颗粒中，所含总磷占 17.98%，大于 0.0008mm 的颗粒中所含总磷占 51.71%，说明该区径流中总磷输移以颗粒态(大于 0.00045mm)为主，溶解态总磷不低于 48%。

台地径流中总磷呈双峰分布，但峰谷起伏不大。粒径介于 0.002~0.02mm 的粉粒中所含总磷占 45.37%，粒径小于 0.001mm 的黏粒中所含总磷占 33.27%，小于 0.0008mm 的颗粒物中所含总磷占 17.08%，大于 0.0008mm 的颗粒物中所含总磷占 82.92%，说明该区径流中总磷的输移以颗粒态为主，溶解态总磷少于 20%。

公路边沟径流中总氮呈双峰分布，粒径介于 0.008～0.02mm 的颗粒所含总磷占 44.18%，小于 0.0008mm 的颗粒物中总磷占 24.60%，分布在粒径大于 0.0008mm 颗粒中的总磷占了 75.40%，说明输移的总磷以颗粒态为主。

生态冲沟径流中总磷呈双峰分布，粒径介于 0.008～0.02mm 的颗粒中所含总磷占 46.28%，大于 0.003mm 的粉粒中所含总磷占 83.01%，小于 0.0008mm 的黏粒中所含总磷占 7.92%，大于 0.0008mm 的颗粒中所含总磷占 92.08%，说明生态冲沟中总磷的输移以颗粒态为主。与路边冲沟相比基本差不多，但因生态冲沟的截留作用，冲沟出口的颗粒物组分比例有所下降。

柴河上游径流中的总磷呈单峰分布，略有起伏。43.29% 的总磷赋存于粒径小于 0.0008mm 的黏粒中，其余粒径范围分布的比例比较接近，且较小，大于 0.0008mm 的颗粒中赋存的总磷为 56.71%，说明柴河河道径流中的总磷主要以颗粒态存在，但是上游流失的总磷中以小于 0.0008mm 的黏粒为主，其比例远高于示范区输出的比例。

柴河下游径流中的总磷呈单峰分布。其中 68.93% 的总磷赋存于小于 0.0008mm 的颗粒中，其余各粒径范围分布的比例较接近，且较小，大于 0.0008mm 的颗粒中赋存的总磷为 31.07%，示范区下游柴河河道中总磷的输移以小于 0.0008mm 的黏粒态为主，溶解态占了重要部分。与示范区沟渠、源区相比明显不同，但与示范区上游河道径流情况相似。

两场暴雨过程中，沟渠径流中总磷的平均浓度为源区平均浓度的 61%，河道径流中总磷的平均浓度为源区平均浓度的 1.5%。示范区河道上下游断面可见沟渠系统对源区磷进入河道之前起到了很好的节流作用，说明真正进入河道的总磷以黏粒和溶解态为主，或示范区面源污染物输出在河道中的比例很小。

源区总磷输出浓度高于常规生活污水，即使是河道径流，总磷浓度也接近于常规生活污水，需引起高度重视。沉淀法对源区径流中总磷的控制具有重要意义，对河道径流的作用低于源区，但也不低于 30% 的净化效果，值得重视。

另外，不同来源及其输移过程中，不同粒径颗粒中包含的总磷浓度差异较大，仅在 0.0008～0.002mm 较接近，这一点与氨氮、总氮和 COD 明显不同，其原因需深入研究。

作为示范区的富磷区，其源区输出地径流中 COD、TN、TP 污染浓度接近或高于常规城市生活污水，尤其是废矿区的总磷浓度远高于生活污水，其污染作用应引起高度重视。沉淀法(沉淀时间 8h)对源区径流的 COD、NH_3-N、TN、TP 的提取不低于 50%、50%、30%、85%，对河道径流的 COD、NH_3-N、TN、TP 提取不低于 30%、30%、6%、30%。

7.2　其他河流暴雨径流中污染物浓度与粒径分布之间的关系

7.2.1　宝象河径流中颗粒物与污染物浓度的关系

2011 年 6 月 2 日和 8 月 20 日对宝象河进行了常规监测，并测定了 2011 年 6 月 30 日和 2011 年 8 月 5 日两场暴雨。吕文龙等(2012)对每一期监测均按 0min、5min、30min、4h、8h、24h、48h 进行沉降实验。

7.2.1.1　宝象河 TP 污染物输移及降解

从宝象河上、中、下游污染物 TP 的输移和降解可以看出，水中磷的输移在中、下游均比上游偏高，特别是 6 月 30 日的暴雨，上、中、下游 TP 的浓度分别为 0.2mg/L、0.46mg/L、1.15mg/L(图 7-8)。随着从上至下，水中总磷的含量逐步升高，这可能受上、中、下游土地利用不同的影响，宝象河上游林地、粮食作物用地相对较多，而中、下游主要是园林用地和居住用地，暴雨后因地表冲刷的作用及来自上游的积累，所以河道水中 TP 的含量逐渐升高，而 8 月的第二场暴雨相对第一场降雨 TP 含量要低。6 月和 8 月非暴雨期较有暴雨期总磷浓度明显下降，并且维持在相对稳定的浓度。

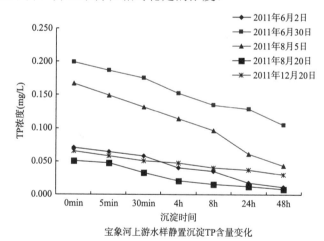

宝象河上游水样静置沉淀TP含量变化

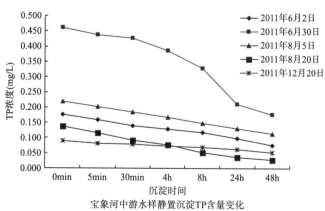

宝象河中游水样静置沉淀TP含量变化

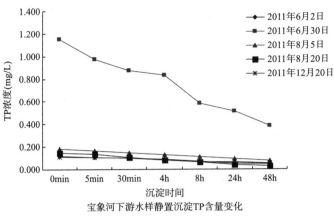

宝象河下游水样静置沉淀TP含量变化

图 7-8 宝象河水样沉淀时间与 TP 含量的关系

暴雨径流期间，河道水中总磷浓度比非暴雨期高，含大量的颗粒态总磷，而且即使是溶解态的总磷（粒径小于 0.00045mm）也比非暴雨期高。

为研究沉淀效果，对每一期监测水样均按 0min、5min、30min、4h、8h、24h、48h 进行沉降实验。从实验结果（表 7-7、表 7-8）可以看出，污染物 TP 在上、中、下游的输移过程中均在 0～30min 含量陡降，显示暴雨径流中粒径大于 0.008mm 的颗粒物含量较高。而 30min（对应粒径小于 0.008mm）后直至 8h（对应粒径 0.0008mm）呈平缓下降趋势，说明在暴雨径流中，相应粒径（0.003～0.008mm）的颗粒物也占有一定的比例，超过 8h 停留时间的组分变化很小，说明溶解态的污染物在河道水中的比例较小。在没有降雨的情况下，监测结果显示，8h 前（对应粒径大于 0.003mm）河流中 TP 含量有一定的下降趋势，而后 8～48h 变化较小，特别是在下游样点更为明显，说明非暴雨期河道水中输移的污染物均以溶解态的为主，经过 8h 的沉淀，暴雨径流中总磷的去除率可达到 30%左右，非暴雨期效果不明显。与柴河有一定的差异。

表 7-7 雨季非暴雨期间宝象河各个样点总磷在各个粒径段所占比例

区域	含量及所占比例	粒径范围(mm)							
		>0.02	0.008~0.02	0.003~0.008	0.002~0.003	0.001~0.002	0.0008~0.001	<0.0008	合计
上游	含量(mg/L)	0.05	0.05	0.03	0.07	0.04	0.40	0.12	0.76
	占总量的比例(%)	8.27	20.01	12.62	13.37	14.02	8.15	23.55	100.00
中游	含量(mg/L)	0.07	0.06	0.03	0.10	0.04	0.06	0.16	0.52
	占总量的比例(%)	9.44	18.12	11.20	14.69	12.70	8.65	25.21	100.00
下游	含量(mg/L)	0.06	0.06	0.03	0.09	0.04	0.05	0.14	0.46
	占总量的比例(%)	8.85	19.07	11.91	14.03	13.36	8.40	24.38	100.00

表 7-8　暴雨期间宝象河各个样点总磷在各个粒径段所占比例

区域	含量及所占比例	粒径范围(mm)							
		>0.02	0.008~0.02	0.003~0.008	0.002~0.003	0.001~0.002	0.0008~0.001	<0.0008	合计
上游	含量(mg/L)	0.066	0.057	0.031	0.095	0.04	0.051	0.152	0.492
	占总量的比例(%)	9.14	18.59	11.55	14.36	13.03	8.53	24.8	100.00
中游	含量(mg/L)	0.063	0.056	0.031	0.091	0.04	0.049	0.147	0.477
	占总量的比例(%)	9	18.83	11.73	14.19	13.2	8.46	24.59	100.00
下游	含量(mg/L)	0.065	0.057	0.031	0.093	0.04	0.05	0.149	0.485
	占总量的比例(%)	13.4	11.8	6.4	19.2	8.2	10.3	30.7	100.00

7.2.1.2　宝象河 TN 污染物输移及降解

从宝象河上、中、下游污染物 TN 的输移和降解可以看出，水中总氮的输移量在中、下游均比在上游高，特别是 2011 年 6 月 30 日的暴雨最为明显(图 7-9)。随着从上游至下游，水中总氮的含量逐步升高，这可能受上、中、下游土地利用方式不同的影响，宝象河上游林地相对较多，受降雨的影响相对较小，而中、下游主要是园林用地和居住用地，暴雨后因地表冲刷的作用及来自上游的积累，所以河道水中 TN 的含量逐渐升高。而 8 月的第二场暴雨相对第一场降雨 TN 含量要低。6 月和 8 月非暴雨期水样中 TN 较暴雨径流中的总氮明显下降，并且维持在相对稳定的浓度。

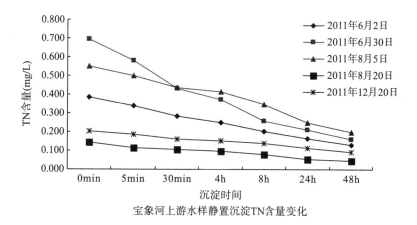

宝象河上游水样静置沉淀TN含量变化

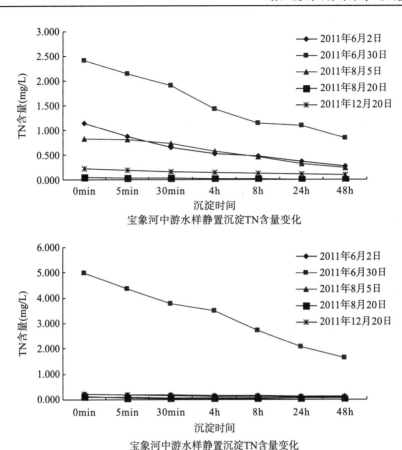

图 7-9　宝象河水样沉降时间与 TN 含量的关系

　　从降解过程来看，实验设计了每一期监测水样均按 0min、5min、30min、4h、8h、24h、48h 进行沉降，从实验不同时间段水中 TN 含量的分析结果（表 7-9、表 7-10）可以看出，上、中、下游的输移过程与 TP 类似，均从 0min 到 30min 发生含量陡降的现象。暴雨径流下降浓度比例约 30%，表明粒径大于 0.008mm 的颗粒物中包含的 TN 成分为 30%～35%。而 30min（对应粒径小于 0.008mm）后直至 8h（对应粒径 0.0008mm）仍有总浓度 10%～15% 的 TN 下降，说明有 50% 左右的 TN 以颗粒态存在，可以通过沉淀法去除，另有 50% 左右以溶解态存在。非暴雨期间水样中 TN，8h 前河流中 TN 含量下降 30%～35%，而后基本恒定，特别是在下游样点更为明显。说明采用沉淀法处理非暴雨期城乡二元河道水，经过 8h 的沉淀（对应粒径 0.0008mm），TN 去除率可达到 30%～35%。

表 7-9　雨季非暴雨期间宝象河各个样点 TN 在各个粒径段所占比例

区域	含量及所占比例	粒径范围(mm)							
		>0.02	0.008 ~0.02	0.003 ~0.008	0.002 ~0.003	0.001 ~0.002	0.0008 ~0.001	<0.0008	合计
上游	含量 (mg/L)	0.21	0.15	0.08	0.20	0.16	0.11	0.04	0.95

续表

区域	含量及所占比例	粒径范围(mm)							
		>0.02	0.008~0.02	0.003~0.008	0.002~0.003	0.001~0.002	0.0008~0.001	<0.0008	合计
中游	占总量的比例(%)	22.11	15.79	8.42	21.05	16.84	11.58	4.21	100.00
	含量(mg/L)	0.28	0.22	0.12	0.29	0.24	0.17	0.63	1.95
	占总量的比例(%)	14.36	11.28	6.15	14.87	12.31	0.72	32.31	100.00
下游	含量(mg/L)	0.24	0.19	0.10	0.25	0.20	0.14	0.52	1.64
	占总量的比例(%)	14.63	11.59	6.10	15.24	12.20	8.54	31.71	100.00

表 7-10　暴雨期间宝象河各个样点 TN 在各个粒径段所占比例

区域	含量及所占比例	粒径范围(mm)							
		>0.02	0.008~0.02	0.003~0.008	0.002~0.003	0.001~0.002	0.0008~0.001	<0.0008	合计
上游	含量(mg/L)	0.262	0.202	0.109	0.27	0.222	0.152	0.574	1.791
	占总量的比例(%)	14.63	11.28	6.09	15.08	12.40	8.49	32.05	100.00
中游	含量(mg/L)	0.253	0.197	0.105	0.259	0.212	0.145	0.549	1.72
	占总量的比例(%)	14.71	11.45	6.10	15.06	12.33	8.43	31.92	100.00
下游	含量(mg/L)	0.257	0.198	0.107	0.264	0.217	0.148	0.562	1.753
	占总量的比例(%)	14.66	11.29	6.10	15.06	12.38	8.44	32.06	100.00

7.2.1.3　宝象河 COD 污染物输移及降解

宝象河上、中、下游水中 COD 的输移量沿上、中游呈升高趋势，到下游略有下降（图 7-10）。水中 COD 的含量变化可能受上、中、下游土地利用类型的影响，而第二场暴雨相对第一场暴雨 COD 含量要低。6 月非暴雨期的河道 COD 含量明显下降，并且维持在相对稳定的浓度，而 8 月又有所升高。

从降解过程来看，实验对 0min、5min、30min、4h、8h、24h、48h 不同时间段水中 COD 含量进行了分析，详见表 7-11 和表 7-12。从结果可以看出，COD 在上、中、下游的输移过程与 TP、TN 类似，暴雨径流水样中 COD 含量从 0min 到 30min 陡降 25%～30%，说明粒径大于 0.008mm 的颗粒物占 25%～30%。30min 至 8h（对应粒径 0.0008mm）仍有部分下降趋势，0～8h 下降 45%～50%，说明河道暴雨径流中 COD 溶解态和颗粒态约各占一半，通过沉淀法，经 8h 的沉淀，可去除 45%～50%。非暴雨期间，颗粒态的 COD 占 25%～30%，经 8h 沉淀，仅能去除 25%～35%。

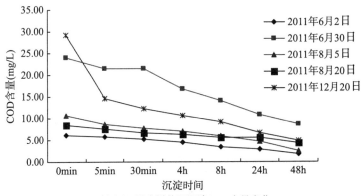

宝象河上游水样静置沉淀COD含量变化

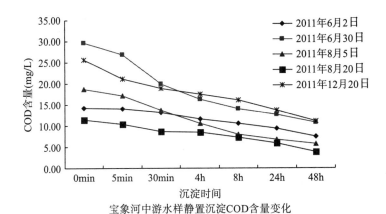

宝象河中游水样静置沉淀COD含量变化

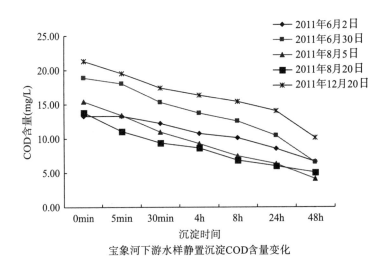

宝象河下游水样静置沉淀COD含量变化

图 7-10　宝象河水样沉降时间与 COD 含量的关系

表 7-11   雨季非暴雨期间宝象河各个样点 COD 在各个粒径段所占比例

区域	含量及所占比例	粒径范围(mm)							
		>0.02	0.008~0.02	0.003~0.008	0.002~0.003	0.001~0.002	0.0008~0.001	<0.0008	合计
上游	含量(mg/L)	2.21	1.97	0.91	1.63	1.19	1.68	5.42	15.01
	占总量的比例(%)	14.72	13.12	6.06	10.86	7.93	11.19	36.11	100.00
中游	含量(mg/L)	2.07	2.11	1.01	1.56	1.35	2.04	5.61	15.75
	占总量的比例(%)	14.33	13.19	6.21	10.38	8.20	11.94	35.75	100.00
下游	含量(mg/L)	2.19	2.04	0.96	1.59	1.27	1.86	5.52	15.43
	占总量的比例(%)	15.32	13.01	6.04	10.77	7.89	11.11	35.86	100.00

表 7-12   暴雨期间宝象河各个样点 COD 在各个粒径段所占比例

区域	含量及所占比例	粒径范围(mm)							
		>0.02	0.008~0.02	0.003~0.008	0.002~0.003	0.001~0.002	0.0008~0.001	<0.0008	合计
上游	含量(mg/L)	2.131	2.074	0.986	1.577	1.311	1.95	5.562	15.591
	占总量的比例(%)	13.67	13.30	6.32	10.11	8.41	12.51	35.67	100.00
中游	含量(mg/L)	2.161	2.056	0.974	1.585	1.291	1.905	5.539	15.511
	占总量的比例(%)	15.07	13.05	6.08	10.67	7.97	11.32	35.84	100.00
下游	含量(mg/L)	2.146	2.065	0.98	1.583	1.301	1.928	5.551	15.554
	占总量的比例(%)	14.95	13.08	6.1	10.62	8.01	11.42	35.82	100.00

7.2.2   牧羊河径流中颗粒物与污染物浓度的关系

为研究牧羊河污染物输移及降解规律，分别于 2011 年 5 月 21 日和 8 月 6 日进行了常规监测，并测定了 2011 年 8 月 6 日和 2011 年 8 月 23 日两场暴雨。陈春瑜等(2012)对每一期监测水样均按 0min、5min、30min、4h、8h、24h、48h 进行沉降实验。

7.2.2.1   牧羊河 TP 污染物输移及降解

从牧羊河上、中、下游污染物 TP 的输移和降解图(图 7-11)可以看出，水中 TP 的输移量在上、下游较低，而中游最高。特别是 8 月 20 日的暴雨最为明显，中游水中 TP 含量达 0.2mg/L，其次为下游(0.17mg/L)，以上游最低，为 0.12mg/L。随着自上而下，水中 TP 出现低—高—低的变化，可能受上、中、下游土地利用类型不同的影响，牧羊河上游林地相对较多，河边的农田基本都变成园林地，地表也有较多的草本植物覆盖，所以受降雨的影响最小；而中游有较多的坡耕地，一部分支流可能受这些原因的影响，导致中游水河 TP 最高。中游到下游之间也主要是林地或灌木地分布，河岸带也退田种上人工林，随着河水的流动，来自中、上游的颗粒大量沉降而导致下游水样 TP 下降。

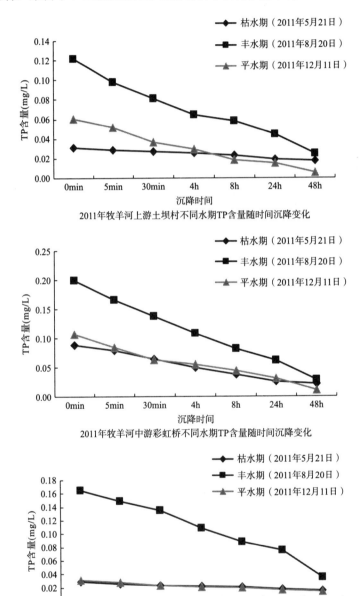

图 7-11　牧羊河水样沉降时间与 TP 含量的关系

从所监测的两场暴雨还可以看出，8 月的第二场暴雨后上游的 TP 含量最高，这可能受上、中、下游降雨强度及降雨量影响所致。其余两次非降雨监测结果较有降雨的结果低得多，中、上游基本为 0.6mg/L 左右，而上游较低，水中 TP 为 0.3mg/L 左右。这也可能与中、上游有较多的人口分布有关系，而下游基本为峡谷，人口分布很少。

从降解过程来看，对 0min、5min、30min、4h、8h、24h、48h 不同时间段水中 TP 含量的实验分析可以看出（表 7-13，表 7-14），不管是上、中、下游和有无降雨，水中 TP 含量均是 30min 内产生陡降的过程，30min 至 8h 之间相对平缓，而 8h 后变化就更小。特别是无降雨过程的水样更为明显。经过 8h 的沉淀，暴雨径流中的 TP 可去除 50%，非暴雨期可去除 25%。

表 7-13　雨季非暴雨期间牧羊河各个样点 TP 在各个粒径段所占比例

区域	含量及所占比例	粒径范围(mm)							
		>0.02	0.008～0.02	0.003～0.008	0.002～0.003	0.001～0.002	0.0008～0.001	<0.0008	合计
上游	含量(mg/L)	0.01	0.01	0.01	0.00	0.01	0.01	0.02	0.07
	占总量的比例(%)	14.00	8.00	10.00	6.00	12.00	11.00	38.00	100.00
中游	含量(mg/L)	0.02	0.02	0.02	0.02	0.02	0.02	0.02	0.14
	占总量的比例(%)	14.00	15.00	16.00	14.00	12.00	11.00	19.00	100.00
下游	含量(mg/L)	0.01	0.01	0.01	0.01	0.01	0.02	0.03	0.10
	占总量的比例(%)	12.00	7.00	10.00	8.00	11.00	16.00	37.00	100.00

表 7-14　暴雨期间牧羊河各个样点 TP 在各个粒径段所占比例（暴雨监测）

区域	含量及所占比例	粒径范围(mm)							
		>0.02	0.008～0.02	0.003～0.008	0.002～0.003	0.001～0.002	0.0008～0.001	<0.0008	合计
上游	含量(mg/L)	0.0139	0.0228	0.0116	0.0092	0.0184	0.0152	0.0202	0.1113
	占总量的比例(%)	8.99	20.63	8.71	8.43	16.85	12.65	23.74	100
中游	含量(mg/L)	0.0136	0.0147	0.0074	0.0121	0.0124	0.0092	0.0098	0.0792
	占总量的比例(%)	16.85	17.15	12.17	13.38	16.55	10.90	13.01	100
下游	含量(mg/L)	0.0104	0.006	0.0111	0.0077	0.0111	0.0049	0.0105	0.0617
	占总量的比例(%)	18.98	10.29	15.08	11.88	15.08	9.17	19.53	100

7.2.2.2　牧羊河 TN 污染物输移及降解

从牧羊河上、中、下游污染物 TN 的输移和沉降图（图 7-12）可以看出，水中 TN 的输移量在上、下游较高，而在中游最低。从上游看，水中 TN 的含量介于 1.17～1.52mg/L，5 月的监测值最低，其余 2 个月变化不大。中游水中 TN 含量为 0.87～1.78mg/L，3 期监测中是 8 月 20 日的最低。下游 TN 含量为 0.73～1.15mg/L，这与 TP 在个监测断面中的规律相一致。随着自上而下，水中 TN 出现高—低—高的变化，受上、中、下游土地利用类型不同的影响，随着河水的流动，来自中、上游的颗粒大量沉降而导致下游水样 TN 含量下降。另外上、中、下游水中 TN 的含量大小在有无降雨过程变化并不太大，表明降雨对牧羊河水体 TN 的影响并不大。

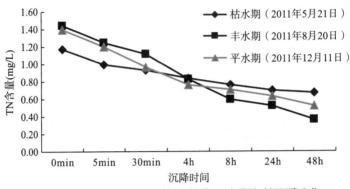

2011年牧羊河上游土坝村不同水期TN含量随时间沉降变化

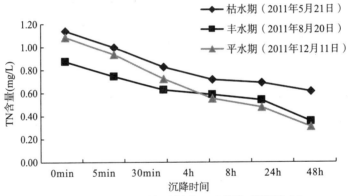

2011年牧羊河中游彩虹桥不同水期TN含量随时间沉降变化

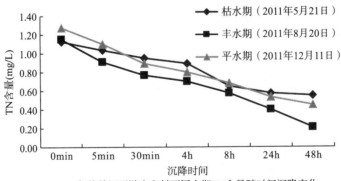

2011年牧羊河下游中和村不同水期TN含量随时间沉降变化

图 7-12　牧羊河水样沉降时间与 TN 含量的关系

　　从监测结果还可以看出，在 3 个监测断面上，5 月枯水期的 TN 含量相对其余 3 次监测的结果要高，在中、上游无降雨的两次监测结果显示，8h 沉降后水中 TN 的含量比有降雨的两次监测结果均高，而下游 8 月无降雨的结果是 4 次监测中最低的，下游段面与中游段面间人口相对稀少，植被状况也较好，可以认为河水中的 TN 主要来自人口居住区的影响，而降雨增加了河水的流量，进而对水中 TN 起到一定的稀释作用。

　　从降解过程来看，0min、5min、30min、4h、8h、24h、48h 不同时间段水中 TN 含量变化在上、中、下游及有无降雨均是 30min 内产生陡降的过程，30min 至 8h 之间变化较之前小，8h 后变化就更小。从表 7-15 和表 7-16 可以看出，3 个段面水样中 TN 在 8h 后基本都是以有降雨过程的下降幅度最大。经过 8h 的沉淀，暴雨径流中的 TN 可去除 50%，非暴雨期可去除 50%。

表 7-15　非暴雨期间牧羊河各个样点 TN 在各个粒径段所占比例（常规监测）

区域	含量及所占比例	粒径范围（mm）							
		>0.02	0.008~0.02	0.003~0.008	0.002~0.003	0.001~0.002	0.0008~0.001	<0.0008	合计
上游	含量（mg/L）	0.19	0.10	0.19	0.15	0.07	0.09	0.52	1.31
	占总量的比例（%）	14.00	7.00	14.00	11.00	5.00	7.00	41.00	100.00
中游	含量（mg/L）	0.14	0.14	0.08	0.04	0.13	0.06	0.42	1.01
	占总量的比例（%）	14.00	14.00	7.00	4.00	14.00	7.00	40.00	100.00
下游	含量（mg/L）	0.17	0.11	0.06	0.19	0.12	0.11	0.38	1.14
	占总量的比例（%）	15.00	9.00	5.00	17.0	11.00	9.00	33.00	100.00

表 7-16　暴雨期间牧羊河各个样点 TN 在各个粒径段所占比例（暴雨监测）

区域	含量及所占比例	粒径范围（mm）							
		>0.02	0.008~0.02	0.003~0.008	0.002~0.003	0.001~0.002	0.0008~0.001	<0.0008	合计
上游	含量（mg/L）	0.1113	0.2158	0.2226	0.1703	0.1723	0.23	0.3558	1.4781
	占总量的比例（%）	7.70	14.57	15.28	11.57	11.41	15.69	23.78	100.00
中游	含量（mg/L）	0.2429	0.2439	0.24	0.1674	0.2507	0.2232	0.4652	1.8333
	占总量的比例（%）	13.25	13.25	13.18	9.22	13.84	12.37	24.89	100.00
下游	含量（mg/L）	0.1268	0.1132	0.0871	0.061	0.0571	0.1303	0.1767	0.7522
	占总量的比例（%）	16.80	15.37	11.52	8.08	7.58	16.99	23.67	100.00

7.2.2.3　牧羊河 COD 污染物输移及降解

　　牧羊河 COD 在 4 期监测中没有太明显的规律（图 7-13），在 3 个监测断面上，均以 5 月枯水期的含量最高，上、中、下游 COD 含量分别为 34.4mg/L、40.0mg/L、34.4mg/L。而第一场降雨后水体 COD 与 TP、TN 在 3 个监测断面的分布基本一致，也同样是中游最高，其次为上游，下游最低。第二次降雨的 COD 含量在 3 个监测断面上变化不大，与 TP 的变化相似，可能是受降雨量影响的结果。

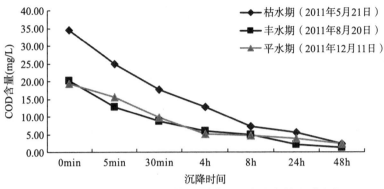

2011年牧羊河上游土坝村不同水期COD含量随时间沉降变化

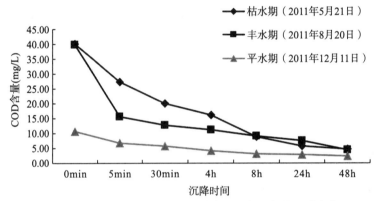

2011年牧羊河中游彩虹桥不同水期COD含量随时间沉降变化

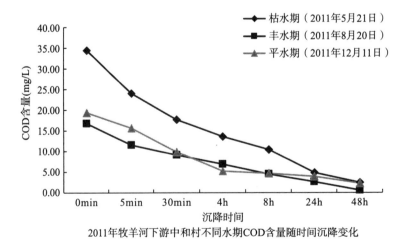

2011年牧羊河下游中和村不同水期COD含量随时间沉降变化

图 7-13　牧羊河水样沉降时间与 COD 含量的关系

从降解过程来看，0min、5min、30min、4h、8h、24h、48h 不同时间段水中 COD 含量变化均是 30min 内产生陡降的过程，30min 至 8h 之间变化较之前小，8h 后变化就更小。但与 TP、TN 不同的是，牧羊河水中 COD 在 4 期监测中均是以 5 月枯水期最高并且变化幅度最大，其次才是第一场降雨后的监测结果。

从监测结果还可以看出，在 3 个监测断面上，中、上游无降雨的两次监测结果显示（表 7-17、表 7-18），8h 沉降后水中 COD 的含量比有降雨的两次监测结果相对偏高，而下游则不相同，无降雨结果较其他监测结果偏低，但变化幅度都不大，影响因素可能与 TN 类似，主要来自人口居住区的影响。经过 8h 的沉淀，暴雨径流中的 COD 可去除 75%，非暴雨期可去除 70%。

表 7-17　雨季非暴雨期牧羊河各个样点 COD 在各个粒径段所占比例

区域	含量及所占比例	粒径范围(mm)							
		>0.02	0.008~0.02	0.003~0.008	0.002~0.003	0.001~0.002	0.0008~0.001	<0.0008	合计
上游	含量(mg/L)	8.52	5.60	3.80	3.40	2.12	2.08	1.80	27.32
	占总量的比例(%)	32.33	20.35	13.89	11.10	8.85	7.02	6.45	100.00
中游	含量(mg/L)	18.40	5.04	2.80	4.60	2.40	2.00	4.60	39.84
	占总量的比例(%)	46.24	12.63	7.02	11.52	6.02	5.03	11.54	100.00
下游	含量(mg/L)	7.80	4.40	3.20	2.80	3.72	2.20	1.48	25.6
	占总量的比例(%)	30.59%	16.45%	12.96%	11.79%	13.62%	9.44%	5.16%	100.00

表 7-18　暴雨期间牧羊河各个样点 COD 在各个粒径段所占比例

区域	含量及所占比例	粒径范围(mm)							
		>0.02	0.008~0.02	0.003~0.008	0.002~0.003	0.001~0.002	0.0008~0.001	<0.0008	合计
上游	含量(mg/L)	1.52	3.04	3.60	2.64	3.20	0.48	0.88	15.36
	占总量的比例(%)	9.93	19.44	23.22	17.34	21.24	3.19	5.64	100.00
中游	含量(mg/L)	1.92	1.80	2.80	1.88	4.12	1.60	2.32	16.44
	占总量的比例(%)	12.75	11.64	17.82	11.15	24.53	9.63	12.49	100.00
下游	含量(mg/L)	1.56	3.36	2.56	2.16	2.36	3.00	3.44	18.44
	占总量的比例(%)	9.67	16.79	13.07	12.19	13.39	17.36	17.53	100.00

7.3　面源污染输移过程定量分析

在暴雨的冲刷下，污染物脱离土壤，以溶解态和颗粒态的形式进入水体，在径流携带下，从源区向田间沟渠汇集。在尚未形成完整下水道、没有稳定流量和固定沟渠排水的村落，地面雨水冲刷同样会形成径流，将地表存留的污染物带入径流中，并向村落下游沟渠汇集。

7.3.1　田间沟渠径流

昆明市环境监测站于 1989～1990 年、2000 年在滇池流域开展过两次面源污染暴雨径流监测，对监测数据重新整理，结果如下。

(1) 蔬菜种植区田间沟渠暴雨径流水质中 COD 的含量与城市污水接近，氮磷的含量略低于城市生活污水(图 7-14)，但是可生化处理性非常差，废水的可生化处理性(biological treatment ability) 就是指通过试验去判断某种污水或某种物质用生物处理的可能性，或确定不影响生化处理设备正常工作的水量和浓度。该区域为蔬菜种植区，不排除残留农药带来的影响，普通大田区有机物含量低，但是氮磷的浓度不容忽视。

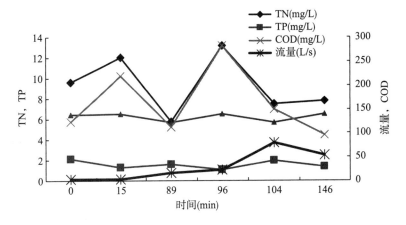

图 7-14　大棚蔬菜花卉种植区沟渠径流水量与污染物浓度变化过程

(2) 田间沟渠污染物浓度变化过程存在差异，大田种植区污染物浓度峰值与径流量的变化同步或略迟，而蔬菜种植区则略早。峰值之间时差不超过 2h，基本无工程控制指导意义(图 7-15)。

(3) 田间沟渠中污染物输出总量与径流量存在良好的线性关系，详见表 7-19 和表 7-20，污染物输出量可以用径流量进行回归模拟。

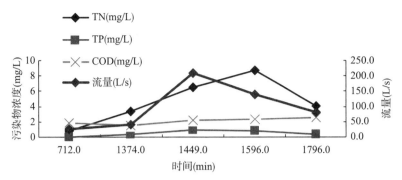

图 7-15　粮作种植区沟渠暴雨径流流量与污染物浓度变化过程

表 7-19　大田区(松华坝，1989 年 5 月 1 日)农排沟污染物输出量与径流量的关系

$F_{COD} = 0.005V - 3.6895$	$R^2 = 0.9891$
$F_{TN} = 0.0059V - 7.1785$	$R^2 = 0.9712$
$F_{TP} = 0.0024V - 3.7853$	$R^2 = 0.9382$

注：F 为污染物输出量，单位为 g；V 为径流量，单位为 m^3

表 7-20　菜地区(大渔乡，2000)农排沟污染物输出量与径流量的关系

$F_{COD} = 0.2653V + 71.093$	$R^2 = 0.9784$
$F_{TN} = -7E-06V^2 + 0.5307V + 79.243$	$R^2 = 0.9996$
$F_{TP} = -4E-06V^2 + 0.0627V - 17.515$	$R^2 = 1$

注：F 为污染物输出量，单位为 g；V 为径流量，单位为 m^3

(4)不同暴雨场次之间，大田作物种植区 COD、TP 浓度变化不明显，TN 浓度有波动(表 7-21)，可能与施肥有关，未发现污染物浓度随降雨场次增加而衰减的现象。而蔬菜种植区则随着降雨场次的增加，污染物浓度呈波动下降趋势，但变化程度不同，氮、磷浓度呈轻微波动下降(图 7-16，图 7-17)，而两个场次之间 COD 波动程度可达到 50%左右，大田径流污染物主要是氮、磷。TN 浓度约为城市污水的 1/4，TP 浓度约为城市污水的 1/2，而 COD 浓度则仅为城市污水的 1/25。大棚区径流污染物浓度则很高，其中 COD 浓度、TP 浓度与城市污水相当，而 TN 浓度则约为城市污水的 1/2，流失的 N 中主要是 NO_3-H。

表 7-21　田间沟渠暴雨径流平均浓度　　　　　　　　　　　　(单位：mg/L)

区域		TN	TP	BOD_5	COD
大棚蔬菜花卉种植区	平均值	8.90	1.00	6.35	95.31
	最大值	13.18	2.15	12.45	282.60
	最小值	5.72	0.31	2.75	23.70
粮作种植区	平均值	5.91	0.50	1.58	3.69
	最大值	16.59	1.05	4.10	6.31
	最小值	0.85	0.03	0.60	1.89

注：大棚蔬菜花卉种植区，大渔乡，2000 年，4 场雨；粮作种植区，松华坝，1989 年，5 场雨。

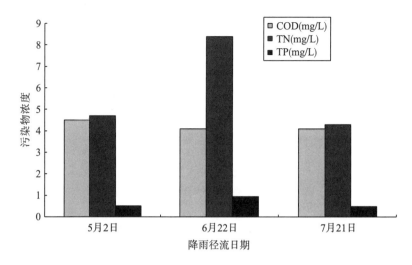

图 7-16　松华坝大田区田间径流（1989 年）不同场次暴雨径流污染物浓度变化

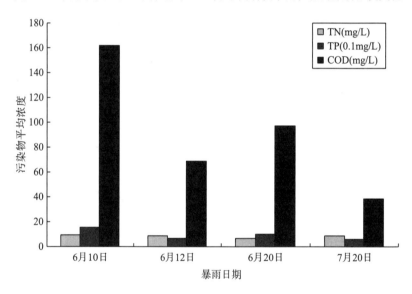

图 7-17　蔬菜种植区（2000 年，王家庄）田间沟渠不同暴雨场次之间的浓度变化

7.3.2　村落生活面源污染变化分析

"十五"期间，清华大学对大渔乡生活污水进行了调查。示范区人均用水量为 23～32L/d（不包括洗衣和洗浴用水），每户用水量为 70～100L/d。此外，调查区内农户家庭拥有洗浴设备比率较低，仅为 10%左右，在家中洗浴的农户也是少数，绝大部分农民到公共浴室（太平关）洗浴，频率是 1～2 次/周。清洗衣物的用水量为 5～20L/件，平均用水量为12.5L/件。如取 10L/件作为估算值，且每户每周洗衣次数为 1 次，每次清洗 10 件衣物，则每周洗衣用水量约为 100L。按户均人口数为 3.6 计算，折算到人均约为 4L/d。直接桶装的生活污水原水污染物浓度远高于小区生活污水的浓度，详见表 7-22。

表 7-22　1999 年示范区农村生活污水原水浓度表　　　　　　　　（单位：mg/L）

指标 COD	SS	BOD$_5$	TN	TDN	NH$_3$-N	TP	TDP	PO$_4$$^{3-}$
数值 2524.78	913.24	627.20	24.21	13.41	6.01	10.67	5.27	5.64

　　根据 2008 年昆明市农业部门对滇池流域农村生活污水调查结果表明，随着农村经济的发展和城镇化水平不断加快，厨房设备、洗衣机等现代化家用设施在农村逐渐普及，冲厕、洗涤、洗浴用水等各类生活污水排量逐渐增加，达到人均 27L/d。除总氮外，污水浓度与清华大学测值基本相当(包括氨氮)，如表 7-23 所示，说明农村生活污水水质基本稳定，但是由于回收利用、土地吸收、自然净化等，实际排除污水的浓度远低于此。表 7-24 为暴雨期间在现场测定的村落污水，其暴雨径流水质低于城市污水，BOD$_5$/COD 低于城市污水，高于田间径流水。

表 7-23　滇池流域农村生活污水样数据表

1 人 1 天产污水量(L)	pH	COD(mg/L)	TN(mg/L)	TP(mg/L)	NH$_3$-N(mg/L) (N 计)
29.50	6.40	2331.00	90.72	11.61	15.21

表 7-24　典型村落暴雨径流污水浓度平均值

TN(mg/L)	TP(mg/L)	SS(mg/L)	BOD$_5$(mg/L)	COD(mg/L)	NH$_3$-N(mg/L)
6.50	0.28	36.00	1.83	31.70	0.68

　　(1)村落径流污染物浓度变化过程存在差异，村落径流污染物浓度峰值与径流量的变化同步，其中 COD、TN 的浓度变化与流量一致，TP 变化很小。村落径流污染物浓度明显低于城市污水。其中 COD、TN 浓度仅为城市污水的 1/4～1/3，TP 浓度仅为 1/5，属于典型的杂排污水水质，详见图 7-18。

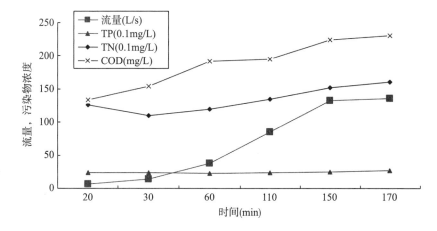

图 7-18　典型村落污水非点源输出过程

（2）与田间径流相似，村落径流污染物输出总量与径流量存在良好的线性关系，详见表 7-25，污染物输出量可以用径流量进行回归模拟。

表 7-25　典型村落暴雨径流污水量与污染物输出量之间的关系

$F_{COD} = 428.28V^{0.7212}$	$R^2 = 0.4098$
$F_{TN} = 295.67V^{0.3817}$	$R^2 = 0.1513$
$F_{TP} = 9.0806V^{0.627}$	$R^2 = 0.5913$

注：F 为污染物输出量，单位为 g；V 为径流量，单位为 m^3

（3）随暴雨场次的增加，村落径流 COD、总氮、总磷污染物浓度呈波动衰减，但未发现显著的规律，详见图 7-19。

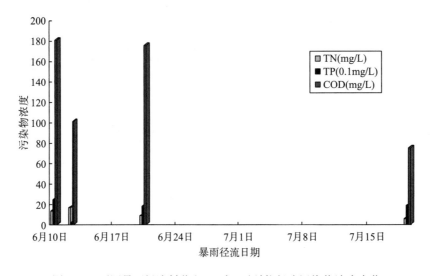

图 7-19　不同暴雨场次村落（2000 年，新村）径流污染物浓度变化

（4）单场暴雨径流中污染物产生量与径流量之间存在良好的回归关系，但多场次的回归关系差，回归系数明显小于田间污染物与径流量之间的关系。

7.4　滇池流域面源污染河道输移过程

7.4.1　远郊传统农业区河道径流

选择松华坝水源保护区牧羊河作为远郊传统农业区的代表，2010 年进行了 3 场暴雨径流的监测（表 7-26，表 7-27），该区域目前在河道两侧 100m 以外主要是传统大田种植业，100m 以内主要是园地或湿地。汇水区内主要是山地，属于微污染轻区域类型。

表 7-26 2010 年远郊传统农业区径流水量污染物浓度范围 （单位：mg/L）

	COD	TN	TP
平均值	5.6	0.12	0.022
最小值	2.1	0.00	0.001
最大值	12.0	0.21	0.047

表 7-27 2010 年远郊传统农业区径流水量与污染物输出量之间的定量关系

$C_{COD} = 0.0846Q - 814.15$	$R^2 = 0.8958$
$C_{TN} = 1E-08Q^2 + 0.0009Q + 45.169$	$R^2 = 0.7831$
$C_{TP} = 6E-09Q^2 + 0.0004Q + 10.347$	$R^2 = 0.7428$

注：C 为污染物输出量，单位为 kg；Q 为水量，单位为 m^3。

7.4.2 郊区河道径流

选择宝象河上游地区作为郊区农业区的代表，2011 年进行了 5 场暴雨径流的监测（表 7-28，表 7-29），该区域目前在河道两侧 100m 以外主要是传统大田种植业，100m 以内主要是园地，居民点较多，属于轻污染区域类型。

表 7-28 2011 年远郊传统农业区径流水量污染物浓度范围 （单位：mg/L）

	COD	TN	TP
平均值	18.79	1.37	0.30
最小值	2.88	0.15	0.08
最大值	75.20	2.38	0.78

表 7-29 2011 年远郊传统农业区径流水量与污染物输出量之间的定量关系

$C_{COD} = 2E-07Q^2 + 0.0171Q - 26.907$	$R^2 = 0.9054$
$C_{TN} = 6E-07Q^2 - 0.0417Q + 744.58$	$R^2 = 0.4613$
$C_{TP} = 4E-09Q^2 + 0.0003Q + 0.6387$	$R^2 = 0.8696$

注：C 为污染物输出量，单位为 kg；Q 为水量，单位为 m^3。

7.4.3 城市近郊区河道径流

选择宝象河中游地区作为城市近郊区的代表，2010～2011 年进行了 5 场暴雨径流的监测，河道径流与污染物输移之间定量关系见表 7-30。该区域目前在河道两侧 100m 以内和以外主要是园地，基本无大田种植，100m 以内居民点密集，污染情况见表 7-31。

表 7-30 城市近郊河道径流量与污染物输移量之间定量关系

$C_{COD} = 9E-07Q^2 - 0.0125Q + 157.94$	$R^2 = 0.8689$
$C_{TN} = 4E-08Q^2 + 0.0016Q + 6.325$	$R^2 = 0.924$
$C_{TP} = 2E-07Q^2 - 0.0383Q + 1479.2$	$R^2 = 0.3503$

注：C 为污染物输出量，单位为 kg；Q 为水量，单位为 m^3。

表 7-31 城市近郊区河道径流水量污染物浓度范围　　　　　　（单位：mg/L）

	COD	TN	TP
平均值	37.52	3.20	0.66
最小值	4.24	0.30	0.13
最大值	168.00	8.35	2.94

7.4.4　蔬菜（花卉）种植区河道径流

选择 2000 年前后呈贡县大渔乡内胜利大渠作为蔬菜种植区河道的代表，重新整理 2000 年昆明市监测中心站开展的四场暴雨径流的监测数据（表 7-32，表 7-33）。该区域当时为蔬菜花卉种植区，基本无大田作物，蔬菜花卉种植以大棚为主，兼有露地种植，目前该区域已变成城市用地，该区域污染水平与城市近郊区大体相当，总氮稍高。

表 7-32 蔬菜种植区河道径流水量污染物浓度范围　　　　　　（单位：mg/L）

	COD	TN	TP
平均值	34.2	7.60	0.75
最小值	8.3	3.18	0.17
最大值	84.4	29.25	2.14

表 7-33 蔬菜种植区河道径流水量污染物输移量之间定量关系

$C_{COD} = 5E{-}05Q^2 + 0.0353Q - 2.3698$	$R^2 = 0.8696$
$C_{TN} = -3E{-}05Q^2 + 0.025Q - 1.8183$	$R^2 = 0.372$
$C_{TP} = 4E{-}06Q^2 - 0.0005Q + 0.0453$	$R^2 = 0.8939$

注：C 为污染物输出量，单位为 kg；Q 为水量，单位为 m^3。

总之，本章对滇池流域典型区域不同土地类型及主要河道区雨季和旱季营养物质种类、含量、形态、沉降和流失情况进行了统计。结果表明，暴雨（即径流强度）加重了土壤中 $NH_3\text{-}N$、TN、TP、COD 等环境营养物质或者环境污染物质的流失，是面源污染物质的重要来源。并且，不同的用地类型产生的径流营养物质或者污染物质浓度有差异，造成沟渠和河流中其浓度的增加。通过对这些情况的统计，可以为地表营养物质的截留提供背景资料，为农业生产规划提供营养物质流失方面的依据。

第8章 滇池流域面源污染负荷定量估算与产生输移贡献解析

以 SWAT 模型 2008 年的模拟结果为基础，结合滇池流域的生态特征，以流域的土地利用为主导，应用 3S 技术，建立土地利用类型、结构比例、生态环境特征与面源污染关系的模型，基于模型对滇池流域面源污染进行定量估算和输移解析。

8.1 以小流域/汇水区为单元的面源污染定量化评估和预测方法

以小流域、汇水区为生态控制单元，以径流过程为主线，以氮磷产生、输移为目标，形成定量化评估和预测汇水区或小流域面源污染的方法。其研究的基本思路是：建立全流域面源污染综合控制空间信息数据库，在不同类型区典型小流/汇水区定位观测的基础上，结合流域社会经济发展状况进行流域面源污染预测与情景分析，解析流域面源污染负荷产生、输移、贡献的特征和机制，构建基于空间信息技术的滇池流域面源污染预测预报模型，为制定科学、系统的面源污染削减治理方案提供决策支持。

为此，采用的技术路线是：收集流域行政区划、植被覆盖、人口、农业人口、耕地、施肥量、农村生活方式、村落污水等基础数据，实测表层土壤污染组分水平；建立流域社会经济和农业面源污染空间数据库；应用卫星影像数据进行流域的土地利用判读，形成滇池流域不同时期的土地利用现状数据库，以 2008 年的 SWAT 模型数据为基础，建立基于土地利用变化为基础的滇池流域面源污染预测预报模型，应用该模型对滇池流域的面源污染进行预测预报和分析；应用 GIS 技术，建立流域面源污染状况查询系统，实现流域不同地貌、小流域、行政区及面源污染控制区的面源污染状况查询。技术路线见图 8-1。

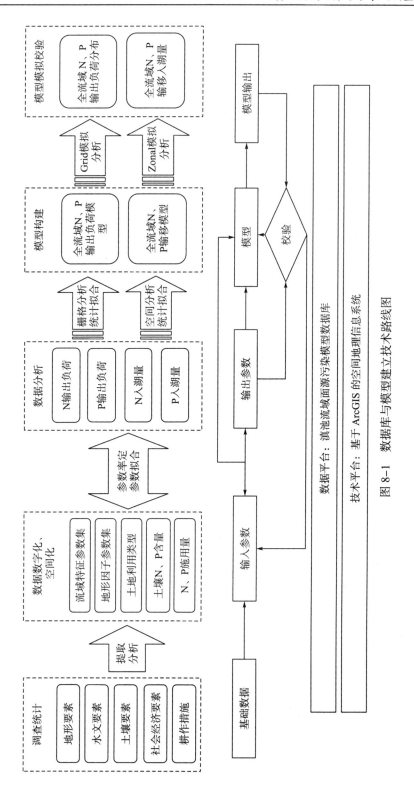

图 8-1 数据库与模型建立技术路线图

8.2 技 术 方 法

8.2.1 流域面源污染空间数据整理

1. 基础地理数据

在统一的坐标下，1∶5 万的 DEM 数据为从云南省测绘地理信息局基础地理信息购买的数据，其他图层的数据由 1∶5 万的地形图数字化后获得。

2. 生态专题数据

植被和土地利用数据以遥感影像为数据源，采用监督分类与目视解译相结合的方法，在野外实地考察的基础上获得；土壤类型为云南省第二次土壤普查的成果；经数字化后获得，降雨量、径流量等相关数据由云南省水利厅的纸质图件数字化后获得。

3. 社会经济及其他面源污染专题数据

收集社会经济及其他面源污染的相关数据，形成数据表，在 Arcview 软件中与相关乡镇或行政村的空间数据链接后获得。

8.2.2 面源污染区划方法

1. 划分依据

（1）地貌划分依据：滇池流域因受地势的影响，整个流域呈东宽西窄、北长南短的同心圆状分布，以滇池为中心，湖滨、台地、山地的地貌分异非常显著。受地貌条件的影响，流域不同区域的社会经济发展状况不同，从而导致滇池流域不同地貌区的非点源污染产生和负荷也不同。

湖滨区农业生产历史悠久，以水田和水浇地为优势景观类型，村庄和乡镇企业分布较集中，是排放非点源污染物最多的圈层；非点源污染以散流方式弥漫进入滇池水体。

台地区地势相对平缓，人为活动较频繁，农业以顺坡耕种的坡旱地为主，水土流失严重，也是排放非点源污染物的重点区域；水土流失携带的大量泥沙和氮、磷主要在暴雨期随径流的运动集中向下游输送。

山地区的污染物产生量虽比台地区高，但因水库的拦截作用，最终污染物外排量最低，对滇池富营养化的影响较小。

本研究结合水库的分布，以起伏度为量化标准，并充分考虑地形完整性和连续性，以地形起伏度为依据，进行流域地貌的划分。

（2）起伏度计算：起伏度是在某个范围内最大海拔与最小海拔的差值。本研究所采用的起伏度是在 500m×500m 区域的最大海拔与最小海拔的差值，其在 GIS 技术平台下完成。

(3)地貌划分标准：湖滨区地势平坦，起伏度小于 2° 的区域划分为湖滨区，且近邻滇池湖面；台地区地势起伏不大，在 60° 以下的区域划分为台地区；山地区地势起伏大，在 60°～600° 的区域划分为山地。湖滨区以下的水体为滇池水面。

2. 小流域划分

按照封闭流域的要求，以 DEM 为数据源，在 ArcGIS 软件的支持下使用集水区划分命令，自动将滇池流域划分为若干小流域，以所得小流域作为研究单元的划分基础。滇池湖滨由于水网交织混杂，加上地势起伏度较小，无法利用 DEM 划分出小流域，因此，对湖滨区的小流域划分根据水网分布状况和河道监测点的布局进行归并与划分。

3. 片区划分

以滇池流域各区域所具有的不同自然特征、社会、经济状况，以及不同的非点源污染来源和负荷为依据，将若干小流域整合为 6 个片区；以新昆明行政区划图为背景，分为 6 个片区。各片区的地域范围，社会、经济背景，以及非点源污染的来源如下。

(1)昆明市主城区：包括了滇池流域内的五华区、盘龙区的大部分区域、官渡区和西山区的少部分区域。它是昆明市经济建设、发展，城市人口生活、工作和居住的主要区域，城乡接合部的生活污水是该区的主要非点源污染源。

(2)官渡、呈贡片区：包括了滇池流域内的部分官渡区和整个呈贡县。该区现在的主要职能是农业生产、乡镇建设、水源涵养与水土保持。其中呈贡县将作为昆明市的新城区进行建设，所以城市化是该区的发展方向。该区既有生活非点源污染，又有农业非点源污染。

(3)晋城片区：占滇池流域内晋宁县 3/5 的区域，包括一镇、三乡(晋城镇、上蒜乡、六街镇、化乐)。农业生产、水源涵养与水土保持是该区的主要职能。该区磷矿资源丰富，是流域主要磷矿开采区之一，农业污染和水土流失是该区的主要非点源污染类型。

(4)昆阳、海口片区：占滇池流域内晋宁县 2/5 的区域(昆阳、宝峰、古城)，以及西山区的少部分(海口镇)。该区既是生活区也是工业生产区，由于磷矿资源丰富，也是流域主要磷矿开采区之一，水土流失是该区的主要非点源污染类型。

(5)西山散流区：由于该区的绝大部分区域为昆明著名的风景旅游景点西山所占据，加之有众多小支流散布于该区，故将该区命名为西山散流区。该区占滇池流域西山区的大部分区域，旅游业是该区产生非点源污染的主要原因。

(6)松华坝水源地保护区：以政府和环保部门划定的水源地保护区边界为界，是昆明城区的主要饮用水源地，包括了滇池流域内盘龙区和嵩明县的部分区域。该区中村镇面积较小，故非点源污染物的排放也较少，几乎可以忽略。

4. 面源污染控制区划分

在 GIS 的支持下，将不同地貌区与 6 个片区和 16 个小流域及乡镇 4 个图层进行叠置分析，划分滇池流域的污染控制区。由于松华坝水源地保护区和西山散流区较为特殊，这两个片区 95% 以上的区域集中于山地区，仅有少部分处于台地区，几乎没有处于湖滨区的部分，故未进行地貌划分。

8.2.3 面源污染模型构建和模拟方法

8.2.3.1 模型选用依据

本研究的预测预报模型在山地区选择 SWAT，在台地区选用单位负荷法，在湖滨区采用水网法。

面源污染成分复杂、类型多样、排放分散。与点源污染相比，其具有形成过程复杂、随机性大、机理模糊、分布范围广、影响因子复杂、潜伏周期长和危害大等特点，这些特性使得其地理边界和空间位置不易识别，加上它还与一系列水文气象条件密切相关，因此面源污染的研究和控制具有较大难度（Corwin and Wagenet，1996）。目前常用的研究手段包括野外调查与监测、土地利用方式分析、数学模型、遥感与地理信息系统等。

本项目对模型的实用性要求较高，因此模型构建中重点考虑参数容易获取，模型操作简便易行，能够适用于空间规划调整并且结果具有空间可视性等特点。故而选择基于 GIS 的统计模型作为基本框架，通过栅格化模拟实现输入输出数据的空间可视性的模型。

根据以上分析，通过对过去工作的深入分析，特别是对云南省生态环境科学研究院用 SWAT 模型分析得到的滇池流域 2008 年的面源污染模拟结果进行了大量的分析，决定以 SWAT 模型 2008 年的模拟结果为基础，结合滇池流域的生态特征，以流域的土地利用为主导，GIS 和 RS 技术为技术平台，建立以土地利用类型、结构比例、生态环境特征为自变量的面源污染预测预报模型。

8.2.3.2 建模方法和步骤

1. 模型结构

基于实用性和可操作性等，在保证模型预测精度的前提下，模型综合考虑了参数的可获得性、模型的实用性，以及模拟研究、管理的可操作性和模型结果的空间明确性。结合目前国内外研究成果，模型由两个模块构成，即负荷输出模块和污染物迁移转化模块。

负荷输出模块为基于 Grid 的栅格模型，输出值为每个栅格单元单位面积的污染负荷；迁移转化模块为基于 GIS 系统空间分析统计功能的数值模型，输出值为各流域出水口污染物输出量。

两个模块之间通过 ArcGIS 软件支持的 Grid 格式数据文件进行连接。其中，考虑到土地利用方式和农业耕作管理方式对污染负荷的不同贡献，负荷模型分为土地利用类型面源污染负荷模型和农业生态环境监测模型。

为适应模型实用性要求，模型基本结构均采用线性经验模型。

2. 变量选择及变量空间化

模型变量及参数选择综合考虑地形、土壤本底、土地利用和耕作施肥方式等各种影响因素。根据当前对面源污染的研究，并考虑到自变量的可获得性及未来模拟研究的可操作性，选取对面源污染影响较大的施肥量、土地利用类型、土壤类型和坡度作为模型输入变量。通过量纲分析，确定模型变量(表 8-1)。

表 8-1 模型选择变量表

变量名	量纲	变量含义	变量值获取方式
n_fert	kg/hm^2	单位面积氮肥用量	根据调查数据空间化获得
$n\_landuse$	kg/hm^2	土地利用类型氮贡献系数	根据遥感影像解译结合参数率定获得
n_lusind	kg/hm^2	耕作地类氮贡献系数	根据遥感影像解译结合参数率定获得
n_soil	g/kg	单位质量土壤氮含量	根据土壤普查数据空间化获得
P_fert	kg/hm^2	单位面积磷肥用量	根据调查数据空间化获得
$p\_landuse$	kg/hm^2	土地利用类型磷贡献系数	根据遥感影像解译结合参数率定获得
p_lusind	kg/hm^2	耕作地类磷贡献系数	根据遥感影像解译结合参数率定获得
p_soil	g/kg	单位质量土壤磷含量	根据土壤普查数据空间化获得
n_load	kg/hm^2	单位面积氮负荷量	污染负荷模块输出量
p_load	kg/hm^2	单位面积磷负荷量	污染负荷模块输出量
n_output	kg/hm^2	农业监测单位面积氮负荷量	农业生态环境监测模型输出量
p_output	kg/hm^2	农业监测单位面积磷负荷量	农业生态环境监测模型输出量
TN_{load}	t	流域年总氮负荷量	通过流域空间分析获得
TP_{load}	t	流域年总磷负荷量	通过流域空间分析获得
TN_{in}	t	年入湖总氮量	污染迁移模块输出量
TP_{in}	t	年入湖总磷量	污染迁移模块输出量
$slope$	°	坡度	根据 DEM 进行空间分析获得
$area$	km^2	流域控制面积	通过流域空间分析获得

施肥数据为农户调查获得的属性数据,通过 ArcGIS 软件结合行政图和土地利用地图,将属性数据实现空间化。由于缺乏时间序列调查值,故在模拟和情景分析中以平均值作为模拟基准。

土壤数据根据土壤类型地图获得空间分布,将土壤普查中 N、P 值与对应类型链接实现空间化。

土地利用数据利用 ERDAS 根据遥感影像解译获得，计算每种土地利用类型的单位面积输出量(kg/hm²)，求得所有 98 个小流域的平均值，以此平均值作为土地利用类型贡献值，构筑模型。

农业生态环境监测模型根据农田类型及耕作和轮作方式划分地类，计算每种耕作地类的单位面积输出量(kg/hm²)，求得各地类污染物输出平均值，以此平均值作为耕作地类贡献值，构筑模型。

3. 参数拟合及模型检验

采用其他课题组提供的面源污染负荷数据作为模型因变量。该数据为水文响应单元污染负荷属性数据。根据其土地利用类型及所处小流域，在 GIS 平台下实现属性数据空间化。

根据各输入变量数据可信空间区域设置参数拟合训练区，将各输入变量在 ArcGIS 软件的 Grid 模块下生成 Grid 格式数据，运用 ArcGIS 软件的空间采样算法实现多图层空间网格采样。采样数据运用 OriginPro7.5(OriginLab)软件的自定义公式模拟功能进行参数拟合。模型参数拟合综合考虑模型预测精度和参数的逻辑正确性。模拟数据通过空间采样处理后在 SPSS 11.0(SPSS Inc.，Chicago，USA)软件中进行检验。

输移模型以各流域滇池污染输出量为模型校验值，并运用 OriginPro7.5(OriginLab)软件的自定义公式模拟功能进行参数拟合，并在 SPSS 11.0(SPSS Inc.，Chicago，USA)软件中进行检验。

4. 模型输出

负荷模型模块采用 Grid 格式文件输出，可用于空间表述，采用空间统计技术获取各小流域、滇池流域各圈层及各种土地利用类型污染负荷值。

输移模型由负荷模型统计结果计算获得各年度各小流域污染物年入湖量。

5. 情景模拟

以 2007 年土地利用格局为基准，考虑滇池治理中对农业耕作模式的管理，对不同施肥条件下的污染负荷进行模拟，模拟情景包括：施肥量倍增模拟、50%施肥量模拟、无施肥情景模拟。

8.2.3.3　变量分析

在不同土地利用类型和不同农业耕作方式下的 N、P 输出贡献值采用本次调研和多年本地研究获得的中值，见表 8-2～表 8-5。

表 8-2　各土地利用类型 N 输出贡献系数

土地利用编号	土地利用类型	N 贡献系数(kg/hm²)
101	水田	9.626±0.626

土地利用编号	土地利用类型	N 贡献系数（kg/hm²）
102	裸土地	18.230±8.230
103	建设用地	1.104±0.104
104	旱地	134.228±34.2
106	有林地	0.893±0.893
107	灌木林	3.415±0.415
108	草地	3.547±0.547

表 8-3　各土地利用类型 P 输出贡献系数

土地利用编号	土地利用类型	P 贡献系数（kg/hm²）
101	水田	0.846 417±0.846
102	裸土地	2.401 609±0.401
103	建设用地	0.170 365±0.170
104	旱地	6.913 702±0.913
106	有林地	0.052 674±0.052
107	灌木林	0.286 706±0.286
108	草地	0.328 729±0.328

表 8-4　各耕作地类 N 输出贡献系数

耕作地类编号	耕作类型	N 贡献系数（kg/hm²）
1	水稻+大麦［水田］	9.63
2	裸土地	18.23
3	建设用地	1.103
4	豌豆+白菜+玉米［旱地］	73.65
5	豌豆+生菜+青花+白菜［旱地］	226.91
6	有林地	0.8991
7	灌木林	3.4291
8	草地	3.5591
9	玉米+小麦［旱地］	53.921

表 8-5　各耕作地类 P 输出贡献系数

耕作地类编号	耕作类型	P 贡献系数（kg/hm²）
1	水稻+大麦［水田］	0.846 417±0.846
2	裸土地	2.401 609±0.401
3	建设用地	0.170 365±0.170
4	豌豆+白菜+玉米［旱地］	12.945 763±02.94
5	豌豆+生菜+青花+白菜［旱地］	4.696 785±0.696
6	有林地	0.052 674±0.052

续表

耕作地类编号	耕作类型	P 贡献系数（kg/hm²）
7	灌木林	$0.286\,706 \pm 0.286$
8	草地	$0.328\,729 \pm 0.328$
9	玉米+小麦［旱地］	$5.560\,975 \pm 0.560$

从表 8-2～表 8-5 中可以看出，不同土地利用类型或不同耕作方式下 N、P 输出贡献系数均存在差异，即便是同一土地利用类型，在不同耕作管理模式下也会造成 N、P 输出贡献的差异。

经单因素方差分析（表 8-2）可知，组间存在极显著差异（$F=75.3$，$P<0.01$），旱地的 N 贡献系数明显高于其他方式，并且其变异程度也是最大的，这与旱地施用化肥有关，在滇池流域范围内，旱地用于栽种多种作物，耕种和管理习惯差异是旱地 N 贡献系数差异较大的主要原因。此外，裸土地的 N 贡献系数也较高，这与其缺乏地表覆盖容易形成水土流失有关，同时需注意到，裸土地 N 贡献系数变异较大，可能与其在不同的土壤环境和地形、地貌条件下有关。有林地 N 贡献系数最小，说明植物对 N 的吸收可以有效抑制 N 的输出。

经单因素方差分析（表 8-3）可知，组间存在极显著差异（$F=39.45$，$P<0.01$）。所有组别 P 贡献系数变异均较大，说明相对耕作方式而言，其他因素对 P 输出的影响更大。旱地 P 贡献系数明显高于其他方式，且相对变异程度也是最高的，与旱地 N 贡献系数类似，这与农田耕作和管理方式有关。此外，裸土地的 P 贡献系数也较高，这与其缺乏地表覆盖容易形成水土流失有关。有林地的 P 贡献系数最低，说明地表植被对 P 的输出具有很好的控制效果。

经单因素方差分析（表 8-4）可知，组间存在极显著差异（$F=268.029$，$P<0.01$），旱地轮作 N 贡献系数明显高于其他方式，尤其以"豌豆+生菜+青花+白菜"的轮作方式最大，这与耕作中化肥施用量有关。此外，裸土地的 N 贡献系数也较高，这与其缺乏地表覆盖容易形成水土流失有关，同时需注意到，裸土地 N 贡献系数变异较大，可能与其在不同的土壤环境和地形、地貌条件下有关。有林地 N 贡献系数最小，说明植物对 N 的吸收可以有效抑制 N 的输出。

经单因素方差分析（表 8-5）可知，组间存在极显著差异（$F=50.514$，$P<0.01$）。所有组别 P 贡献系数变异均较大，说明相对耕作方式而言，其他因素对 P 输出的影响更大。旱地轮作 P 贡献系数明显高于其他方式，尤其以"豌豆+白菜+玉米"的轮作方式最大，这与耕作中化肥施用量有关。此外，裸土地的 P 贡献系数也较高，这与其缺乏地表覆盖容易形成水土流失有关。有林地的 P 贡献系数最低，说明地表植被对 P 的输出具有很好的控制效果。

根据本课题入户调查数据，对有统计值的 35 个乡镇农地平均施肥量进行统计（表 8-6），可知在不同的乡镇间 N/P 肥施用量差别较大，单位面积 N 肥施用最大值是最小值的 61 倍，每公顷 P 肥最大施用量与最小施用量之间也相差 700 余千克。在建模训练区中采用了实际调查数据，但在模型回溯和预测模拟及情景分析中，由于缺乏化肥施用的时间序列数据及完成的空间数据，只得以平均值代替，这可能造成模拟结果的不准确。

表 8-6　滇池流域单位面积化肥施用量统计表

	乡镇数	平均数±均数	最小值	最大值
氮肥 (kg/hm^2)	35	351.1226±51.122	20.49	1250.00
磷肥 (kg/hm^2)	35	129.6078±29.607	0.00	710.84

8.2.3.4　模型表达

1. 全流域土地利用负荷模型

模型构建逻辑综合考虑相关因素影响，以不同权重表达各个因素影响值，以简洁的线性模型为基本框架，构建形如式(8-1)的模型：

$$load = a_0 + a_1 \times fert + a_2 \times landuse + a_3 \times soil + a_4 \times slope \tag{8-1}$$

在拟合获得的各个参数中，a_0 量纲为 kg/hm^2，其意义是除上述输入变量以外存在的单位面积污染负荷量；a_3 量纲为 1000kg/hm^2，其意义是单位面积特定土壤厚度下(此处假设土壤厚度差异不大)所含土壤的质量，它与土壤容重成正比；其 a_1、a_2 和 a_4 参数均为无量纲的量，表征的分别是施肥、土地利用和坡度对污染负荷的贡献权重。

N 负荷模型：

$$\begin{aligned} n\_load = &18.65354 + 0.0317 \times n\_fert + 0.4381 \times n\_landuse + 0.90734 \\ &\times n\_soil + 0.08229 \times slope \end{aligned} \tag{8-2}$$

式中，n_load 为单位面积氮负荷量(kg/hm^2)；n_fert 为单位面积氮肥施用量(kg/hm^2)；$n\_landuse$ 为土地利用类型氮贡献系数(kg/hm^2)；n_soil 为单位质量土壤氮含量(g/kg)；$slope$ 为坡度(°)。其中，水体 $n\_load = 0$。

经检验，$R^2 = 0.10424$，$P < 0.01$，模型相关系数较低，但通过了显著性检验，其原因主要是模型模拟范围地形和土壤等自然因素变异较大，且土地利用、施肥等人为因素也存在较大空间差异。

P 负荷模型：

$$\begin{aligned} p\_load = &1.25776 + 0.01931 \times p\_fert + 0.06645 \times p\_landuse \\ &+ 0.068\,83 \times p\_soil + 0.0047 \times slope \end{aligned} \tag{8-3}$$

式中，p_load 为单位面积磷负荷量(kg/hm^2)；p_fert 为单位面积磷肥施用量(kg/hm^2)；$p\_landuse$ 为土地利用类型磷贡献系数(kg/hm^2)；p_soil 为单位质量土壤磷含量(g/kg)；$slope$ 为坡度(°)。其中，水体 $p\_load = 0$。

经检验，$R^2 = 0.135$，$P < 0.01$，模型相关系数较低，但通过了显著性检验，其原因主要是模型模拟范围地形和土壤等自然因素变异较大，且土地利用、施肥等人为因素也存在较大空间差异。

2. 滇池流域农业生态环境监测模型

农业生态环境监测负荷模型的构建逻辑与土地利用负荷模型一致，主要差别在于细化了农田耕作措施。

农业生态环境监测 N 负荷输出模型：

$$n\_output = 10.2067 + 0.10 \times n\_fert + 2.1 \times 10^{-4} \times n\_lusind \\ + 6.068\,94 \times n\_soil + 0.391\,71 \times slope \tag{8-4}$$

式中，n_output 为农业监测单位面积氮负荷量(kg/hm^2)；n_fert 为单位面积氮肥施用量(kg/hm^2)；n_lusind 为耕作地类氮贡献系数(kg/hm^2)；n_soil 为单位质量土壤氮含量(g/kg)；$slope$ 为坡度(°)。

经检验，$R^2 = 0.64$，$P < 0.01$。该模型结构与土地利用负荷模型结构类似，但相关系数明显高于前者，其原因在于在此模型中细化了农业耕作方式，使得在不同管理和耕作方式下土地的 N 输出差异得以体现。

农业生态环境监测 P 负荷输出模型：

$$p\_output = 1.2118 + 0.09 \times p\_fert + 0.166\,64 \\ \times p\_lusind + 0.101 \times p\_soil + 5.77 \times 10^{-3} \times slope \tag{8-5}$$

式中，p_output 为农业监测单位面积磷负荷量(kg/hm^2)；p_fert 为单位面积磷肥施用量(kg/hm^2)；p_lusind 为耕作地类磷贡献系数(kg/hm^2)；p_soil 为单位质量土壤磷含量(g/kg)；$slope$ 为坡度(°)。

经检验，$R^2 = 0.21$，$P < 0.01$。该模型相关系数同样高于相应的土地利用负荷模型，说明细化农业耕作方式能够更好地预测和监测 N、P 污染负荷输出。但是 P 负荷模型比 N 负荷模型相关系数低，可能与磷的空间分布差异大有关。

3. 污染物输移模型

污染物输移过程是污染物逐渐衰减的过程，这一衰减过程与污染物通过路径长度成正比，其路径不一定是河道，故未采用河道长度等河道相关参数作为模拟输入变量，而是选择流域控制面积和坡度。研究表明，污染物迁移与坡度成反比(吴建强，2011)，也有学者认为其与坡长成正比，与坡降成反比，事实上坡长与坡降之比即为坡度正弦值的倒数，两种结论相符，本模型采用坡度正弦值的倒数作为地形影响变量。

N 输移模型：

$$TN_{in} = TN_{load}\left(1 - 2.2 \times 10^{-4} \times \frac{area}{\sin(slope)}\right) \tag{8-6}$$

式中，TN_{in} 为年入湖总氮量(t)；TN_{load} 为流域年总氮负荷量(t)；$area$ 为流域控制面积(km^2)；$slope$ 为坡度(°)。

经检验，$R^2 = 0.783$，$P < 0.01$ 皮尔逊相关-双尾检验(Pearson correlation 2-tailed)。模型相关性较高，能够较好地反映整个流域的污染物输移过程。但在模拟中也发现，对于湖

滨带的模拟效果相对较差,这是由于湖滨带水网密布,其输移过程不但受到流域自身性质的影响也受水系中水流交换的影响,甚至很多区域具有多个出水口,污染物入湖速度较快。

P 输移模型:

$$TP_{in} = 0.9071 \times TP_{load} + 0.47362 \times TP_{load} \times \frac{\lg(area)}{\ln(\sin(slope))} + 0.30438 \tag{8-7}$$

式中,TP_{in} 为年入湖总磷量(t);TP_{load} 为流域年总磷负荷量(t);$area$ 为流域控制面积(km^2);$slope$ 为坡度(°)。

由于输入变量与输出变量在数量级上差别较大,故而对输入变量进行了对数变换。经检验,R^2=0.445,$P<0.05$ 皮尔逊相关-单尾检验(Pearson correlation 1-tailed)。该模型结构比 N 输移模型复杂,相关性也略低,其原因是 P 的输移和沉降过程较为复杂。

8.2.3.5　滇池流域面源污染综合查询系统构建

本专题所有空间数据和属性数据都采用 ESRI Shipe File 的格式和数据标准,并利用 ESRI 的 Arcview3.3 的工程文件工程 Project 进行专题管理和查询。整合流域面源污染控制各方面的空间信息数据和属性数据表达,满足流域面源污染数据和信息查询与检索,信息处理与输出。

Project(工程对象):系统中集成数据和功能的层次最高的对象。Project 对象由 3 种要素组成:文档对象(doc)、文档用户界面(docGUI)和脚本程序(script)。利用 Project 对象,可将不同类型或专题的数据组织在一起,并赋以相应的用户功能界面。

Doc(文档类):用以对数据进行分类组织其功能界面的对象。文档类是对几种具体的对象的抽象:Chart(图表对象),Layout(打印排版对象),View(数据视图对象),Project(工程对象),SEd(脚本编辑对象)和 Table(数据表对象)。通过 View 对象,可以操纵电子地图(含影像和栅格图层)包括缩放、符号、开关、投影等属性;通过 Layout 对象,可以在打印版面上放置地图、图例符号、数据表、统计图表及文字、任意图形等,制作信息量极大而视觉美观的专业级地图;Chart 对象则提供了制作统计图表,如曲线图、直方图、饼状图、散点图等。

Theme(专题图层类):保存图层或数据表的数据源、显示状态、坐标、图例等信息的对象。由 Theme 类派生出 4 种对象:Ftheme 即矢量要素图层;Itheme 即影像图层;DBTheme 为表格数据;GTheme 为栅格图层。利用 Theme 对象,可以操作图形数据库中的每一条记录,进行数据的编辑、修改更新,进行图形数据或表格数据的查询、分析;利用栅格图层对象(GTheme),可以以图层或单元格两种方式操作图层,从而实现各种空间分析功能。

8.3　结果呈现方式

8.3.1　基础数据库

1. 全流域 1∶5 万的基础地理信息空间数据库

以 ESRI 公司 ArcGIS 地理信息系统软件为基础平台，完成了全流域图层的 1∶5 万基础数据库的建设，流域基础地理信息空间数据库包括 DEM、水系、居民点、道路、等高线、县行政区、乡镇行政区等 13 个图层，数据量 226Mb，已建成的流域基础数据内容见表 8-7。

表 8-7　滇池流域 1∶5 万基础地理信息空间数据库内容

要素类型	图层名称	分类	编码
高程点(点)	Terpt	有圈、无圈、三角	72010
水系(点)	Hydpt	泉	25010
		井	25020
水系(线)	Hydlk	单线河	21011
		双线河	21012
		单线时令河	21021
		湖泊界	23010
		水库界	24010
		池塘界	24150
水系(面)	Hydnt	双线河、湖泊、水库、池塘	同线
居民点(点)	Respt	地州政府驻地	31050
		县政府驻地	31060
		镇政府驻地	31080
		乡政府驻地	31081
		村公所	31090
		自然村	31091
		农场	31100
		地名注记	31200
居民点(面)	Resnt	乡/镇以上镇府驻地	同点
铁路(线)	Tralk	单线铁路	41021
公路(线)	Rohlk	国家干线公路	42300
		省级公路	42400
		县级公路	42500
		乡村公路	42600
道路(线)	Rodlk	乡村路	42120
		小路	42130
境界(线)	Boulk	地州界	61040

要素类型	图层名称	分类	编码
政区界(面)	Admnt	县界	61050
		乡、镇界	61060
		农场界	61070
		特殊地区界	62010
		自然保护区界	62020

2. 示范区基础地理信息数据库

在建立全流域地理空间信息基础数据库的基础上，对示范区进行了野外考察，建立了以 ArcGIS 为数据平台的示范区 1 : 1 万的基础地理信息数据，共包括 9 个图幅，数据量 129Mb，数据库内容见表 8-8。

表 8-8 示范区地理空间信息基础数据库内容

要素层	要素类型	编码
Elevation	等高线	710112，710122
point_elevation	高程点	720101
river	河流	220203
Road 1	道路 1	420202
Road 2	道路 2	422402
highway	高等级公路	420102
village_town	村镇	320103，320212，320213
water_reservoir	水库	240103
waterline	线状水系	210112，210212
	人工渠	220302，240472
	村道	421102，421202，421302
	高压电线	510102
	人工采挖区	431002

3. 社会经济数据库

根据第二专题提供的数据，建立了以 411 个行政村为基本单元的滇池流域社会经济矢量数据库，包括了户数、人口、经济状况、土地面积、耕作制度、畜禽养殖等相关信息。

8.3.2 生态环境专题数据库

1. 全流域生态环境专题数据库

以卫星遥感影像数据为数据源，建立了全流域 1988 年、1999 年、2002 年及 2007 年的生态环境专题数据库，数据量为 3.5Gb。数据库内容见表 8-9。

表 8-9　滇池流域生态环境专题数据库内容

数据库类型	图层名称	基本上图单元(分辨率)	数据格式
影像数据库	1988 年 TM 影像	30m 分辨率	img
	1999 年 ETM 影像	30m 分辨率	img
	2002 年 ETM 影像	30m 分辨率	img
	2007 年 TM 影像	30m 分辨率	img
	2010 年 SPORT 影像	2.5m 分辨率	img
土地利用数据库	1988 年土地利用	土地利用二级分类	coverage
	1999 年土地利用	土地利用二级分类	coverage
	2002 年土地利用	土地利用二级分类	coverage
	2007 年土地利用	土地利用二级分类	coverage
	2010 年土地利用	土地利用二级分类	coverage
植被类型数据库	1988 年植被类型	植被亚型或群系	coverage
	1999 年植被类型	植被亚型或群系	coverage
	2002 年植被类型	植被亚型或群系	coverage
	2010 年植被类型	植被亚型或群系	coverage
环境数据库	土壤类型数据库	土种	ship
	降雨量数据库		ship
	径流量数据库		ship

2. 示范区生态环境专题数据库

以 2010 年 QuickBird 影像数据为数据源,研制了示范区土地利用和植被专题数据库,数据量 2.69Mb,见表 8-10。

表 8-10　示范区生态环境专题数据库内容

数据库类型	图层名称	基本上图单元(分辨率)	数据格式
影像	2010 年 QuickBird 影像	0.6m 分辨率	img
土地利用类型	2010 年土地利用	土地利用二级分类	coverage
植被类型	2010 年植被类型	植被亚型或群系	coverage

3. 全流域村镇生产、生活性污染特征空间信息数据库

根据第二专题提供的数据,建立了以乡镇为基本单元的生产性面源污染空间信息数据库,包括了耕种面积、施肥的种类和数量、秸秆还田数量、农药使用量等信息。

建立了以乡镇为基本单元的农村生活性面源污染空间数据库,包括日均用水量、日产污水量、日均排污量和日产垃圾量等信息。

4. 面源污染负荷空间查询数据库

应用 GIS 分析方法,研制了流域 1988 年、1997 年、2007 年和 2010 年流域 TN 负荷

和 TP 负荷空间数据,从而可以进行空间数据的查询和分析,数据库中集成了滇池流域乡镇行政区、行政村、小流域和面源污染控制区的空间分布图层,可进行空间查询、分析和统计。

8.3.3 流域面源污染产生输移及入湖量的测算

1. 全流域划分为 16 个面源污染小流域效应单元

根据本研究制定的划分标准,滇池流域共分为 16 个小流域,各小流域的面积及面积比例(不包括滇池水面)见表 8-11。

表 8-11 滇池流域各小流域的面积和比例

流域名称	面积(km²)	占流域面积的比例 (不包括滇池水面)(%)
洛龙河流域	78.99	3.05
马料河流域	84.8	3.28
船房河-采莲河流域	43.23	1.67
东白沙河流域	59.27	2.29
金汁河-枧槽河流	82.63	3.19
捞鱼河流域	262.87	10.15
宝象河流域	297.25	11.48
盘龙江流域	695.87	26.88
东大河流域	187.85	7.26
柴河流域	218.26	8.43
大河流域	205.93	7.95
白云水库流域	74.36	2.87
南冲河流域	43.9	1.69
新河-运粮河流域	131.07	5.06
西山散流区	72.04	2.78
古城河流域	50.43	1.95
合计	2588.75	100

2. 全流域划分为 14 个面源污染控制区

根据滇池流域面源污染控制区划依据,在 GIS 的支持下,将由滇池 6 个片区、地貌层和 16 个小流域及流域的乡镇行政区图层进行叠加,形成了如下 14 个流域的面源污染控制区。

　　Ⅰ　湖滨区
　　　　Ⅰ1 主城-湖滨片区
　　　　Ⅰ2 官渡、呈贡-湖滨片区
　　　　Ⅰ3 晋宁-湖滨片区
　　　　Ⅰ4 海口-湖滨片区
　　Ⅱ　台地区
　　　　Ⅱ1 主城-台地片区
　　　　Ⅱ2 官渡、呈贡-台地片区
　　　　Ⅱ3 晋城-台地片区
　　　　Ⅱ4 昆阳、海口-台地片区
　　Ⅲ　山地区
　　　　Ⅲ1 盘龙-山地片区
　　　　Ⅲ2 官渡、呈贡-山地片区
　　　　Ⅲ3 晋城-山地片区
　　　　Ⅲ4 昆阳、海口-山地片区
　　Ⅳ　西山散流区
　　　　Ⅳ1 西山散流区
　　Ⅴ　松华坝水源地保护区
　　　　Ⅴ1 松华坝水源地保护区

3. 分层次分区域可测算面源污染量

按分区、分圈层、流域进行产生量、入河量、入湖(库)量测算。

8.4　滇池流域面源污染的空间格局

　　滇池流域因受地势的影响,滇池流域可大致分为山地、台地和湖滨 3 个不同的圈层。在不同的圈层,受地形、地貌和不同的社会、经济发展状况的影响,导致滇池流域 3 个圈层非点源污染产生和负荷的不同。

　　湖滨区农业生产历史悠久,以水田和水浇地为优势景观类型,村庄和乡镇企业分布较集中,是排放非点源污染物最多的圈层;非点源污染以散流方式弥漫进入滇池水体。

　　台地区地势相对平缓,人为活动较频繁,农业以顺坡耕种的坡旱地为主,水土流失严重,也是排放非点源污染物的重点区域;水土流失携带的大量泥沙和氮、磷主要在暴雨期间随地表径流的运动集中向下游输送。

　　山地区的污染物产生量虽比台地区高,但因水库的拦截作用和农业、农村废物的高回收率,最终污染物外排量最低,对滇池富营养化的影响最小。

　　结合水库的分布,以大的地势起伏和环状自然地貌结构,以地势起伏度为主要划分依据,将滇池流域分为湖滨区、台地区、山地区 3 个圈层。

　　在 GIS 支持下,将由滇池 6 个片区与 3 个圈层两图层叠加。在叠加过程中,考虑到松华坝水源保护区作为一个完整的水文单元和特殊功能的地域,为保证其在管理上的方便不再做圈层划分，西山散流区有 95% 以上的区域集中于山地区，仅有少部分处于台地区，几乎没有处于湖滨区的部分也未进行圈层细划，由此而得到的滇池流域的面源污染区划系统。

8.5 滇池流域面源污染产生输移估算结果

8.5.1 面源污染负荷产生量

利用 SWAT 模型分析，从 1988～2010 年，以 10 年左右为一个步长，滇池流域的 N 的面源污染负荷产生量呈下降趋势。

1. 流域 TN 产生量

1988 年，全流域的面源污染 TN 负荷量为 7034.81t，1997 年为 6422.46t，2007 年为 6317.05t，但到 2010 年，全流域的 TN 污染负荷量又有少量上升，为 6353.18t（图 8-2）。

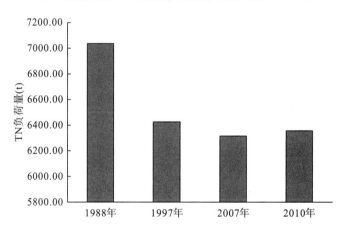

图 8-2　滇池流域 TN 负荷量变化示意图

2. 流域 TP 产生量

全流域 TP 的污染产生量与 TN 相似，污染总量呈下降趋势。1988 年，全流域的 TP 污染负荷量为 716.52t，1997 下降到 614.16t，2007 年为 577.80t，2010 年为 565.48t（图 8-3）。

3. 不同圈层面源污染产生量分布

滇池流域的地貌可分为山地、台地和湖滨，其中面积最大的是山地，面积占全流域面积的 52.34%；其次为台地，占流域面积的 26.01%，湖滨占流域面积的 11.40%，滇池湖面面积占 10.25%，见图 8-4。

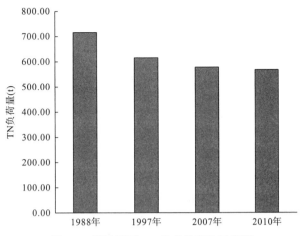

图 8-3　滇池流域 TP 负荷量变化示意图

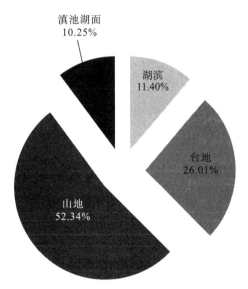

图 8-4　滇池流域不同地貌面积构成比例

通过模型模拟计算结果表明，滇池流域 TN 产生量分布以山地最大，其次为台地，最后是湖滨。从 1988～2010 年，3 个圈层的 TN 负荷产生量呈下降趋势，见表 8-12 和图 8-5。湖滨的 TN 产生在 2010 年略微上升，山地的 TN 产生量从 2007 年开始呈上升趋势。

表 8-12　滇池流域不同圈层的 TN 负荷产生量分布　　　　　　　　　　　（单位：t）

年度	湖滨	台地	山地	合计
1988	901.14	2226.88	3906.79	7034.81
1997	815.96	2050.69	3555.82	6422.47
2007	757.24	1988.14	3571.67	6317.05
2010	813.02	1914.59	3625.57	6353.18

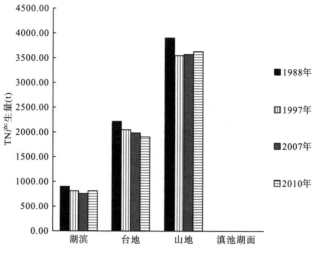

图 8-5　滇池流域各圈层不同年度的 TN 产生量分布图

从 TN 的产生量占全流域的比例来看，1988 年山地的 TN 负荷产生量最大，占全流域 TN 负荷量产生量的 55.54%，台地占 31.66%，湖滨占 12.81%（图 8-6）。

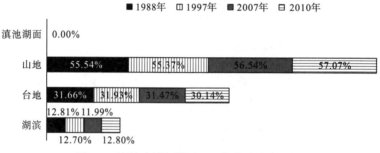

图 8-6　滇池流域各圈层 TN 产生量分布比例

综上所述，滇池流域不同圈层的 TN 负荷产生量与区域的面积有一定的关系，但从 3 个圈层在全流域面积比例关系和 TN 负荷产生量在全流域的比例关系中可见，以台地的 TN 负荷最大。因此，台地是滇池流域 TN 的主要负荷产生区域。

滇池流域的 TP 产生量分布，同样以山地最大，其次为台地，最后是湖滨。从 1988～2010 年，3 个圈层的 TP 负荷产生量都呈下降趋势，而湖滨和山地的 TP 产生量在 2010 年略微上升。见表 8-13 和图 8-7。

表 8-13　滇池流域不同圈层的 TP 产生量　　　　　　　　　　　　（单位：t）

年度	湖滨	台地	山地	合计
1988	106.32	252.17	358.03	716.52
1997	90.49	222.66	301.02	614.17
2007	76.31	204.33	297.16	577.80
2010	76.48	183.13	305.86	565.47

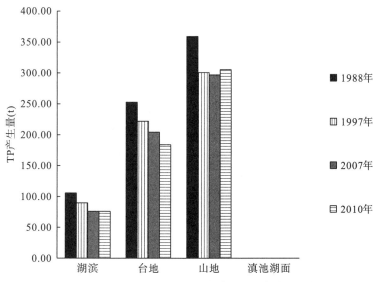

图 8-7　滇池流域不同圈层不同年度的 TP 产生量示意图

从 TP 负荷产生量的比例分布来看，1988 年山地最大，占全流域 TP 负荷量的 49.97%，台地占 35.19%，湖滨占 14.84%，见图 8-8。

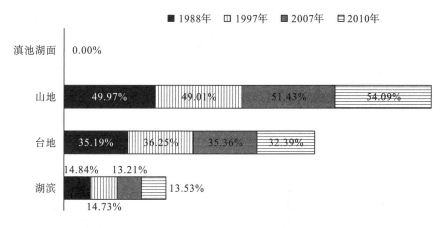

图 8-8　滇池流域不同圈层 TP 产生量占全流域 TP 产生量的比例

滇池流域中不同圈层的 TP 产生量虽然与面积也有一定的关系，但从 3 个圈层在全流域面积比例关系和 TP 产生量在全流域的比例关系中可见，以台地的 TP 产生量最大，其次为湖滨，山地较小，但在 2010 年的份额有所增加。

4. 不同面源污染控制区的面源污染产生量

根据本研究划分的滇池流域面源污染控制区划，全流域共分为 15 个小区，各区的面积分布见图 8-9。

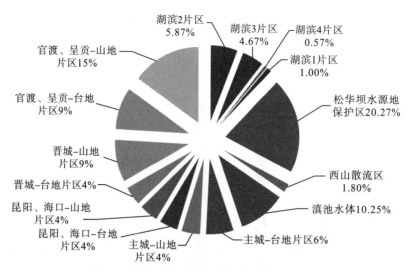

图 8-9　滇池流域面源污染控制区的面积比例

从图 8-9 中可见，滇池流域的面源污染控制区以松华坝水源保护区的面积比例最大，其余的除官渡、呈贡-山地片区的面积比例为流域面积的15%、滇池水体为 10.25%外，其他区域的面积均不超过流域面积的 10%。

滇池流域的各面源污染控制小区的 TN 产生量以松华坝水源保护区的最大，其次为官渡、呈贡-山地片区。在台地片区中，以官渡、呈贡-台地片区的 TN 产生量较大。在湖滨片区中，以晋宁-湖滨片区和官渡、呈贡-湖滨片区的 TN 产生量较大，其他片区相对较小。

滇池流域各面源污染控制片区的 TN 产生量在 1988～2010 年基本呈下降趋势，详见表 8-14。但松华坝水源保护区的 TN 产生量在 1997 年下降以后，2007 年和 2010 年的 TN 产生量又有一定程度的上升。几个湖滨片区的 TN 产生量下降幅度较小，在流域南部的昆阳、海口-山地片区和台地片区的下降比例也不大，见表 8-14 和图 8-10。

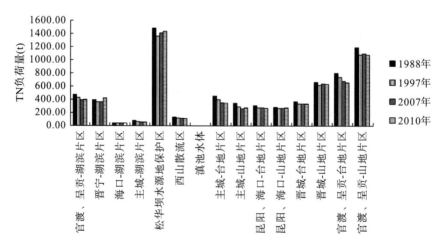

图 8-10　面源污染控制区 1988～2010 年 TN 负荷变化趋势示意图

表 8-14　各面源污染控制区的 1998～2010 年的 TN 产生量　　　　　　（单位：t）

面源污染控制片区	1988 年	1997 年	2007 年	2010 年
官渡、呈贡-湖滨片区	474.73	431.61	392.23	400.87
晋宁-湖滨片区	393.34	367.37	370.36	423.23
海口-湖滨片区	46.90	41.36	42.09	42.79
主城-湖滨片区	77.43	64.60	54.84	56.31
松华坝水源地保护区	1483.20	1367.56	1414.65	1431.89
西山散流区	132.09	118.75	110.12	113.89
主城-台地片区	456.59	400.62	353.43	344.13
主城-山地片区	348.15	292.92	266.58	278.97
昆阳、海口-台地片区	310.71	281.66	279.85	272.56
昆阳、海口-山地片区	284.04	271.70	268.77	275.10
晋城-台地片区	368.42	336.03	336.24	339.84
晋城-山地片区	667.34	620.10	644.57	636.61
官渡、呈贡-台地片区	803.77	741.93	682.66	658.32
官渡、呈贡-山地片区	1188.10	1086.24	1100.65	1078.67
合计	7034.81	6422.45	6317.04	6353.18

　　从各控制区 TN 负荷产生量占全流域的负荷比例来看，不同控制区的 TN 负荷产生量占全流域的比例与区域的地貌有一定的关系。以山地地貌为主的区域，其 TN 负荷产生量占全流域的比例基本为增加趋势；以台地为主的区域略有下降或基本持平；湖滨区无规律；官渡、呈贡-湖滨片区逐步下降，而晋宁-湖滨片区则表现为持续上升。与各控制区占流域面积的比例相比，晋宁-湖滨片区 TN 负荷产生量的比例呈增大趋势，见图 8-11。

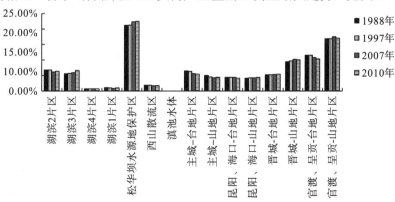

图 8-11　各面源污染控制区 1988～2010 年 TN 负荷占全流域 TN 变化趋势图

　　与 TN 产生量相似，滇池流域的各面源污染控制小区的 TP 产生量以松华坝水源保护区最大，其余依次为官渡、呈贡-山地片区。在台地片区中，官渡、呈贡-台地片区的 TP

产生量较大，而在湖滨片区中，1988 年、1997 年官渡-呈贡的 TP 产生量最大，而 2007 年、2010 年则以晋宁产生量最大。

从 1988～2010 年，各污染控制片区的 TP 负荷基本也呈下降趋势，但松华坝水源保护区在 1997 年下降以后，2007 年和 2010 年呈现一定程度的上升。在晋宁-湖滨片区，TP 产生量仅在 1997 年和 2007 出现下降，2010 年又表现出明显上升。在以台地地貌为主的控制区，TP 产生量普遍呈下降趋势，见表 8-15。

表 8-15　各面源污染控制区的 1998～2010 年的 TP 产生量　（单位：t）

面源污染控制片区	1988 年	1997 年	2007 年	2010 年
官渡、呈贡-湖滨片区	57.10	49.08	39.35	36.57
晋宁-湖滨片区	47.51	43.36	43.39	46.45
海口-湖滨片区	5.59	4.71	4.71	4.33
主城-湖滨片区	9.21	6.51	4.03	4.04
松华坝水源地保护区	136.26	118.78	121.67	125.79
西山散流区	12.25	10.02	8.21	8.65
滇池水体	—	—	—	—
主城-台地片区	47.65	36.72	27.16	24.68
主城-山地片区	33.41	23.90	18.97	21.17
昆阳、海口-台地片区	33.73	29.20	27.81	25.50
昆阳、海口-山地片区	23.24	21.29	20.50	21.58
晋城-台地片区	41.26	36.34	35.35	34.48
晋城-山地片区	59.29	51.86	55.34	53.66
官渡、呈贡-台地片区	93.29	82.34	70.45	62.29
官渡、呈贡-山地片区	116.72	100.06	100.87	96.29
合计	716.51	614.17	577.81	565.48

从各控制区 TP 产生量占全流域的负荷比例来看，不同控制区的 TP 产生量占全流域的比例与区域的地貌有一定的关系，以山地地貌为主的区域，其 TP 产生量占全流域 TP 产生量的比例基本为增加的趋势，在流域北部的台地片区和山地片区，TP 产生量占全流域 TP 负荷的比例逐步下降，在流域东部和南部的台地区基本持平，在以湖滨地貌为主的区域，官渡、呈贡-湖滨片区基本持平，而晋宁-湖滨片区则在 2007 年和 2010 年表现为持续上升。与各控制区占流域面积的比例相比，晋宁-湖滨片区 TP 产生量占全流域 TP 产生量的比例也明显增大，见图 8-12。

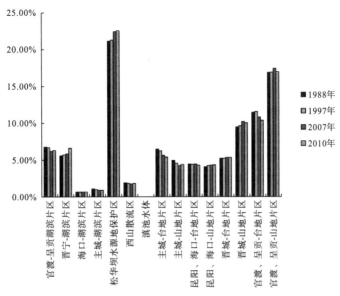

图 8-12　滇池流域面源污染控制区 1988~2010 年 TP 产生量变化趋势

综上所述，除松华坝水源保护区外，滇池流域各污染控制区 TN 和 TP 产生主要集中在官渡-呈贡山地区、台地区和湖滨区，在晋宁-湖滨区和晋城-山地区，从 1988~2010 年，TN 和 TP 产生量一直呈上升趋势，正逐步成为滇池流域产生 TN 和 TP 的重要地区。

8.5.2　面源污染负荷入河量

流入滇池入湖河道的较为完整的小流域（一级支流）共 16 条。各小流域的名称和面积见表 8-16。

表 8-16　滇池流域各小流域的名称和面积

名称	面积（km²）
洛龙河流域	78.99
马料河流域	84.80
船房河-采莲河流	43.23
东白沙河流域	59.27
金汁河-枧槽河流	82.63
捞鱼河流域	262.87
宝象河流域	297.25
盘龙江流域	695.87
东大河流域	187.85
柴河流域	218.26
大河流域	205.93
白云水库流域	74.36

续表

名称	面积(km²)
南冲河流域	43.90
新河-运粮河流域	131.07
西山散流区	72.04
古城河流域	50.43
滇池湖面	301.52
合计	2890.27

　　从表 8-16 中可见，滇池流域的小流域中，流域面积大于 100km² 的流域 7 条，其中面积最大的是盘龙江流域，其次是宝象河流域、捞鱼河流域、柴河流域、大河流域、东大河流域和新河-运粮河流域。除盘龙江流域外，滇池流域面积较大的小流域基本上分布于滇池流域的东部和南部，见图 8-13。

　　从 TN 入河量来看，各小流域依次为捞鱼河流域、柴河流域、盘龙江流域、宝象河流域、东大河流域、大河流域。从 1988～2010 年，各小流域的 TN 负荷产生量基本呈下降趋势，其中在流域南部的大河流域、柴河流域和东大河流域的下降幅度较小，且在 1997 年以后基本持平；流域东部的洛龙河流域、马料河流域、东白沙河流域及西部的古城河流域和西山散流区等的 TN 的负荷产生量都持续下降，见表 8-17 和图 8-14。

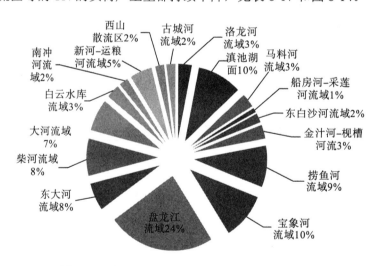

图 8-13　滇池流域各小流域面积占流域面积的比例

表 8-17　滇池流域小流域 1988～2010 年 TN 输移入河量　　　　　　（单位：t）

流域名称	1988 年	1997 年	2007 年	2010 年
洛龙河流域	195.16	183.32	155.54	155.10
马料河流域	201.97	183.90	162.03	165.59

续表

流域名称	1988 年	1997 年	2007 年	2010 年
船房河-采莲河流	100.54	88.40	80.73	74.24
东白沙河流域	137.54	121.69	107.04	104.88
金汁河-枧槽河流	179.60	154.08	141.10	143.12
捞鱼河流域	503.38	456.19	467.62	448.81
宝象河流域	429.60	393.64	385.59	381.76
盘龙江流域	487.37	444.48	447.05	451.14
东大河流域	375.34	352.37	351.14	361.77
柴河流域	451.32	418.91	418.92	426.16
大河流域	458.58	422.44	446.68	448.25
白云水库流域	179.77	171.71	171.15	187.62
南冲河流域	119.23	113.26	114.33	117.41
新河-运粮河流域	283.67	245.08	219.40	225.37
西山散流区	180.22	160.10	155.63	154.19
古城河流域	124.45	113.51	109.00	115.12
合计	4407.74	4023.09	3932.95	3960.51

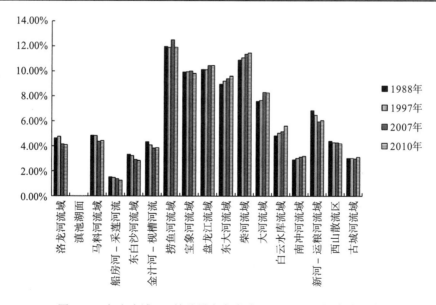

图 8-14　各小流域 TN 输移量占全流域 TN 入河量比例变化趋势

综上所述，滇池流域 16 个小流域的 TN 入河量与流域的地形地貌和开发强度有关，流域南部和东部的几条河流，TN 入河量相对较大，而且 TN 入河量呈逐年上升趋势。

TP 在各小流域中入河量与 TN 相似，以宝象河小流域的 TP 产生量最大，其余依次为捞鱼河、柴河、大河、洛龙河、马料河、东大河小流域。从 1988～2010 年，各小流域的 TP 产生量基本呈下降趋势，除流域南部的大河流域和东部的捞鱼河流域在 2007 年的 TP 产生量略有上升外，其他小流域的 TP 产生量都持续下降，见表 8-18 和图 8-15。

表 8-18　滇池流域小流域 1988～2010 年 TP 输移入河量　　　　（单位：t）

流域名称	1988 年	1997 年	2007 年	2010 年
洛龙河流域	16.69	15.18	11.33	10.74
马料河流域	16.94	14.70	11.85	11.52
船房河-采莲河流	9.85	8.01	6.02	4.74
东白沙河流域	9.95	8.01	5.93	5.55
金汁河-枧槽河流	10.55	7.69	6.22	6.34
捞鱼河流域	24.13	20.56	21.27	19.04
宝象河流域	27.10	23.44	21.74	20.65
盘龙江流域	12.56	10.73	10.40	10.63
东大河流域	15.43	13.95	13.66	13.54
柴河流域	15.61	13.96	13.63	13.54
大河流域	24.36	21.35	23.14	22.49
白云水库流域	7.73	7.25	7.17	7.60
南冲河流域	8.82	8.27	8.19	7.98
新河-运粮河流域	13.78	10.43	7.86	8.21
西山散流区	7.75	6.38	5.90	5.60
古城河流域	6.66	5.83	5.26	5.51
合计	227.91	195.74	179.57	173.68

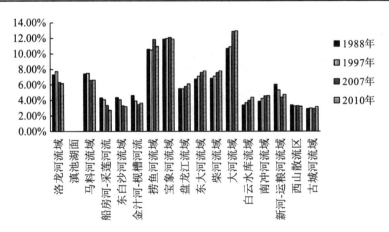

图 8-15　各小流域 TP 输移量占全流域 TP 输移量比例变化趋势

8.5.3　面源污染负荷入湖量

　　滇池流域受地形的影响，环湖分布有 9 个大中型水库，由于径流的作用，面源污染物有一部分流入水库中，水库以下的部分又顺坡流入河道或滇池中。在滇池的北岸，由于昆明城的不透水地面，面源污染物的扩散方式略不同于农村面源污染的扩散方式。基于 16 个小流域的 TN、TP 输移分析，进一步分析 TN、TP 的入湖量。

8.5.3.1　总氮的入库、入湖量

从 1988～2010 年，流入滇池流域环湖水库的 TN 为 763.33～775.45t，占各年流域 TN 输入量的 18.66%～21.12%，见表 8-19。

表 8-19　1988～2010 年各主要水库 TN 入库量　　　　　　　　　（单位：t）

水库名称	1988 年	1997 年	2007 年	2010 年
果林水库	76.33	68.07	62.84	58.26
东白沙河水库	52.37	45.74	40.92	42.02
松茂水库	152.70	130.74	131.36	135.05
横充水库	25.80	22.29	26.44	26.89
宝象河水库	2.42	5.70	13.53	19.85
松华坝水库	141.75	142.37	176.71	182.75
双龙水库	128.44	123.17	123.20	128.85
柴河水库	172.85	160.33	160.42	167.69
大河水库	10.67	8.72	13.75	14.09
合计	763.33	707.13	749.17	775.45
占流域 TN 输移量的比例(%)	18.66	18.93	20.53	21.12

在水库以下，或水库控制区以外，各小流域输入滇池的 TN 在 1988 年为 3327.89t，1997 年为 3027.73t，2007 年为 2892.30t，2010 年为 2896.75t，分别占各年 TN 输移量的 81.44%、81.17%、79.47% 和 78.88%（表 8-20）。

表 8-20　除水库径流区外 16 个小流域 1988～2010 年 TN 输移量　　　（单位：t）

流域名称	1988 年	1997 年	2007 年	2010 年
洛龙河流域	189.02	177.55	150.65	150.21
马料河流域	121.55	112.12	95.91	103.98
船房河-采莲河流	62.24	54.73	49.98	45.96
东白沙河流域	83.84	74.77	65.08	61.84
金汁河-枧槽河流	177.66	152.42	139.58	141.58
捞鱼河流域	310.6	290.23	296.56	274.15
宝象河流域	402.88	365.68	350.25	340.32
盘龙江流域	272.14	235.1	202.94	200.38
东大河流域	237.24	220.13	218.9	223.61
柴河流域	272.09	252.65	252.57	252.43

流域名称	1988 年	1997 年	2007 年	2010 年
大河流域	299.01	276.55	287.89	288.62
白云水库流域	197.22	188.37	187.76	205.83
南冲河流域	118.82	112.88	113.94	117.01
新河-运粮河流域	279.63	241.59	216.28	222.17
西山散流区	179.97	159.88	155.42	153.98
古城河流域	123.98	113.08	108.59	114.68
合计	3327.89	3027.73	2892.30	2896.75
占流域输移总量的比例(%)	81.44	81.17	79.47	78.88

在水库径流区以外的区域中，昆明主城区面源污染物总氮在 1988 年的输移量为
81.09t、1997 年为 126.33t、2007 年为 194.34t、2010 年为 181.80t，见表 8-21。

表 8-21 1988~2010 年滇池流域的入湖总氮 (单位：t)

区域	1988 年	1997 年	2007 年	2010 年
昆明主城区	81.09	126.33	194.34	181.80
其他区域	3246.83	2901.41	2697.97	2714.94
合计	3327.92	3027.74	2892.31	2896.74

综上所述，在滇池流域中，不同区域由于其面源污染物输移特征的差异，最终的 TN
入湖量不同，在整个流域中，水库截留的 TN 量为 20%左右，其他 80%进入滇池，在流入
滇池的 TN 中，通过主城区随着城市的不断扩大而增加，在 1988 年仅占全流域 TN 输移
量的 1.98%，到 2010 年增加到 4.95%。除水库径流区和主城区外，其他区域的流入滇池
的 TN 量占 73.93%~79.36%，见表 8-22。

表 8-22 1988~2010 年滇池流域不同区域的入湖总氮贡献率(%)

区域	1988 年	1997 年	2007 年	2010 年
水库径流区	18.66	18.93	20.57	21.12
昆明主城区	1.98	3.38	5.34	4.95
其他区域	79.36	77.68	74.09	73.93
合计	100	100	100	100

8.5.3.2 总磷入库、入湖量

从 1988~2010 年，流入滇池流域环湖水库的 TP 为 28.69~32.99t，分别占各年流域
TP 输入量的 14.48%~18.56%(表 8-23)。

表 8-23　1988～2010 年各主要水库 TP 入库量　　　　　（单位：t）

流域名称	1988 年	1997 年	2007 年	2010 年
果林水库	6.74	5.68	4.92	4.21
东白沙河水库	3.33	2.55	1.91	2.02
松茂水库	7.11	5.49	5.46	5.79
横充水库	1.07	0.82	1.15	1.14
宝象河水库	1.88	1.88	2.5	3.12
松华坝水库	2.21	2.76	4.68	5.21
双龙水库	4.23	4	3.82	4.18
柴河水库	4.02	3.53	3.45	3.84
大河水库	2.4	1.98	2.69	2.74
合计	32.99	28.69	30.58	32.25
占入湖 TP 的比例(%)	14.48	14.66	17.03	18.56

在水库径流区以外，各小流域输入滇池的 TP 在 1988 年为 194.92t，1997 年为 167.04t，2007 年为 148.99t，2010 年为 141.43t，分别占各年 TP 输移量的 85.52%、85.44%、82.97% 和 81.44%，见表 8-24。

表 8-24　除水库径流区外 16 个小流域 1988～2010 年 TP 输移量　　　　　（单位：t）

流域名称	1988 年	1997 年	2007 年	2010 年
洛龙河流域	16.69	15.18	11.33	10.74
马料河流域	10.20	9.02	6.93	7.31
船房河-采莲河流	9.85	8.01	6.02	4.74
东白沙河流域	6.62	5.46	4.02	3.53
金汁河-枧槽河流	10.55	7.69	6.22	6.34
捞鱼河流域	15.95	14.24	14.66	12.11
宝象河流域	25.22	21.56	19.24	17.53
盘龙江流域	10.35	7.97	5.72	5.42
东大河流域	11.20	9.95	9.84	9.36
柴河流域	11.59	10.43	10.18	9.70
大河流域	21.96	19.37	20.45	19.75
白云水库流域	7.73	7.25	7.17	7.60
南冲河流域	8.82	8.27	8.19	7.98
新河-运粮河流域	13.78	10.43	7.86	8.21
西山散流区	7.75	6.38	5.90	5.60
古城河流域	6.66	5.83	5.26	5.51
合计	194.92	167.04	148.99	141.43
占流域输移总量的比例(%)	85.52	85.44	82.97	81.44

在水库径流区以下的区域中，昆明主城区 TP 在 1988 年的输移量为 4.39t、1997 年为 6.45t、2007 年为 16.18t、2010 年为 15.68t，见表 8-25。

表 8-25　1988～2010 年滇池流域的入湖总磷　　　　　　　　　　　　　　　　（单位：t）

区域	1988 年	1997 年	2007 年	2010 年
昆明主城区	4.39	6.45	16.18	15.68
其他区域	190.5	160.6	132.82	125.76
合计	194.89	167.05	149.00	141.44

综上所述，在滇池流域中，不同区域由于其面源污染物输移特征的差异，最终的 TP 入湖量不同，在整个流域中，水库截留的 TP 量为 14.48%～18.56，其他 80% 以上的 TP 进入到滇池，在流入滇池的 TP 中，随着城市的不断扩大而增加，通过主城区进入滇池的 TP 在 1988 年仅占全流域 TP 输移量的 1.93%，到 2010 年增加到 9.03%。除水库径流区和主城区外，其他区域的流入滇池的 TP 量占 72.41%～83.59%，见表 8-26。

表 8-26　1988～2010 年滇池流域不同区域的入湖总磷贡献率（%）

区域	1988 年	1997 年	2007 年	2010 年
水库径流区	14.48	14.66	17.03	18.56
昆明主城区	1.93	3.3	9.01	9.03
其他区域	83.59	82.05	73.96	72.41
合计	100	100	100	100

在滇池流域中，面源污染入湖量总氮 2897t，总磷 141t，总氨、总磷贡献比例分别为 49.9%、35.3%，详见表 8-27。

表 8-27　2010 年滇池流域面源污染对入湖总量的贡献比例

指标	总氮	总磷	COD
流域面源污染入湖量(t)	2897	141	
流域陆地面源污染入湖量(t)	5806	400	16 619
贡献比例(%)	49.9	35.3	

注：流域陆地面源污染入湖量取自《滇池流域水污染防治"十二五"规划》

说明：本课题采用滇池流域面源污染预测预报模型是基于土地利用变化的空间分布的面源污染预测预报模型，是在云南省环境科学研究院应用 SWAT 模型 2008 年对滇池流域面源污染分析数据的基础上，根据实地调查，应用 GIS 技术遥感影像和相关生态学原理开发的应用模型，其预测数据与云南省环境科学研究院的数据接近，而与北京大学应用基于 HSPF 软件预测的入湖总氮数据较接近，入湖总磷数据有一定差异，见表 8-28。

表 8-28　采用不同模型的非点源 TN、TP 入湖量/入河量比较

承担单位	应用模型	模拟年份	TN 入湖量(t)	TP 入湖量(t)
北京大学	HSPF	2009	2414	398.4
云南大学	本项目研制的模型	2010	2897	141

承担单位	应用模型	模拟年份	TN 入湖量(t)	TP 入湖量(t)
云南省环境科学研究院	SWAT	2008	3041.47	168.99
云南大学	本项目研制的模型	2010	3672.18	173.71

第9章　高原湖泊面源污染特点与防控:以滇池为例

湖泊作为一种重要水源,是人类文明的发源地,也是人类生产生活的重要依赖。高原湖泊具有调节气候、提供生物栖息地、保障居民工农业用水与生活用水等功能。云南地处云贵高原,海拔高,山地面积大,且可利用的水资源有限,因受高原山地气候和地形影响,高原湖泊补给水源少、水体循环周期长、自净能力差,常常处于半封闭或封闭状态,污染类型以面源污染为主,高原湖泊生态系统极其脆弱。滇池是云南九大高原湖泊之一,近年来,随着周边城镇人口数量增加,城镇化加快,旅游业迅速发展,加剧了入湖污染负荷,影响了当地的发展。因此,高原湖泊水体质量的好坏很大程度上决定并限制着当地的发展,保护与治理高原湖泊意义重大。

9.1　云南高原湖泊及其面源污染治理中的问题

9.1.1　高原湖泊

一般而言,湖泊是指陆地上的盆地或者洼地积水形成的水体,其具有一定水域面积且换水较缓慢。高原湖泊是对那些海拔相对较高湖泊的模糊定义,与一般湖泊相比,高原湖泊一般是咸水湖,地质构造上一般是构造湖,而且内流区的高原湖泊一般是该区河流的终点,即内流湖,世界最大的高原湖泊群是青藏高原湖泊群。我国的高原湖泊主要分布在蒙新高原地区、云贵高原地区和青藏高原地区。

云南高原湖泊水面面积在 100hm^2 以上的湖泊有 37 个,总面积 1164km^2,径流面积约 90 万 hm^2,总蓄水量近 300 亿 m^3。云南这些高原湖泊作为云贵高原湖泊群的主要组成部分,是我国四大湖泊群之一,具有十分重要的生态功能和战略价值。云南是包括长江、珠江、澜沧江等具有重大战略价值的江河流经之地,境内分布的众多高原湖泊成为影响江河水环境的关键区域,湖泊水质优劣直接影响地方经济社会的发展,既关乎地处江河下游的长江三角洲、珠江三角洲等我国黄金经济带的水环境安全和生态安全,也会对澜沧江、红河、伊洛瓦底江下游东南亚、南亚多个国家的生态环境及经济社会产生影响。保护和治理好云南高原湖泊的水环境是构建我国西南生态安全屏障的重要内容,成为党和国家持续关注的重要生态环境问题。2015 年 1 月习近平总书记在视察云南时强调,云南要保护好高原湖泊,争当中国生态文明建设的排头兵。

9.1.2　污染治理中存在的问题

云南是我国西南边疆山地省份，94%的土地面积是山地，只有 6%的土地为山间盆地，高原湖泊地处江河分水岭地带和生态交错带，大多分布在山间盆地中。湖盆区是云南省开发较早、利用强度较大、人口特别密集的地段，由于地形封闭，有的湖泊还属于老龄化湖泊，导致湖泊生态环境先天比较脆弱，经济社会高度聚集，人类影响程度大，近一半湖泊达不到水环境功能要求。水质较为优良的湖泊有泸沽湖、抚仙湖、阳宗海、洱海、程海，以滇池、星云湖等为代表的高原湖泊成为我国湖泊中受人类干扰程度最大、湖泊质量下降最严重、富营养化问题最突出的湖泊群。

经过 20 多年的持续治理，云南高原湖泊水环境恶化的态势得到了明显遏制，包括滇池、洱海等九大高原湖泊总体呈现平稳向好的态势，但是，由于经济社会快速发展，城市发展及工业、农业、旅游服务业主要还是沿湖布局，影响水环境治理的制约因素还是没有根除，大多湖泊入湖污染物总量还是大于湖泊水环境承载力，其中来自农业农村的面源污染依然是高原湖泊最主要的污染来源。例如，作为城市型湖泊的滇池，面源污染贡献率达到 30%以上，洱海流域的面源污染贡献率不低于 50%，对于程海、泸沽湖等湖泊，面源污染的贡献率更是高达 80%以上，因此，有效防控面源污染成为高原湖泊污染治理的关键。

9.2　高原湖泊面源污染的特点及其治理研判

面源污染成为高原湖泊污染最主要的贡献因素与高原湖泊的先天特点和后天人类影响密不可分。

一是高原湖泊生态系统封闭，呈现半闭流的特点。湖泊由低向高依次为湖面、坝平地、台地丘陵、山地，面积比大体在 1：2：3：6。以湖面为中心，其四周的地形起伏大，没有比较大的开口与外部环境相通。区域内自然的物质流动呈向心性方向，靠近中心的湖底成为大多数物质循环的归宿。

二是高原湖泊水源单一且短缺。云南高原湖泊大多为构造湖泊，湖水完全依靠集水区的降雨补充，分布在江河分水岭地带，汇水面积小，源近流短，来水量小。37 个湖泊的湖面面积达 1164km²，汇水面积只有 9020km²，占全省总面积的 2.31%；每平方公里湖面的来水依靠的集水面积只有 7.73km²；湖泊总蓄水量 300 亿 m³，平均每湖水量只有 10 亿 m³，水资源补给不足导致水体易污染，补给系数仅为 8.38，滇池换水周期需 2 年以上，长期缓慢的水交换速度和较弱的水动力条件会降低其自净能力，与平原湖泊相比，在同等污染负荷下，更容易导致水华等污染现象的发生。

三是湖泊营养盐易于积累。地处低纬度高原，受亚热带季风控制，5～10 月降雨占全年降雨的 80%，湖泊周围山地陡峭，地面冲刷和土壤侵蚀严重的入湖支流水系多，出流水系很少，甚至多数湖泊只有一个出水口，营养盐易于积聚。

四是滇池、抚仙湖、星云湖、阳宗海等湖泊还受地球化学因素的深刻影响。滇池流域是我国著名的富磷区域，也是我国三大磷矿基地之一。富磷区近 300km²，表层土壤磷含量达 0.42%以上，溶解态磷含量达到 52～160mg/kg。颗粒态磷输移到湖泊，随时都有可能释放出来成为制约湖泊水质的重要限制性因素。富磷区携带入湖的磷污染负荷数量大，成为滇池湖泊富营养化加速发展的一个重要成因，也是长期以来关注较少的一个问题。

五是农业生产分散经营，城镇村落布局分散。作为我国经济社会发展程度较低的省份，云南种植业、养殖业等集约化程度低，分散在千家万户进行的农业生产在土地资源有限的情况下，主要靠增加化肥、农药等生产资料提高农业生产产出效益，以至于云南地区，特别是高原湖盆地区成为我国单位面积化肥农药使用量最大的区域之一；少数民族群居方式主要呈现"大集中、小分散"格局(一个区域集中分布一个民族，但各家各户又散布在崇山峻岭中)，从而生产生活产生的废弃物难以集中处理。在这种生产生活空间特征下，面源污染成为多数湖泊污染最主要的贡献因素。

以滇池为例，滇池面源污染总氮因素产生量 2007 年为 6317t，2010 年为 6353t；总磷产生量 2007 年为 578t，2010 年为 565t。面源污染氮入湖总量：2007 年为 2892.31t，2014 年为 2896.74t，分别占当年 TN 入湖库量的 51.2%和 49.9%。面源污染磷入湖总量 2007 年为 149t，2014 年为 141t，分别占当年 TP 入湖库量的 37.2%和 35.3%。面源污染占比居高不下，成为滇池污染的主要来源。从整体贡献水平来看，面源污染总氮、总磷贡献率分别高达 50%、35%。养殖业、村落和部分乡镇生活污染大多以点源型产生、面源型输出，污染产生负荷高，对入滇河道、滇池水体影响大，是污染治理的关键环节。流域农村畜禽散户养殖污染物排放情况为：2014 年化学需氧量 1.37 万 t、总磷 142.53t、总氮 693.41t、氨氮 109.59t。生活污水排放量：农村生活污水产生量为 576.02 万 t，排放量为 460.82 万 t。

诊断分析表明：①面源污染及其入湖量成为滇池等高原湖泊重要的污染来源，若非产业结构调整和土地利用方式的改变，农村面源污染的发生和输移依然十分突出。②源近流短，降雨集中，污染更容易转移和入湖。离湖越近，污染负荷越高，输出强度和入湖强度越高。养殖、种植、村落沿湖滨地区高密集分布，对湖泊影响程度大。③从产生到入沟(渠)、入河、入库、入湖过程中的输移控制至关重要；从控制效率和可控制性来看：源头产出≫入沟≫入河>入湖。④面源污染未来的重点在流域农业集中布局的南部农业区，污染防控的关键在蔬菜花卉生产中，高原湖泊流域内的富磷区及其山地防控磷素入湖是重要的基础性工作，必须通过山地生态修复予以防范。

9.3　高原湖泊面源污染治理对策与科技支撑

滇池位居云南九大高原湖泊之首，对其进行面源污染治理将对其他高原湖泊污染防控起到积极示范作用。"六五"以来，中国科学院、清华大学、北京大学、中国环境科学研究院等一批又一批的科研队伍进驻滇池开展研究工作，人们对高原湖泊的认识不断深化。"站在巨人的肩膀上"，"十一五"以来，云南大学污染与恢复生态学团队围绕面源污染进行了大调查，摸清了面源家底，提出了方案和对策。

湖泊面源污染治理是一个系统工程，问题出在湖泊中，根子是在流域内；问题出在环境上，根子是在产业中。为此，一要抓住农业产业结构调整，在源头上防控面源污染。农业产业结构调整的重点是将滇池沿湖坝区调整为园林园艺、苗木种植和农业休闲观光等区域。根据林业面山绿化、水利河道绿化、城市园林绿化等，选择适宜在滇池流域种植的园林园艺、苗木品种。山区、半山区调整为以经济林(果)木、中药材、景观园林为主的生产区。滇池流域五华、盘龙、官渡、西山、呈贡、晋宁的蔬菜产业、花卉产业、粮食产业逐年调整到嵩明、寻甸、宜良、石林等流域外县区。二要加快土地流转，转变生产方式。引进综合实力较强的苗木生产、销售企业，集中连片承接和流转滇池流域土地。进一步提高园林园艺、苗木生产规模化、标准化、集约化水平，把滇池流域建成云南乃至西南地区最大的苗木生产园区。三要严格控制、限制化肥农药使用。严格控制滇池流域 $2920km^2$ 范围内的化肥农药使用。苗木生产禁止使用化肥和化学农药，采用物理及生物综合防治措施防治植物病虫害。

为了达到面源污染的有效防控，有效的科技支撑是关键。在对过去 20 年滇池面源污染治理工作回顾性调查和分析的基础上，围绕流域面源污染的特点和需求，以小流域或汇水区为控制单元，要在大面积连片、多类型种植业镶嵌的农田面源控污减排上形成突破，要在削减湖滨退耕区土壤存量污染负荷的生物群落构建取得实效，要在基于营养物质循环的农田固废综合处置、源近流短区域坡面径流拦截与污染削减及水源涵养林保护上提供有效技术服务。

众所周知，农业面源污染具有污染物输出时空高度随机、发生地域高度离散、防控涉及千家万户等特点，对其治理是世界性的环境难题。对污染贡献高达 1/3 以上的面源污染进行有效治理，是滇池水污染防治的攻坚克难的关键问题。云南高原湖泊在其特殊的气候、地形、水文等条件下，高原湖泊易受污染且治理难度大，风速低、气温常年较高、水体完全置换一次的周期长等，极易导致水体富营养化而发生水华等污染现象，而云南可利用淡水资源较少，部分地区常年干旱，水源地的保护就显得尤为重要。近年来，包括滇池在内的云南高原湖泊地区经济社会形势发生了很大变化，城市快速发展挤占了农业空间，流域内农田面积萎缩，农田耕种强度加大，化肥农药使用量增加，单位面积污染负荷增大；大规模连片的设施农业遍地开花，带来的面源污染是目前和今后包括滇池在内的高原湖泊农田面源污染的关键问题，从水-肥-种-管-经多环节降低农田面源输出十分迫切；过去面源污染治理很多采取的方式是"把面源转化为点源处理"，这种高成本、难持续的治理方式必须要回归到"面源污染应按面源的防控方式治理"；要进一步统筹面源污染防控与水动力、水资源条件，统筹山水林田路塘库等全过程，打破传统点线面的剥离，形成网络化、系统化、一揽子通盘解决面源污染的技术体系和工作方案；流域面源污染防控的管理要从宏观模糊化向数字化、精准化、可控化发展，实现对农业发展与面源污染防控的实质性支撑。形势变化对科技工作提出了新需求，未来的高原湖泊面源污染防治的科技工作还任重道远，高原湖泊治理永远在路上。

参 考 文 献

白云. 2019. 高原湖泊周边特色小镇风险防控研究综述[J]. 农家参谋(14): 235.

陈春瑜. 2012. 牧羊河小流域面源污染物赋存方式与输移规律研究[D]. 昆明: 云南大学.

陈会, 王康, 周祖昊. 2012. 基于排水过程分析的水稻灌区农田面源污染模拟[J]. 农业工程学报, 28(6): 112-119.

陈法扬, 王志明. 1992. 通用土壤流失方程在小良水土保持试验站的应用[J]. 水土保持通报, 12(1): 23-41.

陈昆柏, 何闪英, 冯华军. 2010. 浙江省农村生活垃圾特性研究[J]. 能源工程(1): 39-43.

董伟新. 2013. 滇池流域面源污染防控管理调查与研究[D]. 昆明: 昆明理工大学.

窦培谦, 王晓燕, 王照蒸. 2006. 密云水库上游流域非点源氮流失特征研究[J]. 地球与环境, 34(3): 73-78.

方燕珍. 2018. 农业固废污染物的资源化利用研究[J]. 中国资源综合利用, 36(1): 69-70.

冯泽波, 史正涛, 苏斌, 等. 2019. 滇池主要入湖流水化学特征及其环境意义[J]. 水生态学杂志, 40(3): 18-24.

付伟章. 2005. 氮肥施用对农田氮素径流输出的影响及其机理[D]. 泰安: 山东农业大学.

高伟, 杜展鹏, 严长安, 等. 2019. 污染湖泊生态系统服务净价值评估——以滇池为例[J]. 生态学报, 39(5): 1748-1757.

高喆, 曹晓峰, 樊灏, 等. 2015. 滇池流域入湖河流水文形貌特征对丰水期大型底栖动物群落结构的影响[J]. 生态环境学报, 24(7): 1209-1215.

耿润哲, 李明涛, 王晓燕, 等. 2015. 基于SWAT模型的流域土地利用格局变化对面源污染的影响[J]. 农业工程学报, 31(16): 241-250.

郭伟, 陈红霞, 张庆忠, 等. 2011. 华北高产农田施用生物质炭对耕层土壤总氮和碱解氮含量的影响[J]. 生态环境学报, 20(3): 425-428.

何培波. 2015. 湖北省冬小麦不同耕作方式试验报告[J]. 农村经济与科技, 26(11): 50, 130.

和兰娣, 毕金, 杨赵. 2012. 滇池流域典型小流域农业种植情况调查[J]. 环境科学导刊, 31(5): 38-48.

胡婷婷, 黄凯, 金竹静, 等. 2015. 滇池流域主要农业产品水足迹空间格局及其环境影响测度[J]. 环境科学学报, 35(11): 3719-3729.

黄俊, 张朝能, 宁平, 等. 2018. 滇池流域水体氮磷富营养化试验研究[J]. 昆明理工大学学报(自然科学版), 43(6): 109-112+117.

黄炎和, 卢程隆, 傅勤, 等. 1993. 汉字dBASEIII在径流泥沙资料管理中的应用[J]. 福建水土保持(2): 57-60.

蒋鸿昆, 高海鹰, 张奇. 2006. 农业面源污染最佳管理措施(BMPs)在我国的应用[J]. 农业环境与发展, 23(4): 64-67.

金君瑶. 2019. 庐山土壤有机质垂直分布特征及其与氮、磷、钾含量的关系[J]. 湖北农业科学, 58(11): 44-46, 55.

孔维琳, 王崇云, 彭明春, 等. 2012. 滇池流域城市面源污染控制区划研究[J]. 环境科学与管理, 37(9): 74-78.

孔燕, 和树庄, 胡斌, 等. 2012. 滇池流域富磷地区暴雨径流中磷素的沉降及输移规律[J]. 环境科学学报, 32(9): 2160-2166.

李春萍, 蒋建国, 陈爱梅, 等. 2010. 常州市老城区重点生活污染源对北市河的污染负荷研究[J]. 环境科学, 31(11): 2594-2598.

李海鹏, 张俊飚. 2009. 中国农业面源污染与经济发展关系的实证研究[J]. 长江流域资源与环境, 18(6): 585-590.

李建国, 刀红英, 张亮, 等. 2004. 滇池流域水土流失监测[J]. 水土保持研究, 11(2): 75-77.

李军杰. 2019. 高原湖泊保护治理与云南省可持续发展战略探究[J]. 现代国企研究(6): 114.

李丽匣, 申帅平, 袁致涛, 等. 2015. 一种确定微细粒级矿物物料粒度组成及金属分布的方法: 中国, CN201510304418.6[P].

李明哲. 2009. 农田化肥施用污染现状与对策[J]. 河北农业科学, 13(5): 65-67.

李思思, 张亮, 杜耘, 等. 2014. 面源磷负荷改进输出系数模型及其应用[J]. 长江流域资源与环境, 23(9): 1330-1336.

李温雯, 焦一之, 关轶, 等. 2009. 滇池流域水土流失造成的农业面源污染及治理对策[J]. 安徽农业科学, 37(26): 12679-12680, 12694.

李文超, 翟丽梅, 刘宏斌, 等. 2017. 流域磷素面源污染产生与输移空间分异特征[J]. 中国环境科学, 37(2): 711-719.

李熙春. 2017. 保山农村居民生活废水和废弃物污染的形成机制和治理模式[J]. 现代营销(下旬刊)(5): 197-199.

李元, 吴伯志, 祖艳群, 等. 2013. 利用玉米与白菜、豌豆间作控制农田面源污染的种植方法[J]. 农村实用技术(3): 28-30.

李致家, 黄鹏年, 姚成, 等. 2014. 灵活架构水文模型在不同产流区的应用[J]. 水科学进展, 25(1): 28-35.

刘迪, 张艳奇, 尹涛. 2019. 基于CiteSpace的我国高原湖泊研究热点与学科演变分析[J]. 云南水力发电, 35(3): 22-25.

刘瑞华, 曹暄林. 2017. 滇池20年污染治理实践与探索[J]. 环境科学导刊, 36(6): 31-37.

刘玉萍, 陈西, 王延华, 等. 2017. 滇池流域土壤养分分布及其对水体富营养化的影响[J]. 南京师大学报(自然科学版), 40(4): 129-136.

刘志, 江忠善. 1996. 黄土高原小流域土壤侵蚀信息系统建立与应用的研究[J]. 水土保持研究, 3(2): 170-173.

吕文龙. 2012. 宝象河小流域径流污染物沉降特性与颗粒粒径分布特征研究[D]. 昆明: 云南大学.

马广文, 王业耀, 香宝, 等. 2012. 长江上游流域土地利用对面源污染影响及其差异[J]. 农业环境科学学报, 31(4): 791-797.

马亚丽, 白祖晖, 敖天其. 2019. 基于SWAT模型的龙溪河泸县境内面源污染特征分析[J]. 中国农村水利水电(7): 103-109.

马永力. 2010. 基于3S技术和USLE模型的土壤侵蚀研究[D]. 郑州: 郑州大学.

倪进治, 徐建民, 谢正苗, 等. 2003. 不同施肥处理下土壤水溶性有机碳含量及其组成特征的研究[J]. 土壤学报, 40(5): 724-730.

宁吉才, 刘高焕, 刘庆生, 等. 2012. 水文响应单元空间离散化及SWAT模型改进[J]. 水科学进展, 23(1): 14-20.

农药百科. 2019-07-22. 土壤有机质的重要性[N]. 山东科技报(004).

彭普, 代启亮. 2019. 滇池流域生态补偿研究[J]. 安徽农业科学, 47(4): 79-80, 94.

沈吉. 2012. 末次盛冰期以来中国湖泊时空演变及驱动机制研究综述: 来自湖泊沉积的证据[J]. 科学通报, 57(34): 3228-3242.

沈明星, 吴彤东, 谢正荣, 等. 2009. 大棚作物-水稻种植模式对稻谷产量和氮素面源污染的影响[J]. 上海农业学报, 25(3): 79-81.

谭海燕, 童江云, 包涛, 等. 2019. 昆明市滇池片区耕地土壤养分含量空间分布及变化情况分析[J/OL]. 西南农业学报, 32(7): 1614-1620.

汤洁, 张爱丽, 李昭阳, 等. 2012. 基于"3S"技术的大伙房水库汇水区农村生活污染负荷分析[J]. 湿地科学, 10(3): 306-311.

陶双骏, 邵光成, 苏江霖, 等. 2017. 小流域面源污染风险评估研究——基于多分类有序离散选择模型[J]. 农业环境科学学报, 36(7): 1293-1299.

王红梅, 陈燕. 2009. 滇池近20a富营养化变化趋势及原因分析[J]. 环境科学导刊, 28(3): 57-60.

王洪杰, 李宪文, 史学正, 等. 2003. 不同土地利用方式下土壤养分的分布及其与土壤颗粒组成关系[J]. 水土保持学报, 17(2): 44-46, 50.

王康, 冉宁, 张仁铎, 等. 2017. 流域面源污染负荷差异性及不确定性的尺度特征分析[J]. 农业工程学报, 33(11): 219-226.

王磊, 张乃明, 杨育华, 等. 2010. 滇池流域花卉蔬菜废弃物对湖泊水质影响的模拟研究[J]. 环境科学导刊, 29(4): 44-47.

王启名, 杨昆, 许泉立, 等. 2017. 滇池流域土地利用格局变化的地形梯度效应[J]. 水土保持通报, 37(4): 106-113, 118.

王启名, 杨昆, 许泉立, 等. 2018. 滇池流域土地利用变化图谱的地形梯度效应[J]. 水土保持研究, 25(3): 237-244.

王中根, 刘昌明, 黄友波. 2003. SWAT模型的原理、结构及应用研究[J]. 地理科学进展, 22(1): 79-86.

吴建强. 2011. 不同坡度缓冲带滞缓径流及污染物去除定量化[J]. 水科学进展, 22(1): 112-117.

吴晓妮, 付登高, 刘兴祝, 等. 2016. 柴河流域典型景观类型土壤氮磷含量的空间变异特征[J]. 土壤, 48(6): 1209-1214.

夏骏. 2014. 农村生活污水处理模式探讨[J]. 建筑工程技术与设计(18): 1337.

肖茜. 2018. 近30年滇池流域地表覆盖关键要素变化对滇池水质的影响研究[D]. 昆明: 云南师范大学.

徐旌, 张军, 刘燕, 等. 2004. 基于RS, GIS的滇池流域水土流失变化研究[J]. 水土保持学报, 18(2): 80-83.

徐美倩. 2008. 废水可生化性评价技术探讨[J]. 工业水处理, 28(5): 17-20.

徐晓梅, 吴雪, 何佳, 等. 2016. 滇池流域水污染特征(1988-2014年)及防治对策[J]. 湖泊科学, 28(3): 476-484.

许书军, 魏世强, 谢德体. 2004. 非点源污染影响因素浅析[J]. 环境科学与技术, 27(4): 43-46, 116-117.

严婷婷, 王红华, 孙治旭, 等. 2010. 滇池流域农村生活污水产排污系数研究[J]. 环境科学导刊, 29(4): 46-48.

阎凯, 付登高, 何峰, 等. 2011. 滇池流域富磷区不同土壤磷水平下植物叶片的养分化学计量特征[J]. 植物生态学报, 35(4): 353-361.

杨慧, 刘立晶, 刘忠军, 等. 2014. 我国农田化肥施用现状分析及建议[J]. 农机化研究, 36(9): 260-264.

杨林章, 冯彦房, 施卫明, 等. 2013. 我国农业面源污染治理技术研究进展[J]. 中国生态农业学报, 21(1): 96-101.

杨荣金, 李铁松. 2006. 中国农村生活垃圾管理模式探讨: 三级分化有效治理农村生活垃圾[J]. 环境科学与管理, 31(7): 82-86.

杨子生. 1999. 滇东北山区坡耕地水土流失试验[J]. 山地学报, 17: 6-9.

袁国林, 贺彬. 2008. 滇池流域地理特征对滇池水污染的影响研究[J]. 环境科学导刊, 27(5): 21-23.

袁奇胜. 2019. 农村畜禽养殖废水污染纠纷解决的有效性分析[J]. 吉林畜牧兽医, 40(6): 42-43.

张冬琪. 2018. 浅析循环经济在我国农村固体废物污染治理中的实施[J]. 法制博览(10): 45-47.

张法扬, 王志明, 1992. 通用土壤流失方程在小良水土保持试验站的应用. 水土保持通报, 12(1): 23-41.

张乃明, 余扬, 洪波, 等. 2003. 滇池流域农田土壤径流磷污染负荷影响因素[J]. 环境科学, 24(3): 155-157.

张水龙, 庄季屏. 2001. 辽西易旱区典型小流域农业非点源污染形成的规律[J]. 水土保持学报, 15(3): 81-84.

张卫锋, 双灵, 曹瑾. 2016. 滇池流域浅层地下水环境特征及防治建议[J]. 云南地质, 35(3): 416-421.

张宪奎, 许靖华, 卢秀琴, 等. 1992. 黑龙江省土壤流失方程的研究[J]. 水土保持通报, 12(4): 1-9, 18.

张英民, 尚晓博, 李开明, 等. 2011. 城市生活垃圾处理技术现状与管理对策[J]. 生态环境学报, 20(2): 389-396.

赵颖. 2013. 我国农村环境污染问题及可持续发展对策[J]. 科技创新导报, 10(8): 171.

周伏建, 陈道机, 等. 1995. 关于拍卖"四荒"(未治理小流域)使用权的探讨[J]. 福建水土保持(1): 10-12.

周崧, 和树庄, 胡斌, 等. 2013. 滇池柴河小流域暴雨径流氨氮的输移过程研究[J]. 环境科学与技术, 36(1): 162-168.

庄犁, 周慧平, 张龙江. 2015. 我国畜禽养殖业产排污系数研究进展[J]. 生态与农村环境学报, 31(5): 633-639.

Corwin D L, Wagenet R J. 1996. Applications of GIS to the Modeling of NonPoint Source Pollutants in the Vadose Zone: A Conference Overview[J]. Journal of Environment Quality, 25(3): 403-411.

Helin J A. 2014. Reducing nutrient loads from dairy farms: a bioeconomic model with endogenous feeding and land use[J]. Agricultural Economics, 45(2): 167-184.

Kato T. 2005. Development of a water quality tank model classified by land use for nitrogen load reduction scenarios[J]. Paddy and Water Environment, 3(1): 21-27.

Li X L, Janssen A B G, de Klein J J M, et al. 2019. Modeling nutrients in Lake Dianchi (China) and its watershed[J]. Agricultural Water Management, 212: 48-59.

Nguyen H H, Recknagel F, Meyer W, et al. 2019. Comparison of the alternative models SOURCE and SWAT for predicting catchment streamflow, sediment and nutrient loads under the effect of land use changes[J]. Science of the Total Environment,

662: 254-265.

Wang J H, Yang C, He L Q S, et al. 2019. Meteorological factors and water quality changes of Plateau Lake Dianchi in China （1990～2015）and their joint influences on cyanobacterial blooms[J]. Science of the Total Environment, 665: 406-418.

Xia T Y, Chen Z B, Jin S. 2017. New normal control of agricultural non-point source pollution in the Dianchi Lake Basin[J]. Meteorological and Environmental Research, 8（2）: 63-72.